藝　文　叢　刊

隨園食單補證 上

〔清〕袁枚　夏曾傳

浙江人民美術出版社

圖書在版編目(CIP)數據

隨園食單補證/(清)袁枚原撰;(清)夏曾傳補證;馬鏞點校. --杭州:浙江人民美術出版社,2016.1(2025.3重印)
(藝文叢刊)
ISBN 978-7-5340-4685-8
Ⅰ.①隨… Ⅱ.①袁…②夏…③馬… Ⅲ.①烹飪－中國－清前期②食譜－中國－清前期③中式菜肴－菜譜－清前期 Ⅳ.①TS972.117

中國版本圖書館CIP數據核字(2015)第307864號

隨園食單補證(全二册)
〔清〕袁 枚 原撰 〔清〕夏曾傳 補證
馬 鏞 點校

責任編輯:霍西勝
文字編輯:張金輝
整體設計:傅笛揚
責任印製:陳柏榮

出版發行 浙江人民美術出版社
(杭州市環城北路177號)
經 銷 全國各地新華書店
製 版 浙江時代出版服務有限公司
印 刷 浙江海虹彩色印務有限公司
版 次 2016年1月第1版
印 次 2025年3月第5次印刷
開 本 787mm×1092mm 1/32
印 張 15
字 數 236千字
書 號 ISBN 978-7-5340-4685-8
定 價 62.00元

點校説明

《隨園食單補證》，袁枚原撰，夏曾傳補證。

袁枚（一七一六—一七九七），字子才，號簡齋、隨園老人，浙江錢塘人。乾隆四年進士，授翰林院庶吉士，外調歷任溧水、江浦、沭陽、江寧知縣，後無意仕途，遂辭官隱居於南京小倉山隨園。袁氏以詩文名，著作宏富。

夏曾傳（一八四三—一八八三），字薪卿，號笏床、醉犀生，浙江錢塘人。諸生。夏氏本世家子弟，濡染家學，有詩文名，譚獻引爲小友，然科場失意，後棄諸生，捐納任江蘇試用通判。少隨宦，歷游燕秦晉楚，後太平軍亂，家道中落，連不得志，益放於酒，以幽憂死。（生平詳見本書《附録》。）

袁枚《隨園食單》，記十四單，録菜餚飯點三百二十六種，是一部重要的食譜專著。夏曾傳在袁書基礎上，爲之補證，增録「糖色單」「作料單」，至十六單，又補菜點一百六十七種，使之更爲完備。同時，夏氏采輯諸書，考證原委，又録王士雄《隨息居飲食譜》於後，殿以個人見解。《隨園食單補證》將食單食譜、考據疏證、食療醫效、掌故逸聞熔於一爐，爲歷來飲食專書少有，足資考證清代咸豐至光緒年間的飲食風貌。

《隨園食單補證》原稿，係《錢塘夏氏雜稿》一種，藏北京大學圖書館，未得刊行。一九九四年，始由中國商業出版社出版，張玉範、王淑珍點校注釋，列入「中國烹飪古籍叢書」。此次點校整理，主要參考了張玉範、王淑珍的注釋本，及浙江古籍出版社《袁枚全集新編》，凡袁枚原文明顯錯訛處，均依《隨園食單》徑改；有異文可供讀者參考則出校勘記。夏氏原稿缺録部分，已由張玉範、王淑珍予以補録，今亦從之。爲便讀者閲覽，袁氏原文以加粗宋體標示，夏氏所補菜點冠之圓圈「〇」。最後附録夏曾傳相關資料，供讀者參考。

隨園食單補證序

吾杭袁子才先生以詩文雄一時。其所著述凡二十餘種，又并其所選定者匯刊之，世所謂「隨園三十種」是也。其中《食單》一書皆載烹調之法，於先生爲極不經意之作。且近人仿爲之，亦不必盡如先生所云。以故譏先生者，亦有如先生譏眉公、笠翁也。然飲食之經，自古所重。《禮》云：「衣服在躬而不知其名爲罔。」試思，衣食二者并爲人之最急，則飲饌入口而亦不知其名，得不爲之罔乎？顧先生是書僅詳烹調之事，略無徵引，致人以瑣屑鄙之。

余偶於武林市肆翻閱是書，意欲爲之箋證，比至吴下，歲暮無聊，爰購諸書，廣爲搜輯，爲之一一梳櫛，務術其原。其有相似者，亦比類而書之。又見王氏《飲食譜》一書，所載食性意簡而明，足與此書相輔而行，因逐條附載於後，使嗜味者由烹調而考訂其源委，由源委而講求其實性，則一舉箸間，皆有學問之道在，養生之道亦在，又何得以瑣屑鄙之哉！顧先生平生不喜談考據，余之書其與先生刺謬無疑，然其原書具在也。酈道元注《水經》，初不與桑欽相涉，讀者其亦知余之意否耶！

丁丑初夏，醉犀生識於蘆涇舟次。

隨園食單補證凡例

一、是書以《食單》爲經，以采輯諸書、證其原委者次之。又據王氏《飲食譜》之説附於後，而以鄙意殿焉。此一書之大較也。

一、是書所載，間有習見之品而爲所脱漏者，則補之。亦有知其名而不得其詳者，概從缺如，以俟增補。

一、是書所采書籍半多隨手獺祭，其次序顛倒殊不免焉，亦有從他書采入者，或與原文僞舛，當亦有之。

一、是編所引據者，殊多未備，尚當輯爲《續編》，以資詳盡焉。

隨園食單序

詩人美周公而曰「籩豆有踐」，惡凡伯而曰「彼疏斯粺」。古之於飲食也若是重乎？他若《易》稱「鼎烹」，《書》稱「鹽梅」，《鄉黨》《内則》瑣瑣言之。孟子雖賤「飲食之人」，而又言飢渴未能得飲食之正。可見凡事須求一是處，都非易言。《中庸》曰：「人莫不飲食也，鮮能知味也。」《典論》曰：「一世長者知居處，三世長者知服食。」古人進鬐離肺，皆有法焉，未嘗苟且。「子與人歌而善，必使反之，而後和之。」聖人於一藝之微，其善取於人也如是。

余雅慕此旨，每食於某氏而飽，必使家廚往彼竈觚，執弟子之禮。四十年來，頗集衆美。有學就者，有十分中得六七者，有僅得二三者，亦有竟失傳者。余都問其方略，集而存之，雖不甚省記，亦載某家某味，以志景行。自覺好學之心，理宜如是。雖死法不足以限生廚，名手作書亦多出入，未可專求之於故紙；然能率由舊章，終無大謬，臨時治具，亦易指名。

或曰：「人心不同，各如其面。子能必天下之口皆子之口乎？」曰：「執柯以伐柯，其則不遠。吾雖不能强天下之口與吾同嗜，而姑且推己及物。則食飲雖微，而吾於忠恕之道，則已盡矣。吾何憾哉！」若夫《說郛》所載飲食之書三十餘種，眉公、笠翁亦有陳言。曾親試之，皆閼於鼻而螫於口，大半陋儒附會，吾無取焉。子才袁枚。

目録

须知單

雜牲單

羽族單

水族有鱗單

水族無鱗單

雜素菜單

小菜單

點心單

飯粥單

茶酒單

補糖色單

須知單

學問之道，先知而後行，飲食亦然。作《須知單》。

先天須知

凡物各有先天，如人各有資禀。人性下愚，雖孔孟教之，無益也；物性不良，雖易牙烹之，亦無味也。指其大略：豬宜皮薄，不可腥臊；雞宜騸嫩，不可老稚。鯽魚以扁身白肚爲佳，烏背者必崛强於盤中；鰻魚以湖溪游泳爲貴，江生者必槎枒其骨節。穀喂之鴨，其膘肥而白色；壅土之筍，其節少而甘鮮。同一火腿也，而好醜判若天淵；同一台鯗也，而美惡分爲冰炭。其他雜物，可以類推，大抵一席佳肴，司厨之功居其六，買辦之功居其四。

醉犀生曰：蟹以斷蟹爲佳，蝦以湖蝦爲上。以吾杭言，則湖蝦勝於他處。鰟則江生爲最，河生次之。羊則湖羊爲優，山羊劣矣。急水之魚，多刺而肥；緩水之魚，味鮮而薄。如此之類，不可不知。按《小史集解》云：「流水之魚，背鱗白而味美；止水之魚，背鱗黑而味惡。」

作料須知

厨者之作料，如婦人之衣服首飾也。雖有天姿，雖善塗抹，而敝衣藍縷，西子亦難以爲容。善烹調者，醬用伏醬，先嘗甘否；油用香油，須審生熟；酒用酒釀，應去糟粕；醋用米醋，須求清洌。且醬有清濃之分，油有葷素之別，酒有酸甜之異，醋有陳新之殊，不可絲毫錯誤。其他葱、椒、薑、桂、糖、鹽，雖用之不多，而俱宜選擇上品。蘇州店賣秋油，有上、中、下三等。鎮江醋顔色雖佳，味不甚酸，失醋之本旨矣。以板浦醋爲第一，浦口醋次之。

屖曰：作菜不易省作料。作料省，菜必不佳。至辛辣之味，用之各有所宜。然有惡葱蒜者、惡薑者、惡醋者，食性之偏不可爲訓也。

洗刷須知

洗刷之法，燕窩去毛，海參去泥，魚翅去沙，鹿筋去臊。肉有筋瓣，剔之則酥；鴨有腎臊，削之則浄。魚膽破而全盤皆苦，鰻涎存而滿碗多腥。韭删葉而白存，菜棄邊而心出。《内則》曰：「魚去乙，鱉去醜。」此之謂也。諺云：「若要魚好吃，洗得白筋出。」亦此之謂也。

犀曰：鄉人得魚，不忍多洗，以爲多洗則失鮮味，殊可笑也。

調劑須知

調劑之法，相物而施。有酒水兼用者，有專用酒不用水者，有專用水不用酒者。有鹽醬并用者，有專用清醬不用鹽者，有用鹽不用醬者。有物太膩，要用油先炙者；有氣太腥，要用醋先噴者。有取鮮，必用冰糖者。有以乾燥爲貴者，使其味入於内，煎炒之物是也；有以湯多爲貴者，使其味溢於外，清浮之物是也。

配搭須知

諺曰：「相女配夫。」《記》曰：「儗人必於其倫。」烹調之法，何以異焉？凡一物烹成，必需輔佐。要使清者配清，濃者配濃，柔者配柔，剛者配剛，方有和合之妙。其中可葷可素者，蘑菇、鮮筍、冬瓜是也。可葷不可素者，葱韭、茴香、新蒜是也。可素不可葷者，芹菜、百合、刀豆是也。常見人置蟹粉於燕窩之中，放百合於雞豬之肉，毋乃唐堯與蘇峻對坐，不太悖乎？亦有交互見功者，炒葷菜用素油，炒素菜用葷油是也。

犀曰：向聞同盟程子彩生言，有人以蒜苗配魚翅，絲瓜配甲魚，大蒜配江瑶柱，種種聞之已足令人失笑。

獨用須知

味太濃重者，只宜獨用，不可搭配。如李贊皇、張江陵一流，須專用之，方盡其才。食物中，鰻也，鱉也，蟹也，鰣魚也，牛羊也，皆宜獨食，不可加搭配。何也？此數物者味甚厚，力量甚大，而流弊亦甚多，用五味調和，全力治之，方能取其長而去其弊。何暇捨其本題，别生枝節哉？金陵人好以海參配甲魚，魚翅配蟹粉。我見輒攢眉：覺甲魚、蟹粉之味，海參、魚翅分之而不足；海參、魚翅之弊，甲魚、蟹粉染之而有餘。

火候須知

熟物之法，最重火候。有須武火者，煎炒是也，火弱則物疲矣。有須文火者，煨煮是也，火猛則物枯矣。有先用武火而後用文火者，收湯之物是也，性急則皮焦而裏不熟矣。有愈煮愈嫩者，腰子、雞蛋之類是也。有略煮即不嫩者，鮮魚、蚶蛤之類是也。肉起遲則紅色變黑，魚起遲則活肉變死。屢開鍋蓋，則多沫而少香。火熄再燒，則走油而味失。道家以丹成九轉爲仙，儒家以無過不及爲中。司厨者，能知火候而謹伺之，則幾於道矣。魚臨食時，色白如玉，凝而不散者，活肉也；色白如粉，不相膠粘者，死肉也。明明鮮魚，而使之不鮮，可恨已極。

羼曰：梁茝林中丞《浪迹叢談》載，某中堂過一處，辦差者煮鴨未爛，恐誤食時，急下溺焉。中堂食而美，以爲各處所不及，厚加賞賚。觀此，則庖人之弊何可勝防哉！隨園以知火候爲幾於道，若此庖者可謂「道在尿溺」矣。

色臭須知

目與鼻，口之鄰也，亦口之媒介也。嘉肴到目到鼻，色臭便有不同。或浄若秋雲，或艷如琥珀，其芬芳之氣亦撲鼻而來，不必齒決之，舌嘗之，而後知其妙也。然求色艷不可用糖炒，求香不可用香料，一涉粉飾便傷至味。

屖曰：糖粉、香料，自是捷徑。世之爲能吏、爲通人者大抵多用此法。

遲速須知

凡人請客，相約於三日之前，自有工夫平章百味。若陡然客至，急需便餐；作客在外，行船落店，此何能取東海之水，救南池之焚乎？必須預備一種急就章之法，如炒雞片、炒蝦米、豆腐炒肉絲及糟魚、茶腿之類〔一〕，反能因速而見巧者，不可不知。

屖曰：禾中范別駕言，其尊人官河南時，河工官吏以奢侈相尚。別駕一日思食雞片，傳語未幾，即已上桌，訝其速也。入厨下覘之，見一雞滚撲於地，視之，兩腿已生斫矣，爲之憮然而返。又有人宴客，飲酒甚歡，客忽欲食驢肉，主人難之，問諸庖人，庖人諾而退。俄頃，肉至，賓客啖而稱美。方贊賞間，他客之僕來告曰，主人之馬已爲人臠割矣。往視，血漬淋漓，不復可乘。主人心知庖人所爲而已無及矣。觀此二事，又可爲叱嗟立辦之戒。

變换須知

一物有一物之味，不可混而同之。猶如聖人設教，因才樂育，不拘一律。所謂「君子成人之美」也。今見俗厨，動以雞、鴨、豬、鵝一湯同滚，遂令千手雷同，味同嚼蠟。吾恐雞、豬、鵝、鴨〔二〕有靈，必到枉死城中告狀矣。善治菜者，須多設鍋、竈、盂、鉢之類，使一物各獻一性，一碗各成一味。嗜者舌本應接不暇，自覺心花頓開。

犀曰：此説誠是。然今之所謂一品鍋者，雞、鴨、肘子、火腿一鍋同煮，味自濃厚，未始非集大成之道也。雞、鴨、豬、鵝一湯同滚，揆之物情不能無憾。然狐貉一丘，千古所慨，又豈雞、豬、鵝、鴨而已哉？若至枉死城告狀，吾恐閻羅王失入處分，正不知凡幾。又安得如孫大聖者，爲之打開地獄，一筆勾之。

器用須知〔三〕

古語云：「美食不如美器。」斯語是也。然宣、成、嘉、萬窑器太貴，頗愁損傷，不如竟用御窑，已覺雅麗。惟是宜碗者碗，宜盤者盤，宜大者大，宜小者小，參錯其間，方覺生色。若板板於十碗八盤之説，便嫌笨俗。大抵物貴者器宜大，物賤者器宜小，煎炒宜盤，煨煮宜碗〔四〕，煎炒宜鐵鍋，煨煮宜砂罐。

犀曰：在山西時，見陸杏坡明府家器具甚佳，皆熙、隆舊窑，大小不一，錯綜而來，殊令人有買櫝還珠之想。

上菜須知

上菜之法，鹽者宜先，淡者宜後；濃者宜先，薄者宜後；無湯者宜先，有湯者宜後。且天下原有五味，不可以鹹之一味概之。度客食飽，則脾困矣，須用辛辣以振動之；慮客酒多，則胃疲矣，須用酸甘以提醒之。

時節須知

夏日長而熱，宰殺太早，則肉敗矣。冬日短而寒，烹飪稍遲，則物生矣。冬宜食牛羊，移之於夏，非其時也。夏宜食乾臘，移之於冬，非其時也。輔佐之物，夏宜用芥末，冬宜用胡椒。當三伏天而得冬腌菜，賤物也，而竟成至賓矣。當秋涼時而得問政筍〔五〕，亦賤物也，而視若珍饈矣。有先時而見好者，三月食鰣魚是也。庚午八月，曾於吾杭食鰣魚，亦異味也。有後時而見好者，四月食芋艿是也。其他亦可類推。有過時而不可吃者，蘿蔔過時則心空，山筍過時則味苦，刀鱭過時則骨硬。所謂四時之序，成功者退，精華已竭，褰裳去之也。

犀曰：鰣魚過時則骨漸多，雌蟹過時則黄變子。茄至秋則有毒，羊入春則發病。土步須在清明前，白菜須在霜降後。若八月食鰣魚，正月食螃蟹，則生平偶然之遇，可遇而不可求也。

多寡須知

用貴物宜多，用賤物宜少。煎炒之物多，則火力不透，肉亦不鬆。故用肉不得過半斤，用雞、魚不得過六兩。或問：食之不足如何？曰：俟食畢後另炒可也。以多爲貴者，白煮肉，非二十斤以外，則淡而無味。粥亦然，非斗米則汁漿不厚，且須扣水，水多物少，則味亦薄矣。

犀曰：以小瓷甌煮香粳米粥一甌，於更闌酒盡時徐徐啜之，是何等風趣，又豈必斗米食肉哉！

潔淨須知

切葱之刀不可以切筍，搗蒜〔六〕之臼不可以搗粉。聞菜有抹布氣者，由其布之不潔也；聞菜有砧板氣者，由其板之不淨也。「工欲善其事，必先利其器。」良厨先多磨刀，多換布，多刮板，多洗手，然後治菜。至於口吸之煙灰，頭上之汗汁，竈上之蠅蟻，鍋上之煙煤，一玷入菜中，雖絶好烹庖，如西子蒙不潔，人皆掩鼻而過之矣。

犀曰：大約治菜求工，不但厨司，尤需内助之賢。如理燕窩，必須女手孅孅，細心搜剔，不使有一毛不拔之憾。他如剥鮮雞頭、鮮蓮子等亦然。斷不可以庖人油手近之。若庖人手段高絶，而衣服骯髒、涕泗腥穢者，宜優其工食，俾得熏之沐之，如不能改，勿寧舍旃。

用縴須知

俗名豆粉爲縴者，即今拉船用縴也，須顧名思義。因治肉者要作團而不能合，要作羹而不能膩，故用粉以牽合之。煎炒之時，慮肉貼鍋，必至焦老，故用粉以護持之。此縴義也。能解此義用縴，縴必恰當，否則亂用可笑，但覺一片糊塗。《漢制考》「齊呼麯麩爲媒」，媒即縴矣。

犀曰：吴孝廉懷珍不喜食縴。曩在京師與先大夫及陳雲卿師、譚仲脩丈日飲於酒家，每菜必諄囑勿用縴。一日，過賣以楂糕拌梨絲進，正色謂之曰：「吴老爺，這樣并未用縴。」合座爲之絶倒。

選用須知

選用之法，小炒肉用後臀，做肉圓用前夾心，煨肉用硬短勒。炒魚片用青魚、季魚，做魚鬆用鯶魚，鯉魚。白魚、黄魚尤佳。蒸雞用雛雞，煨雞用騸雞，取雞汁用老雞。雞用雌才嫩，鴨用雄才肥，蓴菜用頭，芹韭用根，皆一定之理，餘可類推。

疑似須知

味要濃厚，不可油膩；味要清鮮，不可淡薄。此疑似之間，差之毫釐，失以千里。濃厚者，取精多而糟粕去之謂也，若徒貪肥膩，不如專食豬油矣。清鮮者，真味出而俗塵無之謂也，若徒貪淡薄，則不如飲水矣。

犀曰：冬筍煨肉，清鮮與濃厚爲鄰；火腿蒸菜，濃厚與清鮮相濟。知者可以辨疑似矣。

補救須知

名手調羹，鹹淡合宜，老嫩如式，原無需補救。不得已爲中人説法，則調味者，寧淡毋鹹，淡可加鹽以救之，鹹則不能使之再淡矣。烹魚者，寧嫩毋老，嫩可加火候以補之，老則不能强之再嫩矣。此中消息，於一切下作料時，静觀火色便可參詳。

犀曰：淡可救，鹹不可救，固也，然蟹羹、蒓菜、蛤蚶之屬，既已起鍋，若嫌其淡，再入鹽滚之，則蟹易腥，蒓易爛，蛤蚶枯矣。嫩可救，老不可救，固也，然白切雞、醋摟魚之屬，雞已切碎，魚已加醋，亦不復下鍋矣。

本分須知

滿洲菜多燒煮，漢人菜多羹湯，童而習之，故擅長也。漢請滿人，滿請漢人，各用所長之菜，轉覺入口新鮮，不失邯鄲故步。今人忘其本分，而要格外討好。漢請滿人用滿菜，滿請漢人用漢菜，反致依樣葫蘆，有名無實，畫虎不成反類犬矣。秀才下場，專作自己文字，務極其工，自有遇合。若逢一宗師而摹仿之，逢一主考而摹仿

之，則掇皮無真，終身不中矣。

犀曰：天下之口雖同，而食性則處處不同，烹庖亦異。北方食品少於南方，而京師肴饌勝於南方，則如作枯窘題，偏有新意。南人作單句寬廓題，遂覺滿紙陳言，反難出色矣。他如清江菜多油，蘇州菜多糖，是皆食性之不同者。

校勘記

〔一〕「急就章之法」，隨園食單作「急就章之菜」。「炒蝦米、豆腐炒肉絲」，隨園食單作「炒肉絲、炒蝦米豆腐」。

〔二〕「雞、豬、鵝、鴨」，原作「雞、鴨、鵝、豬」，據隨園食單改。按：下夏氏案語亦云「猶豈雞、豬、鵝、鴨而已」，當以隨園食單爲是。

〔三〕「器用須知」，隨園食單作「器具須知」。

〔四〕「煨煮宜碗」，隨園食單作「汤羹宜碗」。

〔五〕「問政筍」，隨園食單作「行鞭筍」。按：筍四季有之，冬筍、春筍、夏秋之行鞭筍。行鞭筍，實爲竹之鞭根末梢，非筍也。夏秋，行鞭生長，味最美，爲時鮮一種。冬春，竹停鞭而孕冬筍、春筍，其味遠不逮夏秋之鮮美。袁氏云「秋涼時得行鞭筍」，恐失考。問政筍，係徽歙問政山所産春筍，詳《雜素菜單》「煨三筍」「問政筍絲」二條。

〔六〕「搗蒜」，隨園食單作「搗椒」。

戒單

爲政者興一利，不如除一弊，能除飲食之弊則思過半矣。作《戒單》。

戒外加油

俗厨製菜，動熬豬油一鍋，臨上菜時，勺取而分澆之，以爲肥膩。甚至燕窩至清之物，亦復受此玷污。而俗人不知，長吞大嚼，以爲得油水入腹。故知前生是餓鬼投來。

犀曰：嘗見塾師改文，不問其學生文理如何，却將麵筋塊詞頭填砌撲滿，遂令通者變而爲不通，而東家見之，反覺其子之能用典也，此可與外加油者作證。

戒同鍋熟

同鍋熟之弊，已載前「變换須知」一條中。

戒耳餐

何謂耳餐？耳餐者，務名之謂也。貪貴物之名，誇敬客之意，是以耳餐，非口餐也。不知豆腐得味，遠勝燕窩；海菜不佳，不如蔬筍。余嘗謂：雞、豬、魚、鴨，豪傑之士也，各有本味，自成一家；海參、燕窩，庸陋之人也，全無性情，寄人籬下。嘗見某太守宴客，大碗如缸，白煮燕窩四兩，絲毫無味，人爭誇之。余笑曰：「我輩來吃燕窩，非來販燕窩也。」《鏡花緣》所載一段，可爲此公説法。可販不可吃，雖多奚爲？若徒誇體面，不如碗中竟放明珠百粒，則價值萬金矣。其如吃不得何？

戒目食

何謂目食？目食者，貪多之謂也。今人慕「食前方丈」之名，多盤疊碗，是以目食，非口食也。不知名手寫字，多則必有敗筆；名人作詩，煩則必有累句。極名廚之心力，一日之中，所作好菜不過四五味耳，尚難拿准，況拉雜横陳乎？就使幫助多人，亦各有意見，全無紀律，愈多愈壞。余嘗過一商家，上菜三撤席，點心十六道，共算食品將至四十餘種。主人自覺欣欣得意，而我散席還家，仍煮粥充飢。可想見其席之豐而不潔矣。南朝孔琳之曰：「今人好用多品，適口之外，皆爲悦目之資。」余以爲肴饌横陳，熏蒸腥穢，口亦無可悦也。

犀曰：曩在京師，程光禄丈恭壽招飲，其菜自冷葷以至小碗大菜無不講求，無様苟且者。即温酒、上菜，亦必躬自指點，故京曹官飲饌之精以丈家爲最。其夫人工繪事，能詩，而烹調亦出其手。先大夫嘗在丈家食蚶。蚶，京師之珍品也。次年余入都，丈曰：「尊公在此食蚶，汝知之乎？」答以未知，丈曰：「豈可食如此妙品，而不歸告汝乎！」即此足見丈之風趣矣。

戒穿鑿

物有本性，不可穿鑿爲之。自成小巧，即如燕窩佳矣，何必捶以爲團？海參可矣，何必熬之爲醬？西瓜被切，略遲不鮮，見[一]有製以爲糕者。蘋果太熟，上口不脆，竟有蒸之以爲脯者。他如《遵生八箋》之秋藤餅，李笠翁之玉蘭糕，都是矯揉造作，以杞柳爲杯棬，全失大方。譬如庸德庸行，做到家便是聖人，何必索隱行怪乎？

犀曰：山右劉厨作素菜，狀魚、肉、雞、鴨之形，可以亂真，大率以山藥、腐皮、棗泥等爲之，但可爲几筵之供，非適口也。

戒停頓

物味取鮮，全在起鍋時極鋒而試，略爲停頓，便如霉過衣裳，雖錦繡綺羅，亦晦悶而舊氣可憎矣。嘗見性急主人，每擺菜必一齊搬出。於是厨人將一席之菜，都放蒸籠中，候主人催取，通行齊上。此中尚得有佳味哉？在善烹飪者，一盤一碗，費盡心思；在吃者，鹵莽暴戾，囫圇吞下，真所謂得哀家梨，仍復蒸食者矣。余到粵東，食楊蘭坡明府鱔羹而美，訪其故，曰：「不過現殺現烹，現熟現吃，不停頓而已。」他物皆可類推。

羼曰：寒士宴客，不能出自家厨，市肆挑來，此弊如何能免。因思貧家井臼躬操，即豆腐、瓜茄亦自可口，若强效肆宴設席，反覺索然無味矣。

戒暴殄

暴者不恤人功，殄者不惜物力。雞魚鵝鴨，自首至尾，俱有味存，不必少取多棄也。嘗見烹甲魚者，專取其裙而不知味在肉中；蒸鰣魚者，專取其肚而不知鮮在背上。至賤莫如腌蛋，其佳處雖在黄不在白，然全去其白而專取其黄，則食者亦覺索然矣。且予爲此言，并非俗人惜福之謂，假使暴殄而有益於飲食，猶之可也。暴殄而反累於飲食，又何苦爲之？至於烈炭以炙活鵝之掌，剸刀以取生雞之肝，皆君子所不爲也。何也？物爲人用，使之死可也，使之求死不得不可也。

犀曰：《暘谷漫録》載，某府厨娘作羊頭簽五分，需羊頭五十個，剔留臉肉，餘悉擲之，衆爲拾頓他所，厨娘曰：「若輩真狗子也。」此暴殄之尤者。《善書》載瓮中煨鱉之報，造物一何巧也。北人有食跑羊者，閉活羊於小室中，下燒地坑。又置作料一盆，羊熱而渴，渴而飲，飲盡熱極而跑，跑至死而肉熟矣。此尤忍人所爲。生炙鵝掌亦然。

戒縱酒

事之是非，惟醒人能知之；味之美惡，亦惟醒人能知之。伊尹曰：「味之精微，口不能言也。」口且不能言，豈有叫喊〔二〕酗酒之人，能知味者乎？往往見拇戰之徒，啖佳菜如啖木屑，心不存焉。所謂惟酒是務，焉知其餘，而治味之道掃地矣。萬不

得已，先於正席嘗菜之味，後於撤席逞酒之能，庶乎其兩可也。

犀曰：拇戰之徒，非惟食菜無心，即飲酒亦不經意，舉杯直倒，何辨優劣。且勝者脣焦舌敝而不得潤喉，敗者舌强沫流而不肯服氣，更有作壁上觀者，主人既不暇勸，彼亦無從得飲。是以欲求酣暢，反致偏枯。故隨園以拇戰爲縱酒。予謂好拇戰者，必非真酒徒也。嘗見人自命豪飲，一上桌便旌旗飛揚，説出擺將臺、打通關多種名目，及沈湎之後，或喧鬧取厭於主人，或争鬨致傷於友誼，種種流弊，不可勝言。且此種人若令其整襟危坐，杯杯飲盡，當不數杯而已將逃席矣。予每於合座拇戰時，冷眼觀之，不禁失笑。

戒火鍋

冬日宴客，慣用火鍋，對客喧騰，已屬可厭。且各菜之味，有一定火候，宜文宜武，宜撤宜添，瞬息難差。今一例以火逼之，其味尚可問哉？近人用燒酒代炭，以爲得計，而不知物經多滾，總能變味。或問：「菜冷如何？」〔三〕曰：「以起鍋滾熱之菜，不使客登時食盡，而尚能留之以至於冷，則其味之惡劣可知矣。」

犀曰：火鍋之用，以生羊肉片、生野雞片、生蛤蜊就湯現穿〔四〕現吃爲最宜。若京師之十景火鍋，則以雞、鴨、肉圓、火腿、魚肚之屬堆滿一鍋，則真無味矣。江浙人新年供客亦然，尤爲惡習。

戒强讓

治具宴客，禮也。然一肴上口〔五〕，理直憑客舉箸，精肥整碎，各有所好，聽從客便，方是道理，何必强讓之？常見主人以箸夾取，堆置客前，污盤没碗，令人生厭。須知客非無手無目之人，又非兒童、新婦，怕羞忍餓，何必以村嫗、小家子之見解待之？其慢客也至矣！近日倡家，尤多此種惡習，以箸取菜，硬入人口，有類强姦，殊爲可惡。長安有甚好請客，而菜不佳者，一客問曰：「我與君算相好乎？」主人曰：「相好！」客跽而請曰：「果然相好，我有所求，必允許而後起。」主人驚問：「何求？」曰：「此後君家宴客，求免見招。」合坐爲之大笑。

犀曰：昔有人吃白菜火腿，以箸横夾之。大約一碗火腿不過七八片，此公一箸已過半矣。又有吃雞粥者，食甫大半，此公攫而喝之，笑曰：「此滿州派也。」二公皆余契友，固不以形迹爲嫌，然與强讓者相形，殆不免爲棘子成歟！

戒走油

凡魚肉雞鴨，雖極肥之物，總要使其油在肉中，不落湯中，其味方存而不散。若肉中之油，半落湯中，則湯中之味反在肉外矣。推原其病有三：一誤於火大猛，滚急水乾，重番加水；一誤於火勢忽停，既斷復續；一病在於太要相度，屢起鍋蓋，則油必走。

戒落套

唐詩最佳，而五言八韻之試帖，名家不選，何也？以其落套故也。詩尚如此，食亦宜然。今官場之菜，名號有十六碟、八簋、四點心之稱，有滿漢席之稱，有八小吃之稱，有十大菜之稱，種種俗名，皆惡厨陋習。只可用之於新親上門，上司入境，以此敷衍。配上椅披桌裙，插屏香案，三揖百拜方稱。若家居歡宴，文酒開筵，安可用此惡套哉？必須盤碗參差，整散雜進，方有名貴之氣象。余家壽筵婚席，動至五六桌者，傳喚外厨，亦不免落套，然訓練之卒，範我馳驅者，其味亦終竟不同。

犀曰：今之名目有八大、八小、五簋、八碟、三點水諸色。然隨常宴客，而竟避絶常套。第一要庖人好，第二要器皿好，第三要内人照料。否則雜亂無章，味同嚼蠟，反不如常套之可以藏拙矣。有一種人號稱宴客，而實則家常飯菜雜置客前，其言曰：「我之清客，最不喜用常套。」如此到有真味。此則以隨園爲護身符也。一笑。

蘇州燈船菜有名，每游必兩餐。一皆點心，粉者、麵者、甜者、鹹湯者、乾者，約二十餘種。酒席則燕窩爲首，魚翅次之。聞亂前頗有佳者，今則船菜之名成耳食矣。

京師堂會亦兩餐。大約午初開戲，酉末戲止，四時之中食盛席兩次，而且衣冠危坐，尤有往來酬接之勞。斯則常套之尤盛者也。

戒混濁

混濁者，并非濃厚之謂。同一湯也，望去非黑非白，如缸中攪渾之水。同一滷也，食之不清不膩，如染缸倒出之漿。此種色味令人難耐。救之之法，總在洗净本身，善加作料，伺察水火，體驗酸鹹〔六〕，不使食者舌上有隔皮隔膜之嫌。庾子山論文云：「索索無真氣，昏昏有俗心。」是即混濁之謂也。

戒苟且

凡事不宜苟且，而於飲食尤盛。廚者，皆小人下材，一日不加賞罰，則一日必生怠玩。火齊未到而姑且下咽，則明日之菜必更加生。真味已失而含忍不言，則下次之羹必加草率。且又不止空賞空罰而已也。其佳者，必指示其所以能佳之由；其劣者，必尋求其所以致劣之故。鹹淡必適其中，不可絲毫加減，久暫必得其當，不可任意登盤。廚者偷安，吃者隨便，皆飲食之大弊。審問、慎思、明辨，爲學之方也；隨時指點，教學相長，作師之道也。於是味何獨不然？

犀曰：良厨不易得，得之亦有數。端用法方收其效。工食宜優，不可苛刻，一也。算賬宜寬，不可剋扣，二也。買物宜多，不可吝嗇，三也。然後嚴其賞罰，專其責成，乃可以享口腹之奉也。往往有痛責庖人而已實未嘗知味者，尤爲可笑。

校勘記

〔一〕「見」，隨園食單作「竟」。

〔二〕「叫喊」，隨園食單作「呼吸」。

〔三〕「如何」，隨園食單作「奈何」。

〔四〕「穿」，今多作「氽」，吴語「穿」「氽」同音。

〔五〕「上口」，隨園食單作「既上」。

〔六〕「伺察水火，體驗酸鹹」，原作「用火體驗酸鹹」，語意晦澀，據隨園食單改。

海鮮單

古八珍，并無海鮮之説。今世俗尚之，不得不吾從衆。作《海鮮單》。

燕窩

燕窩貴物，原不輕用。如用之，每碗必須二兩，先用天泉滚水泡之，將銀針挑去黑絲。用嫩雞湯、好火腿湯、新蘑菇三樣湯滚之，看燕窩變成玉色爲度。此物至清，不可以油膩雜之；此物至文，不可以武物串之。今人以肉絲、雞絲雜之，是吃雞絲、肉絲，非吃燕窩也。且徒務其名，往往以幾錢燕窩〔一〕蓋碗面，如白髮數莖，使客一撩不見，空剩粗物滿碗。真乞兒賣富，反露貧相。不得已用蘑菇絲、筍尖絲、鯽魚肚、野雞嫩片尚可用也。余到粵東，陽明府冬瓜燕窩最佳〔二〕，以柔配柔，以清入清，重用雞汁、蘑菇汁而已，燕窩皆作玉色，不純白也。或打作團，或敲成麵，俱屬穿鑿。

《庶物異名疏》：「燕蓐蔬，嶺南名燕窩菜。海燕拾海上無毒香蔬結巢，燕去後，人取煮食之，味芳美。」

《泉南雜志》：「閩之遠海近番處有燕名金絲者，首尾似燕而甚小，毛如金絲，臨卵育子時，群飛沙泥近石處啄蠶螺食。有詢海商，聞之土番云：蠶螺背上有肉，兩筋如楓，蠶絲堅潔而白，食之可補虚損，已勞痢，故此燕食之，肉化而筋不化，并津液嘔出，結巢窩附石上。久之，與小雛鼓翼而飛，海人依時拾之，故曰燕窩也。」

《嶺南雜記》：「燕窩有數種，日本以爲蔬菜供僧。此乃海燕食海邊蟲，蟲背有筋不化，復吐出而爲窩，綴於海山石壁之上，土人攀援取之。春取者白，夏取者黄，冬不可取，取之則燕無所棲，凍死，次年無窩矣。」

《崖州志》：「崖州海中石島有玳瑁山，其洞穴皆燕所巢。燕大者如烏，啖魚輒吐涎沫，以備冬月退毛之食。土人皮衣皮帽束炬采之，燕驚撲人，年老力弱或致墮崖而死。是爲燕窩之菜。」

《粤録》：「海濱石上有海粉，積如苔，燕啄食之，吐出爲窩，累累岩壁之間。島人俟其秋去，以修竿接鏟取之。凡有烏、白二色，紅者難得。燕屬火，紅者尤其精液。」

王氏《隨息居飲食譜》曰：「甘，平。養胃液，滋肺陰，潤燥澤枯，生津益血。止虛嗽、虛痢，理虛膈、虛痰。病後諸虛，允爲妙品。力薄性緩，久任斯優。病邪方熾，勿投。其根較能達下。」

醉犀生曰：燕窩入饌，如富貴家兒新掌家業，必賴好朋友、好親戚爲之經理，方能撐住門户。否則，雖鮮衣華服，風貌翩翩，終不免爐骨裹妍皮之誚也。

海參三法

海參無味之物，沙多氣腥，最難討好。然天性濃厚，斷不可以清湯煨也。須檢小刺參，先泡去沙泥，用肉湯滾泡三次，然後以雞、肉兩汁紅煨極爛。輔佐則用香蕈、木耳，以其色黑相似也。大抵明日請客，則先一日要煨，海參才爛。嘗見錢觀察家，夏日用芥末、雞汁拌冷海參絲甚佳。或切小碎丁，用筍丁、香蕈丁入雞湯煨作羹。蔣侍郎家用豆腐皮、雞腿、蘑菇煨海參亦佳。

《五雜組》：「海參，遼東海濱有之，一名海男子，其狀如男子勢。然淡菜之對也。其性溫補，足敵人參，故曰海參。」

《百草鏡》：「南海泥塗亦産海參，色黄而大，無刺，亦硬，不中食品。土人名曰海瓜皮，言其如瓜皮之粗韌也。以其充庖熇豬肉，食可健脾。」

《藥鑒》：「出盛京奉天等處第一，色黑肉糯，名遼參。出廣海者，名廣參，色黄。出福建者，皮白肉粳糙，厚無刺，名肥皂參、光參。出浙江寧波者，大而軟，無刺，名瓜皮參，品更劣矣。」

《本草綱目拾遺》：「關東韓子雅言，海參出東海中，大小不一，體滑如蜒蝣，能伸縮，群居海底，游行迅疾。取參者用海狗油滴水，海水乃清見底，見有海參，即入海取之。此物沾人氣便不動，先以兩手徐握置頭兩旁，再取置肋下，次及兩腿、胯及膝，皆可夾取。然後出水，以刀剖去腸胃，腌去腥涎，令體内緊密，乾之乃縮至寸許。其實生者大如瓜，長尺許。若乾者寸外，生時體更大可知。陳良翰云：海參出北海者佳，爲天下第一。其參潛伏海底，至二三月東風解凍時，多浮出水面，塗淺沙中孳乳，入水易取。然腹中出子後，惟有空皮，皮薄體松，味不甚美，價亦廉，識者賤之，名曰春皮。四五月則潛伏海中極深處，或泥穴中，不易取。其質肥厚，皮刺光澤，味最美，名曰伏皮，價頗昂，入藥以此種爲上。若冬時則又蟄入海底，不可得矣。」

《閩小紀》：「閩中海參色獨白，須撐以竹簽，大如掌，與膠州、遼海所出異，味亦淡劣。海上人復有以牛革僞爲之以愚人，不足尚也。濰縣一醫語予，雲參益人，沙參苦。參性尚異，然皆兼補。海參得名，亦以能温補也。人以腎爲海，此種生北海鹹水中，色黑，又黑以滋腎，水求其類也。」

《譜》曰：「鹹，温。滋腎補血，健陽潤燥，調經，養胎，利産。凡産虚病後，衰老尪孱，宜同火腿或豬羊肉煨食之。種類頗多，以肥大肉厚而糯者，膏多力勝。脾弱不運、痰多便滑、客邪未净者，均不可食。」

犀曰：海參之極大者，一枚可盛一碗，發之甚難，須熱灰中煨熱，刀刮去泥沙，再入温水煮軟，然後以清水養之。

魚翅二法

魚翅難爛，須煮兩日，才能摧剛爲柔。用有二法：一用好火腿、好雞湯，如鮮筍、冰糖錢許煨爛，此一法也；一純用雞湯串細蘿蔔絲，拆碎鱗絲〔三〕攙和其中，飄浮碗面，令食者不能辨其爲蘿蔔絲、爲魚翅，此又一法也。用火腿者，湯宜少；用蘿蔔絲者，湯宜多。總以融洽柔膩爲主〔四〕。若海參觸鼻，魚翅跳盤，便成笑話。吴道士家做魚翅，不用下鳞，單用上半厚根〔五〕，亦有風味。蘿蔔絲須出水二次，其臭才去。嘗在郭耕禮家吃魚翅炒菜，絶佳！惜未傳其方法。

《正字通》：「海鯊，青目赤頰，背上有鬣，腹下有翅，絶肥美。」《本草綱目拾遺》：「魚翅，今人習爲常嗜之品，凡宴會肴饌必設此物爲珍享。其翅乾者成片，有大小，率以三爲對，蓋脊翅一，劃水翅二也。煮之拆去硬骨，撿取軟色如金者，瀹以雞湯佐饌，味最美。漳、泉有煮好剔取純軟制作成團，如胭脂餅，金色可愛，名沙刺片，更佳。」

犀曰：魚翅之美在肉，故佳者曰肉翅。以肉厚翅短者爲佳，長翅者不及也。近有東洋來者，多石灰氣，尤不可用。閩中則有荷包等名目，形狀各不同，要其種類亦有别也。大約作魚翅總以清湯爲宜，閩粵東尚長刺，當别有佳種也。

鰒魚

鰒魚炒薄片甚佳，楊中丞家削片人雞湯豆腐中。號稱「鰒魚豆腐」，上加陳糟油

澆之。莊太守用大塊鰒魚煨整鴨，亦別有風趣。但其性堅，終不能齒決，火煨三日，纔拆得碎。

《漢書·伏隆傳》：「詣闕獻鰒魚。」注：「鰒似蛤，偏著石。」

《南史》：「時淮北屬江南，無鰒魚，或有間關得至者，一枚直錢數千。」

《草木子》：「海人泅水取之，乘其不知，用手一揣得，當其覺知，雖斧鑿亦不得也。」

《後山叢談》：「石決明，登人謂之鰒魚，明人謂之九孔螺。」

《廣志》：「鰒無鱗，有殼，一面附石。細孔，雜二，或七，或九。顏之推云：『鰒即石決明，肉旁一年一孔，至十二孔而止，登州所出。』」

《六書故》：「鰒魚如蠃肉。」

《魏志》：「末盧國人喜撲鰒魚，水無深淺皆沈沒取之。」

《焦氏筆乘》：「顏之推云：鰒即石決明，肉旁一年一孔，至十二孔而止，以合歲數。登州所出，其味珍絶，然漢以前未聞其貴。至王莽欲敗時，但飲酒，啖鰒魚。而光武時，張步據青徐，遣使詣闕上書，獻鰒魚。又臨淄太守吴良賜鰒魚百枚。則兩漢時已自珍之。」

《漢書・王莽傳》：「啖鰒魚。」顔注：「鰒，海魚也，音雹。」

曹植《表》：「先王喜鰒魚，臣前以表，徐州臧霸遺腹魚二百枚，足以供事。」

《後漢書・伏隆傳》：「張步遣隆詣闕上書，獻鰒魚。」注云：「郭璞注：『鰒似蛤，偏著石。』」

《説文》：「鰒，海魚名。」

《譜》曰：「甘，鹹，温。補肝腎，益精明目，開胃養營，止帶濁崩淋，愈骨蒸勞極。體艱難化，脾弱者飲汁爲宜。」

淡菜

淡菜煨肉加湯，頗鮮，取肉去心，酒炒亦可。

《本草》：「淡菜，一名殼菜。似馬岩而厚，生東海崖上。肉如人牝，故名海牝。大者生珠，肉有毛，有紅、白二種。一名東海夫人。」

《譜》曰：「甘，温。補腎，益血填精，治遺帶崩淋、房勞産怯、吐血久痢、膝軟腰疼、痃癖症瘕、臟寒腹痛、陽痿陰冷、消渴癭瘤。乾即可以咀食，味美不腥。産四明者，肉厚味重而鮮，大者彌勝。」

海蝘

海蝘，寧波小魚也，味同蝦米，以之蒸蛋甚佳。作小菜亦可。

烏魚蛋

烏魚蛋最鮮，最難服事。須河水滚透，撤沙去臊，再加雞湯、蘑菇煨爛。龔雲若司馬家製之最精。

《本草綱目拾遺》：「烏魚蛋産登萊，乃烏賊腹中卵也。」

《藥性考》：「以爲雄白魚。」

犀曰：山右庖人製此極佳，南方乃不多見，治之不得法，則腥而且硬，殊可憎也。

江瑶柱

江瑶柱出寧波，治法與蚶、蟶同。其鮮脆在柱，故剖殼時多棄少取。

《爾雅》：「蜃小者珧。」注：「珧，玉珧，即小蚌。」

《正字通》：「殼中肉柱長寸許，俗謂之江瑶柱。」

《本草》：「一名海月，一名馬甲，馬頰。廣州謂之角帶子。」

《海物異名疏》：「厥甲美如瑶，玉肉挂膚寸。」

《事物紺珠》：「一名楊妃舌。」

《江幾鄰雜志》：「四明海物，江珧柱第一，青蝦次之。韓文公謂即馬甲柱也。二物無海腥氣。」

《藝苑卮言》：「奉化四月南風乍起，或日再三可得三四百枚，或連歲不上。如蚌而稍大，肉腥而韌，不中口，僅四肉牙佳耳。長可寸許，員半白如珂雪。以嫩雞汁熟過之，一沸即起，稍久即味盡矣。甘鮮脆美，此所謂柱也。」

《譜》曰：「甘，温。補腎，與淡菜同，鮮脆過之，爲海味冠。乾者咀食，味美不腥，嬌軟異常，味重易化。周櫟園比之梅妃骨。其殼色如淡菜，上鋭下平，大者長尺許。肉白而韌，不中食，美惟在柱也。頻湖以爲即海月，謬已。」

犀曰：此指鮮者而言，乾者價廉而味亦不佳，市肆習見之品，幾爲人所厭矣。道光末年，吾杭乾者亦貴，宴客用之以爲珍品。今則夷舶既通，百物踵至，鮮荔枝尚且見慣，何況乾江瑶柱乎！君子於此觀世變矣。

蠣黄

蠣黄生石子上，殼與石子膠粘不分。剥肉作羹，與蚶、蛤相似。一名鬼眼。樂清、奉化兩縣土産，别地所無。閩之亦有之。

《嶺表録異》：「蚝，即牡蠣也。其初生海邊，如拳石，四面漸長，有高三丈者，巉岩如山。每一房内，蚝肉一片，隨其所生，前後大小不等。每潮來，諸蚝皆開房，伺蟲蟻入即合之。海夷盧亭者以斧楔取殼，燒以烈火，蚝即啟房，挑取其肉，貯以小筐，赴墟市以易酒米。蚝肉大者腌爲炙，小者炒食。肉中有滋味，食之即壅腸胃。」

《本草》李時珍曰：「牝蠣，一名蠣蛤，一名牡蛤。陶隱居謂是百歲雕所化。此物附石而生，磈礧相連如房，故名蠣房。一名蚝山，晉安人呼爲蚝莆。初生海邊，纔如拳石，四面漸長，有一二丈者。每一房内有蚝肉一塊，肉之大小隨房所生。大房如馬蹄，小如人指。每潮來，則諸房皆開。有小蟲入則合之以充腹。海人取之皆鑿房，以烈火逼開之，挑取其肉，趁墟市以易醋。」

《南越志》：「南山謂蠣爲蚝甲，爲牡蠣。合洞洲圓蠣，土人重之，語曰：『得合洞一蚝，雖不足豪，亦足以高。』」

《雨航雜録》：「漁者於海淺處植竹，扈竹入水累累而生，斫取之，曰竹蠣。」《文選》「玄蠣磈磊而碨⿰石亚』，注云：『長七尺，形如馬蹄。』又謂梅花蠣。土人用以爲醬，曰蠣黄醬。樂清縣新溪口有蠣嶼，方圓數畝，四面皆蠣，其味偏好。」

《齊民要術》：「炙蚶，鐵鍋上炙之，汁出，去半殼，以小銅柈奠之。大，奠六；小，奠八。仰奠。別奠醋隨之。炙蠣，似炙蚶，汁出，去半殼，三肉共奠。如蚶，別奠醋隨之。」

《譜》曰：「甘，平。補五臟，調中，解丹毒，折酲止渴，活血，充饑。味極鮮腴，海錯珍品。周亮工比爲太真乳。」

○魚皮 以下補入

魚皮發極透，以肉汁濃煨極爛，則肥膩如肉而不覺膩，故佳。

《本草》李時珍曰：「鯊魚小而皮粗者，曰白沙。其皮刮治去沙，煎作膾，爲食品美品，食益人。」

○魚　脣

魚脣味厚而質清，以雞汁清煨，方不失其風趣。

○魚　肚

魚肚則有二。一名廣肚，清濃并宜，法與魚脣相似。一名鮸肚，小而薄，蒸之即委爛，只能以油炙透，然後煨之。若市肆以油灼肉皮混充者，則襲其面目，如任華之學太白，徒見其妄也。

《大業拾遺記》：「吳郡獻鮸魚含肚千頭，極精好，味美於石首含肚。然石首含肚年常亦有入獻者，而肉彊不及。」

《酉陽雜俎》：「細飄，一名魚鰾。」

《名物通》：「玉腴，魚脬也，福州謂之佩羹。」

《譜》曰：「鮸魚鰾，較石首者大且厚，乾之以爲海錯，産南洋者佳。古人名爲鮧鮧。補氣填精，止遺帶，大益虛損。外感未清、痰飲内盛者勿食，以其膩滯也。」

○魚骨

魚骨，鱘鰉魚骨也，故杭俗謂之「鱘脆」。鮮者吳中有之，乾者稍遜。用雞汁煮爛亦佳，入雞粥亦可。食甜者以冰糖杏酪煮，亦有風味。見後「鱘鯉魚」下。

○油魚

油魚乾者形如蝴蝶，發透切絲，膾之炒之均可，味在鰒魚、烏賊之間。

○木魚

木魚賣者如枯木一段，以刀切末，或蒸蛋，或蒸魚，均鮮。

○鰢鮫魚

鰢鮫魚平湖有之，新鮮者不甚佳。土人多切片曬乾，可以致遠，名曰鰢鮫臘。《野記》：「海貨名有馬鮫魚。」

○帶魚

帶魚，寧波有鮮者，內地則無。其長數尺，鱗色閃爍如錫箔然。以糖醋煎之，或用蘿蔔絲亦可。

《五雜組》：「閩有帶魚，長丈餘，無鱗而腥，諸魚中最賤者，獻客不以登俎。龍中人家用油沃煎，亦甚馨潔。」

《福清縣志》：「帶魚身長，其形如帶，無鱗，入夜爛然有光，小者俗名帶柳。」

《物鑒》：「帶魚形纖長似帶，銜尾而形。漁人取得其一，則連類而起，不可斷絶，至盈舟溢載，始舉刀割斷，捨去其餘。」

《玉環志》：「帶魚首尾相銜而行。釣法：用大繩一根，套竹筒作浮子順浮洋面，綴小繩百二十根，每小繩頭拴銅絲一尺，銅絲頭拴鐵勾長三寸，即以帶魚爲餌。未得帶魚之先，則以鼻涕魚代之。凡釣海魚皆如此。約期自九月起至次年二月止，謂之魚汛。」

《柑園小識》：「帶魚生海中，狀如鰻，鋭首偏身，大眼細齒，色白無鱗，脊骨如篦，肉細而肥，長二三尺，形如帶，亦謂之裙帶魚。冬時風浪大作，輒釣得之。稿爲鯗以致遠。」

《本草綱目拾遺》：「帶魚出海中，形如帶，頭尖尾細，長者至五六尺，大小不等，無鱗，身有涎，乾之作銀光色，周身無細骨，止中一脊骨如邊箕狀，兩面皆肉裹之，今人常食，爲海鮮。據海人言，此魚八月中自外洋來，千百成群，在洋中輒銜尾而行，不受網，惟鈎斯可得。漁户率以乾帶魚一塊作餌以釣之，一魚上鈎則諸魚皆相銜不斷，掣取盈船。此魚之出以八月，盛於十月，霧重則魚多，霧少則魚少，率視霧以爲貴賤云。」

《譜》曰：「甘，温。暖胃補虚，澤膚。産南洋而肥大者良。發疥動風，病人忌食。作鮝較勝，冬腌者佳。」

校勘記

〔一〕「幾錢燕窩」，隨園食單作「二錢生燕窩」。

〔二〕「最佳」，隨園食單作「甚佳」。

〔三〕「鱗絲」，隨園食單作「翅」。

〔四〕「爲主」，隨園食單作「爲佳」。

〔五〕「厚根」，隨園食單作「原根」。

江鮮單

郭璞《江賦》魚族甚繁，今擇其常有者治之。作《江鮮單》。

刀魚二法

刀魚用蜜酒釀、清醬放盤中，如鰣魚法蒸之最佳。不必加水。如嫌刺多，則將極快刀刮取魚片，用鉗抽去其刺。用火腿湯、雞湯、筍湯煨之，鮮妙絕倫。金陵人畏其多刺，竟油炙極枯，然後煎之。諺曰：「駝背夾直，其人不活。」此之謂也。或用快刀將魚背斜切之，使碎骨盡斷，再下鍋煎黄，加作料，臨食時竟不知有骨。此蕪湖陶大太法也。

《説文》：「鮆，飲而不食刀魚也，九江有之。」

《玉篇》：「鮤，鮆魚也。魛蔑，刀魚。」

《爾雅》：「鮤，鱴刀。」郭云：「今之鮆魚也。」

《南山經》注云：「鮆魚，狹薄而長，頭大者尺餘，太湖中今饒之。」

《爾雅翼》：「鮆魚，長頭而狹薄，其腹背如刀，故以爲名。大者長尺餘，可以爲膾。」

《六書故》：「鮆魚生江河鹹淡水中，春則上。側薄類刀。一甚大者曰母鮆，宜膾。」

《雨航雜録》：「又名魛，又名鱭魚。」

《文字集略》：「音制，亦作鰶。」

《三輔決録》：「鱭魚肥，炙甚美。諺曰：『寧去累世宅，不棄鱭魚額。』」

《異物志》：「鱭魚仲夏始從海中溯流而上，腹下如刀，長尺餘，項細，骨如毛在肉中，又有禽䴘在腹中。初立夏，有白鳥似鷖鳥群飛，謂之鱠魚鳥。至仲夏，鳥藏而魚出，變化所生。」

《寧波志》：「鮆魚子多而肥，夏初曝乾，可以致遠。率以三月、八月出，故曰順時。」

《彙苑》：「鮆魚枝身多鯁，長不過五六寸，味極肥腴，以糟浥之可作湯。」

《異苑》：「蝴蝶變作鮆。」

《說文長箋》：「海出者佳，而孕子江出者大，而不孕湖出者分大小二種，味薄。」

《本草》李時珍曰：「《魏武食制》謂之望魚。細鱗白色，吻上有二硬鬚，腮下有長鬣如麥芒，腹下有硬角刺，快利若刀，腹後近尾有短鬣，肉中多細刺。或作鮓鱐，食皆美，烹煮不如。」

《譜》曰：「甘，温。補氣。肥大者佳，味美而腴，亦可作鮓。多食發瘡助火。以温州所產有子者佳。乾以爲臘，用充方物，古人所謂子魚也。大者尤勝，與病無忌。」

犀曰：焦山寺僧能以鱭魚作魚圓，吳蘭艭爲予言之，未詳其法。何賡士則云：「以松木橫鋸一片，用橄欖汁塗之，取魚貼板上，少頃揭起，則自尾至頭小刺皆在板上矣。」作羹作圓皆可。

鰣魚

鰣魚用蜜酒蒸食，如治刀魚之法便佳。或竟用油煎，加清醬、酒釀亦佳。萬不可

切成碎塊加雞湯煮，或去其背，專取肚皮，則真味全失矣。

《爾雅》：「鰽，當魱。」郭注：「海魚也，似鯿而大鱗，肥美多鯁，今江東呼其最大長三尺者爲當魱」。

《類篇》：「魱魚出有時，吴人以爲珍，即今鰣魚。」

《六書故》：「魱生江海中，四五月大，上，肥美而多骨，江南珍之。以其出有時，又謂時魚。」

《養魚經》：「廣川謂之三鯬之魚。」

《武林舊事》：「五月，富春江鰣魚最盛。或曰自漢江來，非富春産也。」

《閩志》：「大者長數尺，春末有之。」

《寧波志》：「箭魚即鰣魚，腹下細骨如箭鏃。」

《山堂肆考》：「鰣魚味美在皮鱗之交，故食不去鱗，而出富陽者尤美。此東坡有鰣魚多骨之恨也。」

《升庵外集》：「江而西謂之瘟魚，棄而不食。或曰：鰽與鰣魚同爲鰽鳥所化，故腹中有鳥腎二枚。」

《本草》李時珍曰：「鰣出江東，今江中皆有，而江東獨盛，故應天府以充御貢。每四月鱭魚出後即出，云從海上泝上，人甚珍之。惟蜀人呼爲瘟魚，畏而不食。形秀而扁，似魴而長，白色如銀，肉中多細刺如毛，其子甚細膩。故何景明稱其銀鱗細骨，彭淵材恨其美而多刺也。大者不過二尺，腹下有三角硬鱗如甲。其肪亦在鱗甲中，自甚惜之。其性浮游，漁人以絲網沈水數寸，取之，一絲挂鱗，即不復動。纔出水即死，最易餒敗。故袁達《禽蟲述》曰：『鰣魚挂網而不動，獲其鱗也。』不宜烹煮，惟以筍、莧、芹、荻之屬連鱗蒸食乃佳，亦可糟藏之。」

《譜》曰：「甘，温。開胃，潤臟補虚。其美在鱗，臨食始去，厥味甚旨，可糟。諸病忌之。」

犀曰：《説文》無鰣字。桂氏因以鮨字當之，謂鮨訓鮪魚，鮥訓叔鮪，鮨、鮥既同爲鮪矣。而鮥、鰽二字又引《字林》合爲一，遂以訓當魱之鰽與訓鮪之鮨通焉。此説未知確否。鰣魚清腴之品，用甜味殊爲掃興，油煎之法尤難。聞吴中有能爲燒烤者，先大夫曾遇之。比聞何賡士言，其舊庖人能之，法以網油包魚，叉向火上燒之，肥美異常。又聞姚樸園言，其家能去鱗煎之而美味不失，惜其人已逝，無從取信矣。

蒸鰣魚須帶鱗，一面著底。此指半爿者而言。

鱘魚

尹文端公，自誇治鱘鰉最佳，然煨之太熟，頗嫌重濁。惟在蘇州唐氏，吃炒鰉魚片甚佳。其法：切片油炮，加酒、秋油滾三十次，下水再滾起鍋，加作料，重用瓜、薑、葱花。又一法：將魚白水煮十滾，去大骨，肉切小方塊，取明骨切小方塊，雞湯去沫，先煨明骨八分熟，下酒、秋油，再下魚肉，煨二分爛起鍋，加葱、椒、韭，重用薑汁一大杯。葱酒似不宜并用。

《爾雅》「鱣」，郭注曰：「鱣，大魚，似鱏而短鼻，口在頷下，體有斜行甲，無鱗，肉黄。大者長二三丈，今江東呼爲黄魚。」

陸璣《詩疏》：「鱣可蒸爲臛，又可爲鮓，魚子可爲醬。」

《異物志》：「謂之含光，言脂肉夜有光。」

《飲膳正要》：「遼人名阿八兒忽魚。」

《本草》李時珍曰：「黄魚、鱲魚，言其脂色。玉版，言其肉色也。出江、淮、黄河、遼海深水處，無鱗大魚也。其狀似鱘，其色灰白，其背有骨甲三行，其鼻長有鬚，其口近頷下，其尾歧。其出也，以三月逆水而生。其居也，在磯石湍流之間。其食也，張口接吻聽其自入，食而不飲，蟹魚多誤入之。世人所謂『鱣鮪岫居』，俗所謂『鱘鰉魚吃自來食』是已。其行也，在水底去地數寸。漁人以小鈎近千沈而取之，一鈎著身，動而獲痛，諸鈎皆著，船游數目，待其困憊，方敢掣取。其小者近百斤，其大者長二三丈，至一二千斤。其氣甚腥。其脂與肉層層相間，肉色白，脂色黄如臘。其脊骨及鼻并鬚與鰓，皆脆軟可食。其肚子鹽藏亦佳。其鰾亦可作膠。其肉、骨煮炙及作鮓皆美。」

《翰墨大全》云：「江淮人以鱘鰉魚作鮓，名片醬，亦名玉版鮓也。」

《爾雅翼》：「鱣大如五斗奩，長丈，長鼻軟骨。常三月中從河上，當於孟津捕之，淮水亦有之。惟以作鮓而骨可啖。」

《魏武食制》：「鱏，一名黄魚，大數百斤，骨軟可食。」

《詩緝》：「鱣，鱑也，大魚似鱘。」

《食品》：「有黄頰膗。」

《説文》：「鮪，鮥也。」

《詩·釋文》：「鮪，似鱣。大者名王鮪，小者名叔鮪。沈云：江淮間曰叔，伊洛曰鮪，海濱曰鮥。」

陸璣《詩疏》：「鮪魚形似鱣而色青黑，頭小而尖，似鐵兜鍪，口在頷下，其甲可以摩薑，大者不過七八尺。益州人謂之鱣鮪。大者爲王鮪，小者爲鮇鮪。一名鮥。味不如鱣也。今東萊遼人謂之尉魚，或謂之仲明魚。仲明者，樂浪尉也，溺死海中化爲此魚。」

《東山經》注：「鮪，即鱏也，似鱣而長鼻，體無鱗甲，別名鮔鱣《説文》作䱡鯍，一名鱑也。」

《山堂肆考》：「鱏，一作鱘又作鱛，似鱣鮪而大，江湖皆有之。鼻長如鶴嘴，故名鶴嘴魚。無鱗，有青黑斑文，作鮓甚美，口在頦下，一名鱘鰉魚。」

《本草》陳藏器曰：「鱘魚鼻上肉作脯，名鹿頭，又名鹿肉，言美也。」李時珍曰：「出江淮、黄河、遼海深水處，亦鱏屬也。岫居，長者丈餘，至春始出而浮陽，見日則目眩。其狀如鱣，而背上無甲。其色青碧，腹下色白，其鼻長與身等，口在頷下，食而不飲，頰下有斑紋如梅花狀，尾歧如丙，肉色純白，鬐骨不脆。」羅願曰：「狀如鬻鼎，上大下小，大頭哆口。其鰾亦可作膠，如鱘鮧也。亦能化龍。」

《飲膳正要》云：「今遼人名乞里麻魚。」〔二〕

《爾雅》：「鮪，鮥鮪。」郭注：「今宜都郡自京門以上有魚似鱣而小，建平人呼爲鮥子。」

《京譜口録》：「鱘、鰉是兩種，鱘魚之色白，鰉皇之色黄，廣州謂之鱘龍之魚。」趙宧光曰：「鱏，大鼻魚也。外無鱗，内無骨，其鼻如冠，等身之半，皆鯛脆也。大者千斤，觸網即仰身待縛，人言其惜冠也。海虞方言讀若鱈婁，東方言讀若鱘。」

《荀子》：「瓠巴鼓瑟而鱏魚出聽。」通作淫。高注：「淫魚喜音，出頭於水而聽之。淫魚長頭身相半，長丈餘，鼻正白，身正黑，口在頷下，似鬲嶽魚而身無鱗，出江中也。」

《文選》李善注：「淵魚，鱏魚也。」

《譜》曰：「鱘魚，甘，温。補胃，活血通淋。多食發疥患症，味佳而性偏劣，作鮓亦無補益。鼻脯味美療虛。子主殺蟲，味亦肥美。」又曰：「鰉皇亦作黄，本名鱣，一名臘魚，一名玉版魚，甘，温。補虛，令人肥健。多食難化，發疥生痰。作鮓極珍，亦勿多食。反荆芥。其肚及子，鹽藏極佳。其有脊骨、腮、鼻、唇、鬐皆脆軟，以充珍錯。其鰾最良，固精止帶。」

犀曰：吴人謂之匝匼二字借音，不知何義。其脂黄如臘，肥膩異常，大率鱣也。然肉味極腥，治法頗難。或以鮮明骨入雞湯煨之，則勝於乾者遠矣。張小林謂之著甲，非匝匼也。

黄魚

黄魚切小塊，醬酒鬱一個時辰。瀝乾。入鍋爆炒兩面黄，加金華豆豉一茶杯，甜酒一碗，秋油一小杯，同滚。候滷乾色紅，加糖，加瓜、薑收起，有沈浸濃郁之妙。又一法，將黄魚拆碎入雞湯作羹，微用甜醬水、芡粉收起之，亦佳。大抵黄魚亦係濃厚之物，不可以清治之也。

《物産志》：「似鮸而小，尾鬣皆黄色，一名黄魚。」

《養魚經》：「閩謂之金鱗魚，又謂之黄瓜魚。」

《華夷鳥獸考》：「海郡民謂之洋山魚。」

《初學記》：「魚鱗甚黄如金，和蒓作羹謂之金羹玉膾。」

張勃《吴録》：「婁縣有石首魚，至秋化爲冠鳧。」

《五雜組》：「石首化鴡。」

《本草》馬志曰：「石首魚出水能鳴，夜視有光，頭中有石如棋子。一種野鴨頭中有石，云是此魚所化。」李時珍曰：「生東南，其形如白魚，扁身，弱骨細鱗，黄色如金，首有白石二枚，瑩潔如玉，至秋化爲冠鳧，即野鴨有冠者也。腹中白鰾可爲膠。」

田汝成《游覽志》云：「每歲四月，來自海洋，綿亘數里，其聲如雷，漁人以竹篇探水底，聞其聲，乃下網截流取之，潑以淡水，則魚皆圉圉無力。初水來者甚佳，二水、三水來者，則魚漸小而味漸減矣。」

《臨海異物志》云：「又有石頭魚，長七八寸，與石首同。又小者名鰌，即梅魚也。黄金色，味頗佳，頭大於身，名曰梅大頭。出四明梅山，故曰梅魚，或云梅熟魚來，故名。」

《正字通》：「石首，一名鮸魚。」

《嶺表録》：「謂之石頭魚。《浙志》謂之江魚，乾者名鮝魚。又鮂魚，似鰻而小。一名黄花，福、温多有之。」

《温海志》：「名黄靈魚，即小首魚，首亦有石。」

《函史·物性志》：「鯸，形如石首，三牙如鐵鋸。或曰：石首，雄；雌，雌也。」

《廣輿記》：「惠州謂之狼藉。」

《博雅》：「鰻，石首也。」

《江賦》注：「鰻魚出南海，頭中有石，一名石首魚。」

《博物志》：「鯮魮即石首，常以三月八月出。」

《雨航雜録》：「鯮即石首也。小者曰鰈魚，又名鰌魚。最小者名梅骨，又名梅童。其次名春來。諸魚皆有血，石首獨無血，僧人謂之菩薩魚，至有齋食而啖者。僞名梅大頭是也。」

《正字通》：「鰻體圓厚而長，似鱤魚，腹稍起，扁額長喙，細鱗腹白，背微黄色，性好啖魚。諸書皆以爲石首，非也。」

《本草》時珍曰：「鰻性啖魚，其目瞹視。《異物志》以爲石首魚，非也。《食療》

作鯮，古無此字。大者二三十斤。」

《譜》曰：「甘，温。開胃補氣，填精。以大而色黄如金者佳。多食發瘡助熱，病人忌之。」

犀曰：黄魚以腮紅鱗黄者爲鮮，時愈久則色愈淡。故杭俗黄魚船至，市儈鳴鑼警衆，欲其速售也。烹飪之法：自以整煎爲大方家數，醬水、蒜頭必不可少。若作羹則宜以清品待之，不可用醬矣。或以網油包而灼之，或以之炒魚鬆，或以之下麵，則亦各有其妙。吾杭八月間亦間有之，謂之桂花江魚。吴門正二月賣者則已腌過，魚小而味劣矣。閩中則四時有之。

班魚

班魚最嫩，剥皮去穢，分肝肉二種，以雞湯煨之，下酒三分、水二分、秋油一分，起鍋時加薑汁一大碗，葱數莖，殺去腥氣。

《説文》：「魵，魚名。出薉邪頭國。」

吕忱《字林》通作斑。

《魏略》：「濊國出斑魚皮，漢時恒獻之。」

《本草》李時珍曰：「河豚有二種，其色炎黑有點者答班魚，毒最甚。或云三月後則爲斑魚，不可食。」

《正字通》：「鯏魚似河豚而小，背青，有斑文，無鱗，尾不歧，腹白有刺，俗改作鯏。亦善嗔，嗔則腹脹大圓，緊如鞠，仰浮水面。」

《致富奇書》：「又有一種斑魚，狀似河豚而小，實非同類，食之無害。」

犀曰：斑魚，吴中盛行，又名巴魚。考《本草》之説，則毒過於河豚，如何吴人以爲常餌而未聞有毒？或然斑魚雖河豚之别種，以意而實，或即《正字通》之鯏魚，并無毒也。其肝吴人謂之斑肺，鮮嫩之至，而腥亦異常，非胃厚者不能受，食之生疑。其肉則以之爲蟹粉作料，直臧獲材耳。即以雞汁煨之，終嫌粗劣。

假蟹

煮黄魚二條，取肉去骨，加生鹽蛋四個，調碎，不拌入魚肉，起油鍋炮，下雞湯滚，將鹽蛋攪匀，加香蕈、葱、薑汁、酒，吃時酌用醋。

犀曰：曩在陝中，蟹不易得，庖人每以假蟹羹充膳，必以明油爲主。明油者，熬雞鴨油爲之，色深黄與蟹油無異。彼處黄魚不可得，白魚亦可。

○比目魚以下補入

比目魚，杭人謂之箬魚。剥皮洗浄，以火腿、瓜蕈蒸之，或油煎之，味極鬆嫩。吴門間有之，而罕有識者。

《廣雅》：「鰜，比目魚。」

《玉篇》：「魪，比目魚也。」

《集韻》：「或作魼，一作鱋。」

《爾雅》注：「蝶狀如牛脾，鱗細，紫黑色，一眼，兩片乃得行。江東呼爲王餘魚。」

《後漢書》：「江東呼爲板魚。」

《異物志》：「一名箬葉魚，俗呼鞋底魚。」

《臨海志》：「名婢屣一作簁魚。」《臨海風土記》：「奴屩魚。」

《嶺表録異》：「南人謂之鞋屜魚，淮、江謂拖沙魚。」
《北户録》：「一名鰜，亦曰生介。」
《尚書·中候》鄭注曰「東縣」。
《雨航雜録》：「竹夾魚似比目而肉堅，身圓尾尖，青黑，一名土鱧。」
《本草》李時珍曰：「劉淵林以爲王餘魚，蓋不然。」
《譜》曰：「甘，平。補虚，多食動氣。」

○烏賊魚

烏賊魚剥皮洗浄，或同肉煨，或炒肉絲，均可。炒則以切細絲爲宜，味與鰒魚相似。乾者味遜。

《説文》：「鰂，鰞鰂，魚名。」
《玉篇》：「鰂，又作鱡。鰞，又作鯸。」
《爾雅翼》：「烏鰂狀如革囊，兩帶極長，腹中有墨，背上獨一骨，形如蒲樗子而長，名海螵蛸。」

《古今注》：「一名河伯度事小史。」

《臨海記》：「以其懷板含墨，故號小史魚也。」

《六書故》：「鰞鰂形如革囊，口在腹下，足生口旁，兩鬚如纜，又名纜魚。腹有墨，又名墨魚。」

《嶺表録異》：「烏賊魚只有骨一片，如龍骨而輕虛，以指甲刮之即爲末。亦無鱗，而肉翼前有四足，每潮來，即以二長足捉石，浮身水上，有小蝦魚過其前，即吐涎惹之，取以爲食。廣州邊海人往往探得大者率如蒲扇，炸熟，以薑、醋食之，極脆美。或入鹽渾腌爲乾，槌如脯亦美，吴中好食之。」

《南越志》：「烏賊常自浮水上，烏見以爲死，便往啄之，乃卷取烏，故謂之烏賊，今雅烏化爲之。又云，人或取其墨書契以紿人物，書迹如淡墨，踰年墨消，空紙耳。」

《本草别録》：「生東海池澤。陶弘景曰：此是䳁烏所化作，今其口脚具存，猶相似耳。其腹中有墨，今作好墨用之。」

《圖經》云：「吸波噀墨以溷水，所以自衛，使水匿形不爲人所害。」

《埤雅》：「烏賊八足絶短者，集足在口，縮喙在腹，懷板含墨，今作好墨用之。」

《志》曰：「烏賊懷墨而知禮。舊説遇風則虬前一鬚下碇，風波稍息，即以其鬚爲纜。遇遠岸則虬前一鬚爲碇，近岸則沾前一鬚爲纜。又曰：肉白皮黑，無鱗有鬚。」

《本草》田注：「鷀，即此是也。」

《義訓》云：「寒烏入水，謂之烏鯽。」

《興化志》：「子如白飯，煮熟白如玉筍，其味甘脆，或腌食之，宜薦酒。或謂之净瓶魚。」

《本草》：「鹽乾者曰明鯗，淡乾者曰脯鯗。陳藏器曰：海人云是秦王東游棄算袋於海，化爲此魚，故形猶似之，墨尚在腹也。」

《夢溪筆談》：「宋明帝好食蜜漬鰞鰂，乃今之烏賊腸也。」

《庶物異名疏》：「鰻管似烏賊而小，色紫。」

《本草》蘇頌：「一種柔魚，與烏賊相似，但無骨耳。越人重之。」

《食品》：「有細烏賊、新烏賊法。」

《譜》曰：「鹹，平。療口鹹，滋肝腎，補血脈，理奇經，愈崩淋，利胎産，調經帶，療疝瘕，最益婦人。可鮮，可脯。南洋所産淡乾者佳。」

犀曰：杭人謂之「明脯魚」，蓋合明鯗、脯鯗而言之，故有是名。

○鯧鯿魚

鯧鯿形圓而扁如餠，然製法與箬魚同。

《寧波志》：「鯧鯸魚，一名鰯魚，身扁而鋭，狀如鏘刀，身有兩斜角，尾如燕尾，細鱗如粟，骨軟肉白，甘美，春晚最肥。俗又爲鯧魚，以其與諸魚群，故名。」

《事物紺珠》：「鱠魚，兩肋下有肉如炙臠，形如鯿，而腦上突起，連背而圓，肉甚厚，白如凝脂。」

《本草》陳藏器曰：「鯧魚生南海，狀如鯽，身正圓，無硬骨，作炙食至美。又名昌鼠。」李時珍曰：「昌，美也，以味名。或云：魚游於水，群魚隨之，食其涎沫，有類於娼，故名。閩人訛爲鱠魚。廣人連骨煮食，呼爲狗瞌睡魚。」

《升庵外集》：「鱠魚只有一脊骨，治之以薑、葱，炰之以粳米。其骨亦軟，食之無餘，謂之狗瞌睡魚。蓋言無骨無餘，狗無可望，故瞌睡也。」

《山堂肆考》作「昌侯魚」。

《譜》曰：「甘，平。補胃，益血充精。骨軟肉腴，别饒風味。小而雄者勝，可脯，可鮓。多食發疥動風。」

○鯔魚

鯔魚以江鯔爲上，味極腴美，可與鰣魚稱伯仲，製法亦同。

《本草》馬志曰：「生江河淺水中，似鯉，身圓頭扁，骨軟，性善食泥。」李時珍曰：「鯔色緇黑，故名。粤人訛爲子魚。生東海，狀如青魚，長者尺餘。其子滿腹，有黄脂，味美，獺喜食之。吴越人以爲佳品，腌爲鮝臘。」

《六書故》：「鯔，今鹹淡水中者，長不逾尺，博身椎首而肥，俗謂之鯔，海亦有之。」

《閩志》：「目赤而身圓，口小而鱗黑。其魚至冬能牽被而自藏。」

《物産志》：「凡海中魚多以大噬小，惟鯔魚不食其類。一名鰿，一名鯔。」

《譜》曰：「甘，平。補五臟，開胃，肥健人，與百藥無忌。湖池所産無土氣者良，腹中有肉結，俗呼算盤子，與腸臟皆肥美可口，味亦鮮嫩，異於他魚。江河産者遜之，但宜爲臘。」

○鰳　魚

鰳魚，鮮者味亞鰣、鯔，製爲鮝則如名士服官，風流掃地矣。

《養魚經》：「鰳魚腹中之骨如鋸可勒，故名。海人以水養之，鬻於諸郡，謂之水鮮。」

《潛確類書》：「似鰣而小，身薄骨細，冬月出者名雪映魚，味佳，至夏則味減矣。率以夏至前後爲期。」

《本草》李時珍曰：「勒魚出東海南海中，以四月至，漁人設網候之，聽水中有聲，則魚至矣。有一次、二次、三次乃止。狀如鰣魚，小首細鱗，腹下有硬刺，如鰣腹之刺，頭上有骨，如鶴喙形。乾者謂之勒鮝，吴人嗜之。」

《譜》曰：「甘，平。開胃，暖臟，補虚。大而産南洋者良，鮮食宜雄，其白甚美。雌者宜鮝，隔歲尤佳。多食發風，醉者更甚。」

○河豚魚

河豚魚，江陰人以爲常餌，云只須原來江水煮之即無害。或云，去其子血不染灰塵亦無害。然治之惟艱，食之可慮，不食可也。

《廣志》：「鯸魚，一名河豚。」

《博雅》：「鯸，鮔魨也。青背腹白，觸物即怒，其肝殺人。正今名爲河豚者也。」今《廣雅》誤作「魠」。

《玉篇》：「鯸，鮔魺也。」

《本草集解》：「一名鯸鮧。」戴侗曰：「亦謂之䲅，又謂烏狼，亦謂探魚。其黃者謂之黃䲅，生淡水者謂之河豚。」

《本草綱目》：「曰鯸鮧，曰鰗鮧，曰䲅魚，曰嗔魚，曰吹肚，曰氣包。《北山經》曰魳魳之魚。陳藏器曰：腹白，背有赤道如印，目能開合。觸物即怒，腹脹如氣球浮起，故人以物撩而取之。李時珍曰：今吳越最多，狀如蝌斗，大者尺餘，背色青白，有黃縷，又無鱗無腮無膽，腹下白而不光，率以三頭相從爲一部。彼人春月甚珍貴之，尤重其腹腴，呼爲西施乳。」

案《雷公炮炙論》云：鮭魚插樹，立便乾枯，狗膽塗之，復當榮盛。《陶覽》云：河豚雖小，而獺及大魚不敢啖之，則不惟毒人，又能毒物也。

《論衡》：「萬物含太陽火氣而生者，皆有毒，在魚則鮭與鯵鮁，故鮭肝殺人，鯵鮁螫人。」

《臨海記》：「鯡鰭，即河豚之大者。」

《日華子》：「曰鰗魚。」

《物類相感志》：「又名胡夷。凡煮河豚，用荆芥同煮五七沸，換水則無毒。」

《山海經》：「敦薨之山多赤鮭。」注：「今名鯸鮐，爲鮭鮰魚。」

《戒庵隨筆》云：「河豚之大者曰青郎君，小者曰斑兒。」

《養魚經》：「河豚出於江海，有大毒，無頰，無鱗與口，目能開合，能作聲。凡烹調者，腹之子、脊之血、目之睛必盡棄之，洎皮肉肝之有斑、眼之赤、肝之獨、包鉗之一異，俱不可食。凡洗宜極净，煮宜極熟，治之不中度不熟，則毒於人。」

《談苑》：「登州瀕海人取其白肉爲脯。先以海水净洗，換海水浸之，暴於日中，以重物壓其上，須候四日乃去所壓之物，傳之以鹽，再暴乃成。如不及四日，則肉猶活也。」

《雨航雜録》：「河豚腹無膽，頭無腮，其肝最毒，獨眼者尤甚。諺曰：『蘆長一尺，不與河豚作主客。』」

《石林詩話》：「浙人食河豚始於上元前，常州、江陰最先得。方出時，尾至直千錢，然不多得，非富人大家預以金啖漁人，未易致。二月後，日益多，才百錢耳。柳絮時，人已不食，謂之斑子。」

張耒《明道雜志》：「丹陽及宣城用蔞蒿、荻筍、菘菜三物最相宜，用菘以滲其膏耳，而未嘗見死者。余在真州食假河豚，是用江鮰作之，味極珍。有一官妓謂官曰：『河豚肉肉味頗類鮰而過之。』又鮰無脂腴也。（脂腴，河豚腹中白腴也，土人謂之西施乳。）鼂無咎謂味似鰻鯬而肉差緊，多食令人不逆。仲春間，吴人會客無此則非盛會。其美尤宜再温。吴人多晨烹之，羹成，候客至，率再温以進。或云其子不可食。其子如一大粟，浸之經宿大如彈丸也。或云以盆浸之，用胭脂染不紅者即有毒，無毒可食。一云烹時用傘遮蓋，塵墮其中則殺人。」

《西陽雜俎》：「艾能已其毒，江淮人食此魚必食艾。」

《華夷鳥獸考》：「又一等曰白河豚，又名鮠，無毒。」

《升庵外集》：「鮰魚，一名水底羊。」

《本草圖經》：「鮧魚，口小背黃腹白，名鮠。」傳按：鮰有河豚之名，實則另一魚也。餘詳《水族無鱗單·鮎魚》下。

《譜》曰：「甘，温。補虛去濕，療痔殺蟲。反荊芥、菊花、桔梗、甘草、附子、烏頭。中其毒者，橄欖、青蔗、蘆根、金汁、槐花微炒，同乾胭脂等分搗粉，水調灌之。」

校勘記

〔一〕夏氏前引《飲膳正要》云「遼人名阿八兒忽魚」，此又云「乞里麻魚」，蓋轉引《本草綱目》所致，未加考辨。按《飲膳正要》所記，阿八兒忽魚、乞里麻魚似均爲鱘類。《飲膳正要》：「阿八兒忽魚，味甘平，無毒，利五藏，肥美，人多食，難克化。脂黃，肉粗，無鱗骨，止有脆骨。胞可作膘，膠甚粘，與酒化服之，消破傷風。其魚大者有一二丈長。一名鱘魚，又名鱣魚。生遼陽東北海河中。」「乞里麻魚，味甘平，無毒，利五藏，肥美人。脂黃，肉稍粗。胞亦作膘，其魚大者有五六尺長，生遼陽東北海河中。」

特牲單

豬用最多，可稱「廣大教主」，宜古人有特豚饋食之禮。作《特牲單》。

豬頭二法

洗浄五斤重者，用甜酒三斤；七八斤者，用甜酒五斤。先將豬頭下鍋同酒煮，下葱三十根、八角三錢，煮二百餘滚；下秋油一大杯、糖一兩，候熟後嘗鹹淡，再將秋油加減。添開水要漫過豬頭一寸，上壓重物，大火燒一炷香。退出大火，用文火細煨，收乾以膩爲度。爛後即開鍋蓋，遲則走油。一法打木桶一個，中用銅簾隔開，將豬頭洗浄，加作料悶入桶中，用文火隔湯蒸之，豬頭熟爛，而其膩垢悉從桶外流出亦妙。

《爾雅疏》：「豬，今亦曰彘，江東呼豨，通名也。」

《小爾雅》：「彘，豬也。大者謂之豝豣，一名豶。」

《尸子》：「大豕爲豝，五尺。」

《説文》：「豭，牡豕也。上谷名之曰豛。」

《方言》：「豬，北燕朝鮮之間謂之豭，關東西或謂之彘，或謂之豕，南楚謂之豨。」

何承天《纂文》：「梁州以豕爲䝐，河南謂之彘，吴楚謂之豨，漁陽以大豬爲豝、豱、豕，奏毛也。」

《本草》李時珍曰：「豕類非一，生青兗徐淮者耳大，生燕冀者皮厚，生梁雍者足短，生遼東者頭白，生豫州者喙短，生江南者耳小，生嶺南者白而肥。」又曰：「《圖纂》云，五月戊辰日，以豬頭祀竈，所求如意；以臘豬耳挂梁上，令人豐足。」

《晉書・謝混傳》：「元帝鎮建業，得一豚，以爲珍膳，項上一臠尤美，輒以奉帝，群下未嘗敢食，謂之禁臠肉。」

《譜》曰：「甘，鹹，平。補腎液，充胃汁，滋肝陰，潤肌膚，利二便，止消渴，起尫羸。以壯嫩花豬嫩而易熟、香而不腥臊者良。多食助濕熱，釀痰飲，招外感，昏神智，令人鄙俗。一切外感、哮嗽、瘧痢、痧疸、霍亂、脹滿、脚氣、時毒、喉痺、痞滿、瘰臃諸病切忌之。其頭肉尤忌。其未經去勢之豭豬肉、婁豬肉皆不堪食。黃獼豬肉、瘟豬肉并有毒，平人亦忌之。」

犀曰：吾杭燒豬頭謂之「䓁豬頭」。䓁，讀怕，上聲，俗言爛也。又，大東門蔡姓家以豬頭得名，謂之「豬頭猛」。其燒法獨步一時，今已成《廣陵散》矣。

年終祀神必以豬頭，謂之「元寶」。冬至後肉肆送來，例有喜封。大者前半身帶兩爪一尾，取而鹽腌之，透則挂風際。敬神前夕，用大鍋煮，一夕甫熟。自是日飲福始至新年，宴客必用之；收燈日食其耳，以將畢也。然有藏至立夏後，與貓筍同煨，則味在佳香肉、火腿之外，別有一種風味也。

吳俗以豬頭爲忌，喪家用之。

豬蹄四法

蹄膀一隻，不用爪，白水煮爛，去湯，好酒一斤，清醬〔二〕杯半，陳皮一錢，紅棗四五個，煨爛。起鍋〔三〕，用葱、椒、酒潑入，去陳皮、紅棗，此一法也。又一法：先用蝦米煎湯代水，加酒、秋油煨之。又一法：用蹄膀一隻，先煮熟，用素油灼皺其皮，再加作料紅煨。有土人好先掇食其皮，號稱「揭單被」。又一法：用蹄膀一個，兩鉢合之，加酒，加秋油，隔水蒸之，以二枝香爲度，號「神仙肉」。錢觀察家製最精。

《説文義證》：「臑臂，羊矢也。」

《玉篇》：「作腝，云臂節也。」

《鄉飲酒》注：「凡牲前脛骨肩臂，臑也。」《集韻》引《説文》作「羊豕臂」。

《少儀》：「其禮，太牢則牛左肩臂臑折九個，少牢則以羊左肩七個，植豕則以豕左肩五個。」注：「羊豕不言臂臑，因牛之序可知。」戴東原曰：「《説文》：『臑臂，羊矢也。』徐鍇以爲骨形象羊矢，故名之。」《經典釋文》於《鄉飲酒禮》：「矢，訛作豕。」馥案：「矢，當爲菌，通作矢。此謂臂中小骨形如羊菌者，每食豬肘多有此骨。」

《食經》：「有豬蹄酸羹法。」

《清異録》：「韋巨源家有西江料蒸彘肩屑。」

《齊民要術》作豬蹄酸羹一斛法：豬蹄三具，煮令爛，擗去大骨，乃下葱、豉汁、苦酒、鹽，口調其味。

《譜》曰：「甘，鹹，平。填腎精而健腰脚，滋胃液以滑皮膚，長肌肉。可愈漏瘍，助血脈，能充乳汁，較肉尤補，煮化易凝。宜忌與肉同。老豬者勝。」

犀曰：蘇俗宴客必用蹄膀，且必使脛骨聳出碗外，以表敬客之意。考《祭統》曰：「凡爲俎者，以骨爲上。」吴人其以祭禮事生人耶？已可笑矣。又聞客言某縣風俗，蹄膀上桌，客必争先下管，以表其菜佳而盡歡之意，主人則必竭力攔阻，以爲不堪下咽，自鳴其謙。以致竟有刻木爲之，使客無從得手者，豈不尤爲可笑。

豬爪豬筋

專取豬爪，剔去大骨，用雞肉湯清煨之。筋味與爪相同，可以搭配。有好火腿爪[三]，亦可攙入。

犀曰：豬爪配火腿爪，杭俗謂之金銀爪尖也。豬筋則以火腿、筍、蕈作丁加縴煮之，如西鹵海參法，亦佳。

豬肚二法

將肚洗浄，取極厚處，去上下皮，單用中心，切骰子塊，滚油炮炒，加作料起鍋，

以極脆爲佳。此北人法也。南人白水加酒，煨兩枝香，以極爛爲度，蘸清鹽食之，亦可。或加雞湯作料，煨爛，熏切亦佳。杭法又有藏糯米熏，切作點者。

《資暇録》：「今縷生肝肚爲飯食之一味，曰生肝縷剸，言縷切如雕縷之義。一名生肝虜胙，言似胡虜祭之餘胙，僞云縷剸也。」

《譜》曰：「豬胃俗呼豬䐗。甘，温。補胃，益氣，充肌，退虚熱，殺勞蟲，止帶濁遺精，散症瘕積聚。肉厚者良，須治潔煨糜，頗有補益。外感未清、胸腹痞脹者均忌。」

犀曰：炮肚之法，北人擅長，南人效顰，終鮮能之者。或以肚與肺同煮，更加以火腿煮爛食之，亦不失大方家數也。

豬肺二法

洗肺最難，以冽盡肺管血水，剔去包衣爲第一著。敲之仆之，挂之倒之，抽管割膜，工夫最細。用酒水滚一日一夜。肺縮小如一片白芙蓉，浮於湯面，再加作料。上口如泥。湯西厓少宰宴客，每碗四片，已用四肺矣。近人無此工夫，只得將肺拆碎，入雞湯煨爛亦佳。得野雞湯更妙，以清配清故也。用好火腿煨亦可。

《譜》曰：「甘，平。補肺，止虚嗽，治肺痿咳血，上消諸症。用須灌洗極浄，煮熟，盡去筋膜，再煮糜化食，或和米作粥，或同苡仁末爲羹，皆可。」

犀曰：有肺疾者，用肺洗浄白煮，淡食最宜。若洗剔至浄亦頗有味，正不必以藥餌視之也。

豬　腰

腰片炒枯則木，炒嫩則令人生疑，不如煨爛，蘸椒鹽食之爲佳。或加作料亦可。只宜手摘，不宜刀切。但須一日工夫，纔得如泥耳。此物只宜獨用，斷不可攙入别菜中，最能奪味而惹腥。煨三刻則老，煨一日則嫩。

《譜》曰：「甘，鹹，平。煮極難熟。俗尚嫩食，實生啖也。腰痛等症，用以引經，殊無補性。或煮三日，俾極熟如泥，以爲老人點食，頗可耐饑。諸病皆忌，小兒尤不可食。」

犀曰：北人横切薄片，猛火油炮，以醬油、葱椒、酒醋噴之，頗佳。南人切厚片，用刀劃碎，殊不能及。至蘇俗，與蝦同炒，尤爲不倫。或用醉蝦法治之，嫩則有之，多食生疑。

豬裏肉

豬裏肉精而且嫩，人多不食。嘗從揚州謝蘊山太守席上，食而甘之。云以裏肉切片，用芡粉團成小把，入蝦湯中，加香蕈、紫菜清煨，一熟便起。

犀曰：山東一帶所謂裏肌肉者即此，彼人以爲上品。

白肉片

須自養之豬，宰後入鍋，煮到八分熟，泡在湯中，一個時辰取起。將豬身上行動之處，薄片上桌。不冷不熱，以温爲度。此是北人擅長之菜。南人效之，終不能佳。且零星市脯，亦難用也。寒士請客，寧用燕窩，不用白片肉，以非多不可故也。割法須用小快刀片之，以肥瘦相參，横斜碎雜爲佳，與聖人「割不正不食」一語截然相反。其豬身，肉之名目甚多。滿洲「跳神肉」最妙。

犀曰：切白片肉以薄而大者爲佳，當求「片」字之義。隨園「横斜碎雜」四字，惟

「横」字可解，「斜」字已屬無謂，「碎雜」二字尤爲不解。若謂寧用燕窩而不用此一盤雜碎之肉，寒士聞之，必當失笑。因憶客言有食肉蛆者，須肉二三十斤置瓮中，俟其潰爛生蛆。既而肉盡成蛆，蛆遂相食，以大食小。蛆復食盡，僅剩一蛆，則碩大無倫，乃煮而片之，肥美勝於肉味。此可與白片肉參觀。

山西醫師張茂才嘗客先大夫幕中，隨身藥裹甚多，每食白片肉，則用肉桂末入醬油中蘸食之，觀者皆以爲奇，而未敢一試也。

紅煨肉三法

或用甜醬，或用秋油，或竟不用秋油、甜醬。此一種如何紅？其故不解。每肉一斤，用鹽三錢，純酒煨之，亦有用水者，但須熬乾水氣。三種治法皆紅如琥珀，不可加糖炒色。早起鍋則黄，當可則紅，過遲則紅色變紫，而精肉轉硬。常起鍋蓋，則油走而味都在油中矣。大抵割肉雖方，以爛到不見鋒棱，上口而精肉俱化爲妙。全以火候爲主。諺云：「緊火粥，慢火肉。」至哉言乎！

《清異録》：「赤明香，世傳仇士良家脯名，輕薄，甘，殷紅，浮脆，後世莫及。」

犀曰：杭有炖肉者，以肉一大方煨至極爛而鋒棱不倒，俗厨頗不易辦，吴門庖人俞某庶幾焉。杭人又稱爲東坡肉，愚謂此乃酥字隱語，非謂出自坡公也。又爲一品肉，蓋即蟹黄爲一品膏之類。

山西陽城縣砂罐煨肉最佳，封口不漏氣，質堅不吃油，故肉之精神不散，即煮雞鴨亦宜。

白煨肉

每肉一斤，用白水煮八分好，起出去湯，用酒半斤，鹽二錢半，煨一個時辰。用原湯一半加入，滚乾湯膩爲度，再加葱、椒、木耳、韭菜之類。火先武後文。又一法：每肉一斤，用糖一錢，酒半斤，水一斤，清醬半茶杯，先放酒滚肉一二十次，加茴香一錢，加水悶爛，亦佳。後一法即用清醬，如何仍是白煨？此與前紅煨一種兩相反也。

犀曰：嘗見舟人飲福，以肉割大塊，沸湯略滚便取食之，齒決不斷，而若輩且飽啖以爲快，是亦名白煨肉也。若科目中有舉人、進士名目，亦猶食單中有白煨肉耳。

油灼肉

用硬短勒切方塊，去筋襻，酒醬鬱過，入滚油中炮炙之，使肥者不膩，精者肉鬆。將起鍋時，加葱、蒜，微加醋噴之。

犀曰：今有以燒肉用此法重製者，亦佳。

乾鍋蒸肉

用小磁鉢，將肉切方塊，加甜酒、秋油，裝大鉢内，封口，放鍋内，下用文火乾蒸之。鍋不放水，須用布塞滿。以兩枝香爲度，不用水。秋油與酒之多寡，相肉而行，以蓋滿肉面爲度。

蓋碗裝肉

放手爐上。法與前同。

磁罈裝肉

放礱糠中慢煨。法與前同。總須封口。

犀曰：乞丐偷狗，殺而煮之，法與此同，味尤香美。瘵疾人從而乞之有效，或懼狗吠不敢食其肉，則取雞卵附煮之亦佳。又聞和尚煮肉，於壁厨中點一油燈，上懸砂罐，罐内將肉與料放好封固，尤須香氣不出，窮晝夜之煮成，開食味勝俗厨。今則乞丐偷狗，容或有之，若和尚煮肉未必有，此慎密耳。

昔與女弟輩戲，用肉切小塊以醬油、酒鬱透，用筍箬包小包，放熱爐灰中煨熟，打開食之香美，每之以薦酒。今則一在淮南，一歸泉壤，不勝雷岸之感矣。

脱沙肉

去皮切碎，每一斤用雞子三個，青黄俱用，調和拌肉。再斬碎，入秋油半酒杯，葱末拌匀，用網油一張裹之。外再用菜油四兩，煎兩面，起出去油。用好酒一茶杯，清醬半酒杯，悶透，提起切片。肉之面上，加韭菜、香蕈、筍丁。

曬乾肉

切薄片精肉，曬烈日中，以乾爲度。用陳大頭菜，夾片乾炒。

犀曰：或用腐乾夾片炒者，同盟童杏甫太守家法也。或曬乾精肉，以秋油、酒鬱透爲脯，可以致遠，大妹家能爲之。

火腿煨肉

火腿切方塊，冷水滚三次，去湯瀝乾。將肉切方塊，冷水滚二次，去湯瀝乾。放清水煨，加酒四兩，葱、椒、筍、香蕈。

犀曰：火腿與肉，本孔李之通家也，合之自有兩美之妙。惟瀝去原湯，重加清水，又何火腿之足重哉？若好火腿，味本不甚鹹，何待去湯？只撇去浮油足矣。使如隨園法治之，恐成君子之交也，況葱、椒與火腿亦格格不入。

台鮝煨肉

法與火腿煨肉同。鮝易爛，須先煨肉至八分，再加鮝。涼之則號「鮝凍」。紹興人菜也。鮝不佳者，不必用。

粉蒸肉

用精肥參半之肉，炒米粉黄色，拌麵醬蒸之，下用白菜作墊，熟時不但肉美，菜亦美。以不見水，故味獨全。江西人菜也。

犀曰：粉蒸肉以夏日鮮荷葉包者爲佳，然須用肉蒸八分熟，再加粉，用葉包之，否則肉未爛而葉已腐，味反澀而不香矣。

蒸粉之法不但肉也，雞、鴨、魚、羊皆可爲之。湖口高刺吏自製小甑，蒸雞肉等四種宴客，則置甑於座，座客稱美。此先大夫爲予言。粉不宜細，細則宜化水。

熏煨肉

先用秋油、酒將肉煨好，帶汁上木屑，略熏之，不可太久，使乾濕參半，香嫩異常。吳小谷廣文家製之精極。

犀曰：余幼時，家厨熏肉必以其鹵蒸蛋，絶佳。今吳中庖人無能得鹵者。詢之，亦不解其故。觀隨園帶汁熏之説，頗覺近之，惜不知如何帶汁耳。

芙蓉肉

精肉一斤，切片，清醬拖過，風乾一個時辰。用大蝦肉四十個，豬油二兩，切骰子大，將蝦肉放在豬肉上，一隻蝦，一塊肉，敲扁，將滾水煮熟撩起。熬菜油半斤，將肉片放在眼銅勺内，將滾油灌熟。再用秋油半酒杯，酒一杯，雞湯一茶杯，熬滾，澆肉

片上，加蒸粉、葱、椒，糝上起鍋。

犀曰：此法諸多不解。如蝦與肉但一敲扁，如何使之不散？且既云滚水煮熟，何又云滚油灌熟？且肉既在銅勺内，又何云加蒸粉等起鍋？種種枝節，殆君子遠庖厨之過歟！

荔枝肉

用肉切大骨牌片，放白水煮二三十滚，撩起。熬菜油半斤，將肉放入炮透，撩起，用冷水一激，肉皺，撩起，放入鍋内，用酒半斤，清醬一小杯，水半斤，煮爛。

犀曰：此杭俗之走油肉也，吴人謂之「餘香肉」，或以莧菜及白菜、緑豆芽均可。

八寶肉

用肉一斤，精肥各半，白煮一二十滚，切柳葉片。小淡菜二兩，鷹爪二兩，香蕈一兩，花海蜇二兩，胡桃肉四個去皮，筍片四兩，好火腿二兩，麻油一兩。將肉入鍋，秋油、酒煨至五分熟，再加餘物，海蜇下在最後。

犀曰：其用物也宏矣，其取精也多矣。然如晉室八王互相構奪，鮮有不致敗者。

按此種與古之十遠羹、骨董羹相類。

菜花頭煨肉

用臺心菜嫩蕊微腌，曬乾用之。

炒肉絲

切細絲，去筋襻、皮、骨，用清醬、酒鬱片時，用菜油熬起白煙變青煙後，下肉炒勻，不停手，加蒸粉，醋一滴，糖一撮，葱白、韭蒜之類。只炒半斤，大火，不用水。又一法：用油炮後，用醬水，加酒略煨，起鍋紅色，加韭菜尤香。以緑豆芽摘淨盡炒之亦可。

《事物紺珠》：「聚八仙，衆肉絲、百菜絲醋酪鹽拌。」

炒肉片

將肉精肥各半切成薄片，清醬拌之。入鍋油炒，聞響即加醬、水、葱、瓜、冬筍、韭芽，起鍋火要猛烈。

犀曰：杭人謂之小炒肉，有十八搶鍋刀之目。

八寶肉圓

豬肉精肥各半，斬成細醬，用松仁、香蕈、筍尖、荸薺、瓜薑之類斬成細醬，加芡粉和捏成團，放入盤中，加甜酒、秋油蒸之，入口鬆脆。家致華云：「肉圓家切不宜斬。」必別有所見。

《清異録》：「韋巨源家有湯浴繡丸肉糜治隱卵花。」

《逸雅》：「脂銜也，銜炙細密肉。和以薑、椒、鹽、豉已，乃以肉銜裹其表而炙之也。」

《食經》：「交趾丸炙法，凡如彈丸，作臛乃下丸炙煮之。」

犀曰：北人作小肉圓油炸，透以椒鹽蘸食者，曰「灼丸子」。或以芡粉醋摟者，曰「摟丸子」。徽州人製大肉圓，曰「獅子頭」；又用藕粉拌蒸者，則曰「藕粉圓」。

空心肉圓

將肉捶碎鬱過，用凍豬油一小團作餡子，放在團內蒸之，則油流去而團子空矣。此法鎮江人最善。

鍋燒肉

煮熟不去皮，放麻油灼過，切塊加鹽，或蘸清醬亦可。

醬肉

先微腌，用麵醬醬之，或單用秋油拌鬱，風乾。用秋油者色紅如火腿，用醬者次之。若吴門陸稿薦之横得盛名，則全以麵爲君，殊無味也。

糟肉

先微腌，再加米糟。

《齊民要術》：「作糟肉法：春夏秋冬皆得作。以水和酒糟，搦之如粥，著鹽令鹹。内捧炙肉於糟中，著屋下陰地。飲酒食飯皆炙啖之。暑月得十日不臭。」

暴腌肉

微鹽擦揉，三日内即用。以上三味，皆冬月菜也。春夏不宜。

犀曰：有用鮮肉鹽擦一百二十把即煮者，亦有别致。

尹文端公家風肉

殺豬一口，斬成八塊，每塊炒鹽四錢，細細揉擦，使之無微不到。然後高挂有風無日處。偶有蟲蝕，以香油塗之。夏日取用，先放水中泡一宵，再煮，水亦不可太多太少，以蓋肉面爲度。削片時，用快刀横切，不可順肉絲而斬也。此物惟尹府至精，常以進貢。今徐州風肉不及，亦不知何故。

《齊民要術》：「作脯法：肉或條或片，用骨汁煮，下鹽豉，切葱白，搗令熟，椒、薑、橘皮皆末之，以浸脯，三宿則出，繩穿於屋北檐下陰乾。」

《周禮・膳夫》注：「脩，脯也。」又《臘人》注：「薄析曰脯，捶之而施薑桂曰鍛。」又《醢人》注：「作醢及臡者，必先膊其肉，乃後莝之，雜以粱麴及鹽漬，以美酒塗置甀中，百日乃成矣。」

《北堂書鈔》引《風俗通》：「俗説膊，大脯也。太山博縣每歲十月祠太山，脯闊一尺，長五寸。」

《急就章》顏注：「全骨全乾謂之臘。」

《譜》曰：「千里脯，冬令極冷之時，取煺浄豬肋肉，每塊約二斤餘，勿侵水氣，晾乾後，去其裹面浮油及瘠骨肚囊，用糖霜擦透其皮并抹四周肥處，若用鹽亦可，然藏久易痵也。懸風多無日之處。至夏至煮食，或加鹽醬煨，味極香美，且無助濕發風之弊，爲病後、産後虚人食養之珍。」

家鄉肉

杭州家鄉肉，好醜不同，有上、中、下三等。大概淡而能鮮、精肉可横咬者爲上品。放久即是好火腿。

《藥鑒》：「家鄉肉，金華屬邑俱有之，秋即腌，給客販入省城市賣。其肉皮白，肉紅鮮，氣香美，不似他處腌豬肉色少鮮澤也。但一入杭城店，便加硝鹵，投缸中浸透，然後出售。蓋不爾則肉味淡，反不美。而秋時尚暖，不漬透硝鹵，易臭腐也。」

羼曰：家鄉之名，未詳何謂。大抵杭人居他處者，因此肉來自家鄉，故即以此名之耳。或作「佳香」二字，亦通。

筍煨火肉

冬筍切方塊，火肉切方塊，同煨。火腿撤去鹽水兩遍，再入冰糖煨爛。席武山別駕云：凡火肉煮好後，若留作次日吃者，須留原湯，待次日將火肉投入湯中滾熱才好。若乾放離湯，則風燥而肉枯，用白水則又味淡。

燒小豬

小豬一個，六七斤重者，鉗毛去穢，叉上炭火炙之。要四面齊到，以深黃色爲度。皮上慢慢以奶酥油塗之，屢塗屢炙。食時酥爲上，脆次之，硬斯下矣。旗人有單用酒、秋油蒸者，亦惟吾家龍文弟，頗得其法。

《齊民要術》：「炙豚法：用乳下豚極肥者，豶、牸俱得。擘治一如煮法，揩洗，刮削，令極净。小開腹，去五藏，又净洗，以茅茹腹令滿，柞木穿，緩火遥炙，急轉勿住。常轉使周匝，不匝則偏焦也。清酒數塗以發色。色足便止。取新豬膏極白净者塗拭勿住，若無新豬膏，净麻油亦得。色同虎珀，又類真金，入口則消，狀若凌雪，含漿膏潤，特異非凡常也。」

《爾雅》郭注：「俗呼小豶爲豱子。謂豶犍豬也。幺幼者，豕之最後生者也，俗呼幺豚。」

《説文》：「豰，小豚也。豯，豚生三月也。豵，生六月也，或曰一歲曰豵。」

《方言》：「豬，其子或謂之豚，或謂之豯，吴揚之間謂之豬子。」

《逸雅》：「貊炙，全體炙之。各自以刀割，出於胡貊之爲也。」此可爲今明片燒烤之確證。

羼曰：此物固佳，然此品施之於公宴者多，若置之黨家金帳中，其風味當更不淺。粵東結縭之次日，婿家必送此於女家，以家之貧富爲多寡。如女有外行，則割豬耳以恥之，往往致訟。秦人謂小爲「碎」，謂兒曰「娃子」，故稱小豬兒爲「碎豬娃子」。舅氏吴廉身方伯爲予言。

燒豬肉

凡燒豬肉，須耐性。先炙裏面肉，使油膏走入皮内，則皮鬆脆而味不走。若先炙皮，則肉上之油盡落火上，皮既焦硬，味亦不佳。燒小豬亦然。

犀曰：京師市賣爐肉，皮焦硬，擊之如柝，切薄片醬或焦鹽蘸之，妙若佛印和尚請東坡者。未識其燒法若何。

排骨

取勒條排骨精肥各半者，抽去當中直骨，以葱代之，炙用醋、醬頻頻刷上，不可太枯。

犀曰：排骨本爲薦酒之用，帶骨者方耐人尋味。

羅簑肉

以作雞鬆法作之。存蓋面之皮，將皮下精肉斬成碎團，加作料烹熟。聶厨能之。

端州三種肉

一羅簑肉。一鍋燒白肉，不加作料，以芝麻、鹽拌之。或〔四〕切片煨好，以清醬拌之。三種俱宜於家常。端州聶、李二厨所作，特令楊二學之。

楊公圓

楊明府作肉圓，大如茶杯，細膩絶倫，湯尤鮮潔，入口如酥。大概去筋去節，斬之極細，肥瘦各半，用縴合匀。

犀曰：杭法用綫粉作底，斬肉成圓，不使太碎，肥瘦相等，隨手捏成，加火腿、筍片、帶鬚鮮蝦燴之，謂之「火圓湯」。又以肉圓、魚圓、蝦圓三者作湯，謂之「三圓湯」。秀士入場，庖人治以打抽豐者也。

黄芽菜煨火腿

用好火腿削下外皮，去油存肉。先用雞湯將皮煨酥，再將肉煨酥，肉與皮分，一可惜也。去其油，尤可惜也。**放黄芽菜心，連根切段，約二寸許長，加蜜、酒釀及水，連煨半日。上口甘鮮，肉菜俱化，而菜根及菜心絲毫不散。湯亦美極。朝天宫道士法也。**

《東陽縣志》：「熏蹄，俗謂火腿，其實煙熏，非火也。腌、曬、熏、收如法者，果勝常品。以所腌之鹽必台鹽，所熏之煙必松煙，氣香烈而善入。製之及時如法，故久而彌旨。另一種名風蹄，不用鹽漬，名曰淡腿，浦江爲盛，本邑不多。」

《本草綱目拾遺》:「金華人家多以木甑撈米作飯，不用鑊煮飯，釃厚者以飼豬。其養豬法:擇潔净欄房，早晚以豆渣、糠屑喂養，兼煮粥以食之，夏則兼食以瓜皮菜葉，冬食必熱食，調其饑飽，察其冷暖，故肉細而體香。茅船漁户所養尤佳，名船腿。其腿較小，於他腿味更香美。」

《譜》曰:「蘭熏，一名火腿。甘，鹹，温。補脾開胃，滋腎生津，益氣血，充精髓，治虛勞怔忡，止虛痢泄瀉，健腰脚，愈瘡漏。以金華之東陽冬月造者爲勝，浦江義烏稍遜，他邑不能及也。逾二年即爲陳腿，味甚香美，甲於珍饈，養老補虛，洵爲極品。取脚骨上第一刀俗名腰封，刮垢洗净，整塊置盤中，飯鍋上乾蒸悶透，如是七次，極爛，而味全力厚，切食最補。然必上上者，始堪如此蒸食，否則非鹹則韃矣。

「又腌腿法:十一月内，取壯嫩花豬後腿，花豬之蹄甲必白，煺净取下，勿去蹄甲，勿灌氣，勿浸水。用力自爪向上緊捋，有血一股向腿面流出，即拭去，此血不擠出，則至夏必臭。晾一二日，待乾將腿面浮油，細細剔盡，不可傷膜，若膜破或去蹄甲，則氣泄而不能香。每腿十斤，用燥鹽五兩，鹽不燥透，則鹵味入腿而帶苦。竭力擦透其皮，然後落缸，脚上懸牌，記明月日。缸半預做木板爲屜，屜鑿數孔，將擦透之腿，平放板屜之上，餘鹽均灑腿面，腿多則重重疊之不妨。鹽烊爲鹵則從屜孔流之缸底。腌腿以此爲要訣，蓋沾鹵則肉黴而必苦也。即腌旬日，將腿翻起，再用鹽如初腌之數，逐腿灑勻。再旬日，再翻起，仍用鹽如初腌之數，逐腿灑勻。再旬日，自初腌，至此匝一月也。將腿起缸，浸溪中半日，刷洗極凈，隨懸日中曬之。故起缸必須晴日，若雨雪則不妨遲待。如水氣曬乾之後，陰雨則懸當風處，晴霽再曬之，必然水氣曬盡，皮色皆紅，可不曬矣。修園腿面。入夏起花，以綠色爲上，白次之，黃黑爲下，并以菜油遍抹之。若蟲有蛀孔，以竹簽挑出，菜油灌之。入伏，裝以竹箱盛之。苟如此法，但得佳豬，處處可造常州造腿未得此法。且後腿之外，餘肉皆可按法腌藏，雖補力較遜，而味亦香美，以爲夏月及忌新鮮者之用。」

蜜火腿

取好火腿，連皮切大方塊，用蜜酒煨極爛，最佳。但火腿好醜、高低，判若天淵。雖出金華、蘭溪、義烏三處，而有名無實者多。其不佳者，反不如腌肉矣。惟杭州忠清里王三房家，四錢一斤者佳。余在尹文端公蘇州公館喫過一次，其香隔戶便至，

甘鮮異常。此後不能再遇此尤物矣。

犀曰：諺云：「三年出一個狀元，三年出不得一隻好火腿。」旨哉斯言也！若真好火腿，斷不可蜜炙，只須白煮，加好酒以適中爲度，用横絲切厚片太薄則味亦薄便佳。湯不可太多，多則味淡；亦不可太少，若滚乾重加，真味便失。煮亦不宜過爛，爛則肉酥脱而味亦去矣。或生切薄片，以好酒葱頭，飯鍋上蒸之，尤得真味，且爲省便。或用一大方者，則杭俗謂之畫包火腿。蘇俗則宴客必用撞一方，其皮上店家戳記必存之，不肯洗去，所以敬客也。火撞鬆細勝於肉，尤宜行路。

聞製火腿者每鍋必加狗腿一隻，作成後狗腿之味勝於火腿，而店加〔五〕不肯出賣，故人罕有知其味者。

○豬　肝以下補入

豬肝切片，以網油包而炸之，用醬蘸，以嫩爲佳，杭式也。或以網油、醬油、葱段炒之，加芡粉噴醋焉，北法也。或搗爛加葱、薑，如製豆泥、雞粥之式，亦此法也。或以網油、芥菜油炒之，蘇式也。

《世説新語》：「閔仲叔老病家貧不能得肉，買豬肝一斤。」

《本草》李時珍曰：「合魚膾食生癰疽，合鯉魚腸子食傷人，合鵪鶉食生面䵟。」

《延壽書》云：「豬臨殺時，驚氣歸心，絶氣歸肝，倶不可多食，必傷人。」

《譜》曰：「甘，温。補肝，明目，治諸血病，用爲向導，餘病均忌。」

○豬舌　豬耳

豬舌，杭俗謂之「門槍」，煮爛極佳。豬耳則以夏日熏者爲妙。

○豬脊　豬腦

豬脊、豬腦味均柔膩，而脊尤勝，以雞汁燴之爲宜。且豬腦性寒，不若脊之能益人也。

《禮記》：「食豚去腦。」

《本草》引孫真人《食忌》云：「豬腦痿男子陽道，酒後尤不可食。」

《延壽書》云：「今人以鹽酒食豬腦，自引賊也。」

《譜》曰：「脊，甘，平。補髓，養陰，治骨蒸勞熱、帶濁遺精，宜爲衰老之饌。」又曰：「腦性能柔物，可以熟皮。塗諸臃腫及手足皸裂皆效。多食損人，患筋軟陽痿。」

○豬腸

豬大腸一付取極肥者，洗浄切寸段，用京葱同煨，香美異常，俗謂之佛爬牆，言佛亦垂涎也。或用火腿丁、肉丁加香料煮者，謂之香腸，南京人爲之。製肚法亦同。

《説文》：「脟，一曰腸間肥也。」

《廣韻》：「䐈，肥腸。」

《廣雅》：「胓，[illegible]脂也。」錢大昭曰：「肺，即脟字之誤。」

《禮·少儀》：「君子不食圂腴。」注：「腴有似於人穢。」疏曰：「腴，豬犬腸也。」

《事物紺珠》：「灌腸，細切豬肉料拌納腸中，風乾。」此即香腸法也。《齊民要術》灌腸法與此同，惟用羊腸爲之，故不載。

《譜》曰：「甘，寒。潤腸，止小便數，去下焦風熱，療痢痔、便血、脱肛，治浄煨糜食。外感不清、脾虚滑瀉者均忌。」

犀曰：豬腸貴肥，枯者索然無味。然北方竟有將豬油灌入者，譬之秀才作文，枯腸搜索不出，便將他人文字硬行闌入，究之言不由中，難逃識者也。

○高麗肉

豬油切塊拌麵，復以熱油灼之，外糝以糖，吳人法也。

《譜》曰：「甘，涼。潤肺，澤槁濡枯，滋液生津，息風化毒，殺蟲清熱，消腫散癰，通腑除黄，滑胎長髪。以白厚而不腥臊者良。」

○豬油蒸醬

用雞冠油切骰子塊，用甜腐醬、蝦米、腐乾蒸之，必使油與醬融，乃見其妙，故愈蒸愈透。徽州人最喜之。

○假魚肚

肉皮曬乾油炸，使作蜂巢形，充魚肚極肖，然入口輕薄，僞態呈露矣。

《事物紺珠》：「水晶膾，豬皮去淨脂，熬稠，濾過，凝成膾，切食。」

○肉　鮓

肉鮓，惟吾杭有之。以乾肉皮煮熟，刮去油，鉋爲薄片，暴燥，久藏不壞。用時以涼開水浸軟，鹽花、麻油、芝麻拌食，頗有風味。

《譜》曰：「豬膚，甘，涼。清虚熱，治下痢、心煩、咽痛。」

○各種肉

豬肉切方塊，用好霉乾菜煨之，行路之妙品也。性能耐久，愈熱愈透，必使菜肉之味交融乃妙。他若冬筍煨肉，亦有清濃相濟之趣。他若芋艿、麵筋、雞旦〔六〕、千層等皆可煨，然第能奪肉之腴，未能助肉之味矣。

○大蒜烤肉　櫻桃肉

肉切小方塊，用筍乾、新蒜頭加醬水煨之，香美。或用蘿蔔切小塊同煨，則曰「櫻桃肉」。皆杭法也。

○梅子肉

用肉斬碎，包網油灼過，加作料、芡粉，噴醋起鍋，甚佳。

〇肉鬆

形如魚鬆而色較深。其法以精肉細細炒成，如魚鬆法。閩中尚之。

《事物紺珠》：「肉鬆，熟豬腈肉焙乾，燒酒、醬揉成臘肉，經臘成者，一名臘紅。」

此殆吾杭臘肉之法，非今之所謂肉鬆也。

校勘記

〔一〕「清醬」，隨園食單作「清醬酒」，「清醬酒」疑「清醬油」之誤。

〔二〕「起鍋」，隨園食單作「起鍋時時」。

〔三〕「好火腿爪」，隨園食單作「好腿爪」。

〔四〕「或」，隨園食單無。

〔五〕「店加」，即「店家」。

〔六〕「雞旦」，即「雞蛋」。

雜牲單

牛、羊、鹿三牲，非南人家常時有之之物，然製法不可不知。作《雜牲單》。

牛　肉

買牛肉法，先下各鋪定錢，湊取腿筋夾肉處，不精不肥。然後帶回家中，剔去皮膜，用三分酒、二分水清煨，極爛，再加秋油收湯。此太牢獨味孤行者也，不可加別物配搭。

《内則》：「漬取牛肉，必新殺者，薄切之，必絶其理，湛諸美酒，期朝而食之，以醢若醯醷。」又：「爲熬，垂之去其皽，編萑，布牛肉焉。屑桂與薑，以灑諸上而鹽之，乾而食之。施羊亦如之，施麋、施鹿、施麕皆如牛羊。欲濡肉，則釋而煎之以醢；欲乾肉，則捶而食之。」

《清異録》：「韋巨源上燒尾食有水煉犢，炙盡火力。又天成長興中，以牛者耕之本，殺禁甚嚴，有盜屠私販者不敢顯真名，稱曰格餌。」

犀曰：「昔在川沙庖人治牛肉，煨一晝夜而成，肥美異常。後在河東，以疫暫斷此味，今已十年不復沾唇矣。

昔自襄陽陸行入陝，與先大夫同乘一騾轎，途中帶乾牛肉，飢輒食之。時余方十九歲也。忽忽十五年，風木之感如何可言！即非以疫成牛，亦且視同羊棗矣。

牛舌

牛舌最佳。去皮，撕膜，切片，入肉中同煨。亦有冬腌風乾者，隔年食之，極似好火腿。

《酉陽雜俎》：「治犢頭，去月骨。舌本近喉，有骨似月。」

羊頭

羊頭，毛要去淨，如去不淨，用火燒之。洗淨切開，煮爛去骨。其口內老皮俱要去淨。將眼睛切成二塊，去黑皮，眼珠不用，切成碎丁。取老肥母雞湯煮之，加香蕈、筍丁、甜酒四兩、秋油一杯。如吃辣，用小胡椒十二顆、葱花十二段。如吃酸，用

好米醋一杯。

《禮·内則》：「炮取豚若將，刲之刳之，實棗於其腹中，編萑以苴之，塗之以謹塗，炮之，塗皆乾，擘之，濯手以摩之，去其皽。」鄭注：「將，當爲牂，牡羊也。謹，當爲墐。皽，皮肉之上魄莫也。」

《清異録》：「竇儼嘗病目，得良醫愈之。勸令常食羊眼，儼遂終身服之，其家終身服之。其家名雙暈羹，世人呼爲學士羹者。」

《本草》孟詵曰：「河西羊最佳，河東羊亦好。至南方則筋力自勞損，何能益人？今江南羊多食野草，故江浙羊少味而發疾也，南人食之即不憂也。淮南州郡或有佳者。寇宗奭曰：「羖攊羊，入藥最佳，供食則不如北地無角白大羊也。又同華之間有小羊，供饌在諸羊之上。」

《清異録》：「馮翊産羊，膏嫩第一，言飲食者推馮翊白沙龍。」

《譜》曰：「甘，温。暖中，補氣，滋陰，禦風寒，生肌健力，利胎産，愈疝，止疼。肥大而嫩、易熟不膻者良。秋冬尤美，與海參、菜菔、筍、栗同煮，皆益人。加胡桃煮則不膻。多食動風生熱。不可同南瓜食，令人壅氣發病。時感前後，虐痢、疳疸、脹滿、顛狂、哮嗽、霍亂諸病及痧痘、瘡疥初愈均忌。新産生，僅宜飲汁，勿遽食肉。」
犀曰：昔在京師，庖人治羊頭甚佳，不用雞湯及香蕈等物，南人治羊未有得此法者。山西有賣肥羊頭腦者，取羊頭肉雜揉治之，湯渾濁而不清，肉堅吝而不爛。彼處人以爲妙品，惟早晨有之。

羊蹄

煨羊蹄照煨豬蹄法，分紅、白二色。大抵用清醬煮紅，用鹽者白。此二句太拙。**山藥配之宜。**

《齊民要術》：「作羊蹄霍法：羊蹄七具、羊肉十五斤、葱三升、豉汁五升、米一升，口調其味，生薑十兩，橘皮三葉也。」

《清異録》：「韋巨源上燒尾食有紅羊枝杖蹄上截，一羊得四事。」

《唐語林》：「肅宗爲太子，侍膳尚食熟俎有羊臂羹。」

羊羹

取熟羊肉斬小塊，如骰子大。雞湯煨，加笋丁、香蕈丁、山藥丁同煨。

《齊民要求》：「作胡羹法：羊脅六斤、肉四斤煮切之，葱頭一斤、胡荽一兩、安石榴汁數合。」

《清異録》：「謝楓《食經》有細供：息没羊羹、修羊寶卷、魚羊仙料、拖刀羊皮雅膾、露漿山子羊蒸、高細浮動羊、天真羊膾。」此七種未必盡同，姑類志之。

羊肚羹

將羊肚洗浄，煮爛切絲，用本湯煨之。加胡椒、醋俱可。北人炒法，南人不能如其脆。錢嶼沙方伯家鍋燒羊肉極佳，將求其法。此二句宜在後「燒羊肉」條下，不應在此。

《史記》：「濁氏以胃脯而連騎。」晉灼曰：「今太官常以十月作沸湯燖羊胃，末椒薑坋之，爆使燥者也。」

《譜》曰：「羊胃，俗名羊䐗。甘，温。補胃，益氣生肌，解渴耐饑，行水止汗。」

犀曰：南人膾羊肉，以粉皮、葱段膾之，加以醋，味殊不惡。北法則曰「燴銀絲」是也。

紅煨羊肉

與紅煨豬肉同。加刺眼核桃，放入去羶。亦古法也。

《清異録》：「孟蜀尚食，掌《食典》一百卷，有賜緋羊。其法：以紅麯煮肉，緊卷石鎮，深入酒骨淹透，切如紙薄乃進。」注云：「酒骨，糟也。」

《食經》：「糝脡法：羊肉二斤煮令熟，用生薑、雞子調之，春用蓼，秋用蘇，著其上。」

犀曰：羊肉以帶皮者爲佳，杭人謂之「子羊」也。煨羊肉放芝麻於上，頗有香味。

炒羊肉絲

與炒豬肉絲同。可以用芡，愈細愈佳。葱絲拌之。

《清異録》：「韋巨源上燒尾食有羊皮花絲，長及尺。」

犀曰：以雪裹紅炒者，南法也。以葱絲炒者，北法也。二法并佳，皆以細爲妙。

燒羊肉

羊肉切大塊，重五七斤者，鐵叉火上燒之。味果甘脆，宜惹宋仁宗夜半之思也。

《齊民要術》：「脯炙：羊、牛、獐、鹿肉皆得。方寸臠切，葱白研令碎，和鹽、豉汁，僅令相淹。少時便炙，若汁多久漬則肕。撥開火，痛逼火，回轉急炙。色白熱食，含漿滑美。若舉而復下，下而復上，膏盡肉乾不復中食。」

《清異録》：「《謝楓食經》有烙羊成美公。」

犀曰：京師前門外部蘇拉蘇聚會之所，有賣羊肉者，置鐵熯盤一具，以羊肉生切薄片用清醬鬱之，置案上。食者自夾肉入盤，兩面炙熱即納口中，以高粱酒下之，味不下於燒羊肉也。此種豪邁氣，惟北人有之，南人見而咋舌矣。近日，吴中亦能爲燒羊肉，惟羊不及他處耳。

全羊

全羊法有七十二種，可吃者不過十八九種而已。此屠龍之技，家厨難學。一盤一碗全是羊肉，而味各不同才好。

犀曰：又聞全羊有九十九種，其一種斷，湊不全。此則齊東語也，足資捧腹。

吾杭之羊湯飯店專賣羊肉，製與他處異。其物皆有別名，如腰曰「躺倒」，腎曰

「鎖兒」，眼曰「亮洞」，肉片曰「太極圖兒」，炒肉絲曰「水晶碗兒」，肥肉曰「小老虎」，種種不一，味各不同，而實皆老汁中出之，價廉而工省，他處人往往深惡而痛絶之。此則口之與味，有遷地勿良者矣。

鹿肉

鹿肉不可輕得，得而製之，其嫩鮮在獐肉之上。燒食可，煨食亦可。

《清異録》：「韋巨源上燒尾食有小天酥，雞鹿糝拌。」

《本草》陶弘景曰：「野獸中獐鹿可食。生則不膻腥，又非十二辰屬，八卦無主，且補於人，生死無尤，道家許聽爲補過。」孟詵曰：「鹿肉同獐肉釀酒良，道家以其肉供養，名爲白脯。九月以後正月以前可食。白臆者、豹文者，并不可食。鹿肉脯，炙之不動，及見水而動，或曝之不燥者，并殺人。不可同雉肉、蒲白、鮠魚、蝦食，發惡瘡。」李時珍曰：「邵氏言，鹿之一身皆益人，或煮、或蒸、或脯，同酒食，良。大抵鹿乃仙獸，純陽多壽之物，能通督脈，又食良草，故其肉、角有益無損。」蘇頌曰：「鹿，今有山林處皆有之，而均、房、湘、漢間尤多，獐類也。」

按《爾雅》：「麃，大麢，旄毛狗足。謂毛長也。南人往往食其肉，然堅韌不及獐味美。」

《譜》曰：「鹿肉，甘，温。補虛弱，益氣力，强筋骨，調血脈，治産後風虛，避邪。麞肉同功，但宜冬月炙食、諸外感病忌之。麃肉，甘，平。補氣，暖胃，耐饑，化濕祛風，能療五痔。痞滿氣滯者勿食。」

犀曰：杭州鹿、麃皆有之，而麃多於鹿，往往以麃充鹿，然麃味不及鹿味也。

鹿筋二法

鹿筋難爛，須三日前先搥煮之，絞出臊水數遍，加肉汁湯煨之，再用雞汁湯煨。加秋油、酒，微芡收湯。不攙他物，便成白色，用盤盛之。如兼用火腿、冬筍、香蕈同煨，便成紅色，不收湯，以碗盛之。白色者加花椒細末。

獐　肉

製獐肉與製牛鹿同。可以作脯。不如鹿肉之活，而細膩過之。

《食療本草》：「八月至十一月食之，味美勝羊。十二月至七月食之，動氣。多食令人消渴。若瘦惡者食之，發痼疾。不可合鵠肉食，成癥疾。又不可合梅、李、蝦食，病人。」

《清異録》：「獐、鹿、麂，是玉署三牲，神仙所享，故道家不忌。」

《譜》曰：「一名麞。甘，温。祛風，補五臟，長力，悦容顔。」

果子貍

果子貍，鮮者難得。其腌乾者，用蜜酒釀，蒸熟，快刀切片上桌。先用米泔水泡一日，去盡鹽穢。較火腿覺嫩而肥。

《格物論》：「貍形似貓，其文有二：一如連錢者，一如虎紋者。肉味與狐不甚相遠，可作羹臛。又一種，似兔而短，多栖息高木，候風吹之而過他木，謂之風貍。」

《霏雪録》：「風貍止食山果，而乘風過枝甚捷，味獨勝他貍，糟食之尤佳。」

《事物紺珠》：「五段貍，尾黑白文相間各五段，肉肥美。」

《本草》李時珍曰：「南方有白面而尾似牛者，名牛尾貍，又曰玉面貍，專上樹食百果，俗呼果子貍。冬月極肥美，人多糟食，爲珍品，亦能醒酒。」

《譜》曰：「甘，平。補中益氣，治諸症，去游風。療温鬼毒氣，皮中如針刺。愈腸風下血及痔瘻如神。」

犀曰：昔杭州老屋鄰家，夜半獲一貍，喧如獲盜，良久始得。明旦往問之，鄰乃送一器於余家。紅煨極爛，而食之酸澀異常，意者米泔不泡透耳。隨園以生者難得而得之又不善治，豈不可惜哉！

假牛乳

用雞蛋清拌蜜酒釀，打掇入化，上鍋蒸之。以嫩膩爲主。火候遲便老，蛋清太多亦老。

酪，《飲善正要》造酪法：「以牛乳半勺，鍋内炒過，入餘乳熬數十沸，常以勺縱横攪之，乃傾出，罐盛待冷，掠取浮皮以爲酥，入舊酪少許，以紙封放之，便成矣。」又乾酪法：「以酪曬結，掠去浮皮再曬，至皮盡，却入釜中炒少時，器盛，曝令可作塊收用。」

酥，《臞仙神隱書》造酥法：「以乳入鍋煎二三沸，傾入盆内冷定。待面結皮，取皮再煎，油出去渣，入在鍋内即成酥油。」一法：「以桶盛乳，以木安板搗半日，焦沫出，取煎，去焦皮即成酥也。」

《本草》李時珍曰：「酥乃酪之浮面，虜名馬思哥油。」

醍醐，《本草》蘇恭曰：「醍醐乃酪之精液也。好酥一石有四升醍醐。熱練貯器中，待凝，穿中至底便津出，取之。」雷斅曰：「凡用以重綿濾過，銅器煎兩三沸用。」陳藏器曰：「此物性滑，盛物皆透，惟雞子殼及壺盧盛之乃不出也。」

乳餅，《臞仙神隱書》：「以牛乳一斗絹濾入釜，煎五沸，水解之，用醋點入如豆腐法，漸漸結成，漉出，以帛裹之，用石壓成，入鹽，瓮底收之。」

乳團，《臞仙神隱書》：「用酪五升煎滚，入冷漿水半升，必自成塊。未成，更入漿一盞，至成，以帛包搦如乳餅樣收之。」

乳綫，《臞仙神隱書》：「以牛乳盆盛，曬至四邊清水出，煎熟，以酸漿點成，漉出，擦揉數次，扯成塊。又入釜燙之，取出捻成薄皮，竹簽卷扯數次，綳定曬乾，以油炸熟食。」

《譜》曰：「牛乳，甘，平。功同人乳，而無飲食之毒、七情之火。治血枯、便燥、反胃、噎膈。老年人火盛者宜之。水牛乳良。「羊乳，甘，平。功同牛乳。白羝羊者勝。「酪、酥、醍醐，牛、馬、羊乳所造酪，上一層凝者爲酥，上上如油者爲醍醐，并甘涼。潤燥，充液，滋陰，止渴，耐饑，養營，清熱。中虛濕熱者均忌之。」

犀曰：牛乳真者甚佳，假便無謂。京師荷包巷賣酪最妙，大約製牛乳食物非北人不可。近日夷人練成，賣者色黄白如凝脂，沖湯略滚即可食。蘇州鄉人又有擔賣者，則以米泔水攙之，久食必瀉，其驗也。

鹿尾

尹文端公品味，以鹿尾爲第一。然南方人不能常得。從北京來者，又苦不鮮新。余嘗得極大者，用菜葉包而蒸之，味果不同。其最佳處在尾上一道漿耳。

《酉陽雜俎》：「劉孝儀曰：鄴中鹿尾爲酒肴之最。魏使崔劼曰：鹿尾有奇味，今不載書籍，每用爲恨。」

犀曰：鹿尾，名在八珍，非民家所能有，而南方尤甚。大約食品中此一類，如經學中河圖洛書，談經者不能不列其名，未必能通其義也。祥符周芝題畻尹言，在友人家食駝峰，味如肥肉，未見其美。此説也未之敢信。《本草》寇宗奭曰：「橐駝峰最精，人多煮熟糟食。」婦太翁戴文節公直南齋時，恩賜風羊，令家厨治之，膻不可耐。此蓋烹調不得其法耳。頃外舅爲余言，因類志之。劉金門侍郎使朝鮮，國王宴之。酒半，出一朱盤，錦羃之，置座前，一人持小刀啟其羃，乃人頭也，大驚，既而割其唇以進，乃知爲猩唇。此鄒蓉閣少尹言。

○羊雜碎 以下補入

杭法以羊之肝、腸、肚、肺切碎作羹，加葱花、醋食之，殊妙。蘇人則謂之「脱白」。

《溪蠻叢笑》：「用牛羊腸臟略擺洗，作羹以享客，臭不可近，食既則大笑。」《嶺表録異》：「交趾重不乃羹，先鼻引其汁。不乃者，反切擺也。又曰：交趾人重不禄羹，以羊、鹿、雞、豬肉和骨同一釜煮之，令極肥濃，漉去肉進之，葱薑調以五味。」

《清異録》:「韋巨源上燒尾食有格食，謂羊肉、腸臟、纏豆英各别。」

《事物紺珠》:「琉璃肺，用羊肺作。」

《清異録》:「天后好食冷修羊腸。」

《譜》曰:「羊肝，甘，涼。補肝，明目，清虚熱，息内風，殺蟲，愈癇，消疳，蠲忿。諸般目疾并可食之。羊腸補氣，健步，固精，行水厚腸，便溺有節。故董香光秘傳藥酒方以之爲君也。羊肺，甘，平。補肺氣，治肺痿，止咳嗽，行水，通小便，亦治小便頻數。病後、産後虚羸，老弱皆可以羊之臟腑煮爛食之。外感未清者均忌。」

○羊　尾

湖羊尾極肥而嫩，且有松子香。其法整煮而片食之爲上，油炸者次之。隨園載羊而不及尾，殊有張融賦海不道鹽之恨。

○羊　腎

羊腎之味不及尾，其質較有渣滓。

《譜》曰:「甘，温。功同内腎而更優。治下部虚寒、遺精、淋帶、癥瘕、疝氣、房勞内傷、陽痿陰寒，諸般隱疾。并宜煨爛，或熬粥食。下部火盛者忌之。」

○羊　腰

羊腰之味勝於豬腰，薄片入沸湯二三過即熟，用醬油、酒拌之佳。北人炮炒法尤妙，整煮亦可。

《譜》曰：「甘，平。補腰腎，治腎虚，療症瘕，止遺溺，健腰膝，理勞傷。」

○羊骨髓

羊腿骨髓極佳，每羊只四骨，取而酒蒸之，吸食頗有風趣。惟骨爲市人棄物，收之者未免爲傖父所笑，然劉邕嗜痂正不暇計耳。

《譜》曰：「甘，温。潤五臟，充液，補諸虚，調養營陰，滑利經脈，却風化毒，填髓耐饑。衰老相宜。外感咸忌。」

○蕭羊肉

吾杭白切羊肉之佳者，以艮山門外沙河廠之蕭姓爲最，向與大東門之蔡豬頭齊名，且天然絶對也，今并無之矣。

○野豬肉　貛肉

野豬肉性極熱，補陽，老人宜用。餘杭山中極多，肉質極細。貛肉遜之，須以米泔浸透爲宜，凡鹿兔之屬并同。

《事物原始》：「在山曰野豬，形類家豬，但腹小而脚長，色褐而肉赤，三歲膽中有黄。」

《蟫史》：「野豬，一名豨。」

《正字通》：「野豕狀如豬。」

《通志》：「名山豬，郭璞：吴楚呼鸞豬，俗呼爲貆豬。」

《本草》寇宗奭曰：「其肉赤色如馬肉，其肉勝家豬，牝者肉更美。」

《本草》：「貒豬，貛也。」

《格物總論》：「貒肥微矮，毛微灰色，頭連脊毛一道，嘴尖黑，尾短闊。蒸食之極美。」

《譜》曰：「野豬肉，甘，平。補五臟，潤肌膚，治顛癇、腸風、痔血。禁忌與豬肉同。蹄爪補力更勝。貒肉，甘，温。補羸瘦，長饑，下氣，平咳嗽勞熱。水脹、久痢煮食即療。野獸中佳品也。」

○兔　肉

兔肉與獐相似，而酸尤甚。

《禮・内則》：「析稌、犬羹、兔羹。」又曰：「雉兔皆有芼。」

《清異録》：「韋巨源上燒尾食有卯羹純兔。」

《逸雅》有「兔臘」，見後「雞粥」下。

《元氏掖庭記》：「宮中以玉版筍及白兔胎作羹，極佳，名曰换舌羹。」

《譜》曰：「甘，冷。涼血，祛濕，療瘡，解熱毒，利大腸。多食損元陽，令人痿黄。冬至後秋分，食之傷人神氣，孕婦及陽虚者尤忌。兔死而眼合者，誤食殺人。」

○狗　肉

丐者食狗肉，聞其味絶佳。療疾食之可愈。又聞粵東呼爲「地羊」，士人亦食之，而他處皆以爲諱。考古人本皆食犬，載在經典，不知何時始戒之，至以爲恥。吾安得與燕之屠狗者一辨其風味也?

《曲禮》:「犬曰羹獻。」

《内則》:「析稌、犬羹、兔羹。」

〇驢馬肉

驢肉聞極鮮嫩,生炒尤佳。大約西北人多食驢馬肉,亦有以之冒牛肉者。然狗與驢馬皆非常餌,揆之帷蓋之義,故所宜戒也。

《清異録》:「韋巨源上燒尾食有暖寒花釀驢蒸耿爛。」

《本草》陶弘景曰:「秦穆公云,食駿馬肉不飲酒必殺人。」李時珍曰:「漢武帝云,食肉勿食馬肝。」韋莊云:「食馬留肝。」吴瑞曰:「食驢肉飲荊芥茶殺人。」寇宗奭曰:「驢肉食之動風,脂肥尤甚。」

《酉陽雜俎》:「煮驢馬肉用助底鬱驢肉。驢作鱸貯反,炙肉。」未詳,疑有誤。

《譜》曰:「驢肉,酸,平。有毒,動風。馬肉,辛,苦。冷有毒,食杏仁或蘆根汁解之。」

羽族單

雞功最鉅，諸菜賴之，如善人積陰德而人不知。故令領羽族之首，而以他禽附之。作《羽族單》。

白片雞

肥雞白片，自是太羹、玄酒之味。尤宜於下鄉村、入旅店，烹飪不及之時，最爲省便。煮時不可多。

《清異録》：「郝輪陳別墅畜雞數百，外甥丁權伯勸輪：『畜一雞日殺小蟲無數，況損命莫知紀極，豈不寒心？』輪曰：『汝要我破除羹本，雖親而實疏也。』」

《本草》李時珍曰：「雞種類甚多。遼陽一種角雞，味俱肥美，大勝諸雞。」

《方言》：「陳、楚、宋、魏之間謂之鸊鷉。桂林之中謂之割雞，或曰䳱。」

《志林》：「僧家謂之鉆籬菜。」

《譜》曰：「甘，温。補虛，暖胃，强筋骨，續絶傷，活血調經，拓癰疽，止崩帶，節小便頻數。主娩後虛弱。以騸過、細皮肥大而嫩者勝，肥大雌雞亦良。若老雌雞熬汁最佳。烏骨雞滋補功優。多食生熱動風。凡時感前後、痘疹後、瘡瘍後、瘧痢、疳疸、肝氣、目疾、喉症、脚氣諸風病皆忌之。未騸者愈老愈毒，諸病皆不可食。」

屖曰：白片雞須水極滾時下雞，二三十滾，翻身亦如之，即便撈起，現片現吃，使骨際血色帶紅最妙。若過此候便老，必以煮爛爲度，而味已全在湯中矣。

雞鬆

肥雞一隻，用兩腿，去筋骨剁碎，不可傷皮。用雞蛋清、芡粉、松子肉，同剁成塊。如腿不敷用，添脯子肉，切成方塊，用香油灼黄，起放鉢頭内，加百花酒半斤、秋油一大杯、雞油一鐵勺，加冬筍、香蕈、薑葱等。將所餘雞骨皮蓋面，加水一大碗，下蒸籠蒸透，臨吃去之。

《逸雅》：「雞纖，細擗其臘令纖，然後漬以酢也。兔纖亦如之。」

屖曰：雞鬆有與魚鬆相同者，與此小異。

生炮雞

小雛雞斬小方塊，秋油、酒拌，臨吃時拿起，放滚油内灼之，起鍋又灼，連灼三回，盛起，用醋、酒、芡粉、葱花噴之。

《清異録》：「韋巨源上燒尾食有葱醋雞。」犀曰：此北人灼筍雞也。灼須透而不枯，尤須并骨皆脆。其妙在乎油熟火猛而下手快利耳。

雞粥

肥母雞一隻，用刀將兩脯肉去皮細刮，或用刨刀亦可。只可刮刨，不可斬，斬之便不膩矣。再用餘雞熬湯下之。吃時加細米粉、火腿屑、松子肉，共敲碎放湯内。起鍋時放葱薑，澆雞油，或去渣，或存渣滓，俱可。宜於老人。大概斬碎者去渣，刮刨者不去渣。

《齊民要術》：「作雞羹法：雞一頭，解骨肉相離，切肉，琢骨，煮使熟，漉去骨，以葱頭二升、棗三十枚合煮羹一斗五升。」

犀曰：此法北人最擅長，吴門亦能之。惟去渣之法太覺空虚，亦屬無謂。若以之入魚翅，亦得以清配清、以柔配柔之道。

焦　雞

肥母雞洗净，整下鍋煮。用豬油四兩、茴香四個，煮成八分熟，再拿香油灼黄，還下原湯熬濃，用秋油、酒、整葱收起。臨上片碎，并將原滷澆之，或拌蘸亦可。此楊中丞家法也。方輔兄家亦好。

捶　雞

將整雞捶碎，秋油、酒煮之。南京高南昌太守家製之最精。

炒雞片

用雞脯肉去皮，斬成薄片。用豆粉、麻油、秋油拌之，芡粉調之，雞蛋清拌。臨下鍋加醬、瓜、薑、葱花末。須用極旺之火炒。一盤不過四兩，火氣才透。

犀曰：此物北厨能之。其妙全在芡粉護定，不使貼鍋，自無枯老之弊。其作料或只用葱段，荸薺片亦佳。炒魚片其義亦同。

蒸小雞

用小嫩雞雛，整放盤中，上加秋油、甜酒、香蕈、筍尖，飯鍋上蒸之。

醬　雞

生雞一隻，用清醬浸一晝夜而風乾之。此三冬菜也。

雞　丁

取雞脯子切骰子小塊，入滚油炮炒之，用秋油、酒收起，加荸薺丁、筍丁、香蕈丁拌之，湯以黑色爲佳。

雞　圓

斬雞脯子肉爲圓，如酒盃大，鮮嫩如蝦團。揚州臧八太爺家製之最精。法用豬油、蘿蔔、芡粉揉成，不可放餡。

犀曰：雞圓難於柔膩，若能如蝦圓則大妙矣。

蘑菇煨雞

口蘑菇四兩，開水泡去砂，用冷水漂，牙刷擦，再用清水漂四次，用菜油二兩炮透，加酒噴。將雞斬塊放鍋內，滚去沫，下甜酒、清醬，煨八分功程，下蘑菇，再煨二分功程，加筍、葱、椒起鍋，不用水，加冰糖三錢。

犀曰：近人筵席，後四色謂之「坐菜」，臨飯時始上桌，如蘑菇雞、紅煨肉之類。食者既以果腹，作者亦不復經心，是以視爲具文，味同嚼蠟。正如詩文爛調，在當初亦是戛戛獨造，却被鈍秀才套熟，便爾不值一錢矣。

杭俗作媒人，謂之「吃十三隻半雞」，蓋自締姻以至成婚，皆須宴會故也。吴興則謂之「七十二隻無頭雞」，江西則稱「一百零八隻雞」。予每詢以何以如此之多，而彼處人亦未能悉數也。

市肆夥友凡來歲欲辭去者，則飲歲酒時，必以雞頭向之，所以達意也。

梨炒雞

取雛雞胸肉切片，先用豬油三兩熬熟，炒三四次，加麻油一瓢，芡粉、鹽花、薑汁、花椒末各一茶匙，再加雪梨薄片、香蕈小塊，炒三四次起鍋，盛五寸盤。或用荸薺片亦可。

假野雞卷

將脯子斬碎，用雞子一個，調清醬鬱之，將網油畫碎，分包小包，油裹炮透，再加清醬、酒作料，香蕈、木耳起鍋，加糖一撮。

犀曰：真者若妙，何必稱假？若其不妙，雖假何益？況雞自有味，不煩取重於野雞。以真作假，反見其拙。世有明明仕宦中人而欲强學名士者，其即假野雞之流亞歟？

黄芽菜炒雞

將雞切塊，起油鍋生炒透，酒滚二三十次，加秋油後滚二三十次，下水滚，將菜切塊，俟雞有七分熟，將菜下鍋，再滚三分，加糖、葱、大料。其菜要另滚熟纔用。每一隻用油四兩。

栗子炒雞

雞斬塊，用菜油二兩炮，加酒一飯碗，秋油一小杯，水一飯碗，煨七分熟。先將栗子煮熟，同筍下之，再煨三分起鍋，下糖一撮。

灼八塊

嫩雞一隻，斬八塊，滚油炮透，去油，加清醬一杯、酒半斤，煨熟便起，不用水，用武火。

犀曰：醋與芡粉亦不可少。

珍珠團

熟雞脯子，切黄豆大塊，清醬、酒拌匀，用乾麵滚滿，入鍋炒。炒用素油。

黄氏蒸雞〔一〕

取童雞未曾生蛋者殺之，不見水，取出肚臟，塞黄芪一兩，架箸放鍋内蒸之，四面封口，熟時取出。鹵濃而鮮，可療弱症。

滷雞

囫圇雞一隻，肚内塞葱三十條，茴香二錢，用酒一斤，秋油一小杯半，先滚一枝香，加水一斤，脂油二兩，一齊同煨，待雞熟，取出脂油。水要用熟水，收濃滷一飯碗，才取起。或拆碎，或薄刀片之，仍以原滷拌食。

《古今秘苑》："井水十斤，酒半斤，鹽一斤，料皮一兩，大茴、小茴、花椒各五錢，消鹵半碗，燒滚好後候涼。用二尺四寸頭鍋，一鍋可燒雞二隻、鴨二隻、肚肺二付、豬頭三個重五六斤者、豬蹄四五個，内裝滿，上用重物壓緊，煮兩三滚便退火勿動，臨用時再煮一二滚便極爛。取起物件後即撇去面上油，仍貯缸内。若再燒，加鹽酒共斤許，消鹵約半斤，井水四五斤。其香料，除花椒，茴香料皮用絹紮好同煮，燒兩次以後再酌。椒亦酌加。夏日須兩日一燒，冬天可六七日一燒，日日燒更好，否則味壞。其食不盡存留者，只須用前汁燒極熱後，一滚便起鍋，蓋用醬蓬蓋老汁面上瀝頭，滚時用小網篩撇去。一云，花椒、小茴可以不用。"

《譜》曰："純用秋油、醇酒蒸雞、鴨、鹿、豕之鹵鍋，亦功在老汁。"

犀曰：鹵鍋一物，經理得法可用數年，味亦愈久愈妙，而又至省便，誠家厨一妙物也。惟雞子、魚腥須舀湯另煮，不可入鍋。至《秘苑》所云，需用若干，未免誇大其辭，難於措手。大約初煮時，兩雞、一鴨、肉四五斤則不可少耳。第一醬油須用頂好者，蓋以之爲君也。

蔣雞

童子雞一隻，用鹽四錢、醬油一匙、老酒半茶杯、薑三大片，放砂鍋内，隔水蒸爛，去骨，不用水，蔣御史家法也。

犀曰：此即神仙雞法也，不用醬油亦可。

唐雞

雞一隻，或二斤，或三斤。如用二斤者，用酒一飯碗，水三飯碗。用三斤者，酌添。先將雞切塊，用菜油二兩，候滾熟，爆雞要透。先用酒滾一二十滾，再下水約二三百滾，用秋油一酒杯，起鍋時加白糖一錢，唐靜涵家法也。

雞肝

用酒、醋噴炒，以嫩爲貴。

雞血

取雞血爲條，加雞湯、醬、醋、索粉作羹，宜於老人。

犀曰：雞血最細，他血不及也。予家歲暮祀神畢，即以供具祀先，又取碟中血製湯以進。他家則不然。

雞絲

拆雞爲絲，秋油、芥末、醋拌之，此杭菜也。加筍芹俱可。用筍絲、秋油、酒炒之亦可。拌者用熟雞，炒者用生雞。

《清異録》：「謝諷《食經》有剔縷雞。」

糟雞

糟雞與糟肉同。

雞腎

取雞腎三十個，煮微熟，去皮，用雞湯加作料煨之，鮮嫩絕倫。

犀曰：雞腎極是妙品，帶皮尤妙。然此物必騸雞處有之，否則搜羅不易。杭州亂前此物甚多，近以騸雞家皆令本雞食之，故賣者絶少。而蕭山則不然，故賣者僅三文一枚，而一江之隔不易致也。他處惟天津酒家飽啖一次，嗣後二十年竟未能一快朵頤，可笑也。鴨腎稍粗，亦不可多得。

雞蛋

雞蛋去殼放碗中，將竹箸打一千回蒸之，絕嫩。凡蛋一煮而老，一千煮而反嫩。加茶葉煮者，以兩炷香爲度。蛋一百，用鹽一兩；五十，用鹽五錢。加醬煨亦可。其他則或煎或炒俱可。斬碎黄雀蒸之，亦佳。

《齊民要術》：「瀹雞子法：打破，瀉沸湯中，浮出即掠取，生熟正得，即加鹽醋也。又炒雞子法：打破，著銅鐺中，攪令黄白相雜，下鹽米、渾鼓麻油炒之，甚香美。又雞鴨子餅：破寫甌中，不與鹽，鍋鐺中膏油煎之，令成團餅，厚二分。全奠一。」

《譜》曰：「甘，平。補血安胎，鎮心清熱，開音止渴，濡燥除煩，解毒息風，順下止逆。多食動風阻氣，諸外感及瘧、疸、疳、痞、腫滿、肝鬱、痰飲、脚氣、痘疹，皆不可食。」

犀曰：蛋之作法最多，各有妙處。蒸蛋易嫩，加水猶有分寸。炒蛋亦宜嫩，火力猶有遲速。北人善炒蛋，杭人善跑蛋。法以武火滚油入蛋，手腕靈疾，蛋能隆起數寸，中空如盒，可以火腿或蝦肉爲餡。又有摟黄菜者，亦北法也。以蛋打匀入火腿屑，以雞湯、熟豬油收乾，如雞粥，頗妙。蛋餃，則以蛋打勾，用小銅勺攤小餅形，入肉丁少許，合爲餃形，再加作料燴之，亦妙。荷包蛋，則以蛋打入油鍋，掩其半煎之，兩面皆焦起鍋，以酒、葱、秋油、醋噴之，以黄未凝者佳。水破蛋，則以蛋入水，合以餃形即起，用酒釀尤佳。昔吾杭朱粟如大令任聞喜十餘年，每日食水破蛋三四十枚，不食他物。蓋聞喜地當孔道，供帳不絶，雞鴨悉以供破蛋之用。然他人即有此食料，亦無此食性也。

熏　蛋以下二條原本在「水族無鱗單」下，今移此

將雞蛋加作料煨好，微微熏乾，切片放盤中，可以佐膳。末句殊覺無謂。

茶葉蛋此條複

雞蛋百個，用鹽一兩，粗茶葉煮，兩枝綫香爲度。如蛋五十個，只用五錢鹽，照數加減。可作點心。

犀曰：茶葉蛋須用火腿，味方濃鬱，但不必好火腿，皮骨亦可用也。蛋殼俟初熟時取出，四面打碎，味方入。兩枝香必不能透。蓋此物愈者愈炒，不嫌其過老也。

野雞五法

野雞披胸肉，清醬鬱過，以網油包，放鐵奩上燒之。作方片可，作卷子亦可。此一法也。切片加作料炒，一法也。取胸肉作丁，一法也。當家雞整煨，一法也。先用油灼，拆絲加酒、秋油、醋，同芹菜冷拌，一法也。生片其肉，入火鍋中，登時便吃，亦一法也。其弊在肉嫩則味不入，味入則肉又老。若火鍋之火候得宜，則其妙正在肉不老而味入也。弊何有哉？

《禮·内則》：「鍋醢而苽食雉羹。」又：「雉兔皆有芼。」陸璣《詩疏》：「鷮，微小而翟也，走而且鳴，曰鷮鷮。其尾長，肉甚美，故林麓山下人語曰：『四足之美有鹿，兩足之美有鷮。』」

《玉篇》：「雉，野雞也。」

《譜》曰：「甘，温。補中益氣，止泄痢，除蟻瘻。冬月無毒，多食損人發痔，諸病人忌之。勿與荍麥、胡桃、木耳、菌蕈同食。春夏秋皆毒，以其善食蟲蟻而與蛇交也。」

赤燉肉雞

赤燉肉雞，洗切凈，每一斤用好酒十二兩、鹽二錢五分、冰糖四錢，研酌加桂皮，同入砂鍋中，文炭火煨之。倘酒將乾，雞肉尚未爛，每斤酌加清開水一茶杯。

蘑菇煨雞

雞肉一斤，甜酒一斤，鹽三錢，冰糖四錢，蘑菇用新鮮不霉者，文火煨兩枝綫香爲度。不可用水，先煨雞八分熟，再下蘑菇。

犀曰：此條重出而互有參差，殆以前一條爲詳。

鴿子

鴿子加好火腿同煨，甚佳。不用火肉〔二〕亦可。亦有製鴿鬆法。

《山堂肆考》：「鴿亦鳩屬。其頸若癭，其色有二十餘種，而銀合海監、倒插點子、毛脚鳳髻、黑夜游、半天矯、插羽佳人等，則其名字也。皆兩兩相匹，不雜交，每孕必二卵，伏十八日而化。」

《本草》：「鴿性淫而易合，故名鴿，而鵓則其聲也。梵書名迦布得迦。」

《清異録》：「王建封不識文義，族子有《動植疏》，俾吏録之。其載鴿事以傳寫訛謬，分一字爲三，變而爲人日鳥矣。建封信之，每人日開筵，必首進此味。」

《周禮・庖人》：「掌供六禽。」注：「鴈、鶉、鷃、雉、鳩、鴿。」

《南唐近事》：「陳誨嗜鴿，訓養千餘隻。自南劍牧拜建州觀察使，去郡前一月，郡鴿先之，富沙舊所無子遺矣。又嘗早衙，有一鴿投誨袖中，爲鷹鸇所擊故也。誨感之，不復食鴿。」

《集韻》：「鵓鴿鳥，今之鵓鴿也。」

段成式：「食品有鴿臛。」

《譜》曰：「甘，平。清熱解毒，愈瘡，止渴，息風。孕婦忌食。」

犀曰：余自甲子京兆試被放歸省，先大夫於忻州時方筦鹽務，公廨不數楹，而鴿之栖宿於檐際者甚衆。一日，有鴿被創，離褷室中不能去，庖人掩執之，將以就刀匕。余見而感焉，索以來養之床下，群鴿争來就。余方鬱吒無聊，因與周子仲行及女弟輩寄興於鴿。鴿有偶也，乃爲偶製一籠，使無龐雜，凡數十頭，皆無怨曠矣。間有短折者，其偶則爲之悲鳴不食。若生雛，則迭相覓食兼乳哺焉。嗚呼！鴿誠禽鳥也，而人之不如鴿者多矣。余感其情，愛之彌甚。比攜至省門，别置一室，晨而飛去，暮則來歸，無或爽者。蓄之年餘，忽一夕去而不返。去之月餘，先慈棄養矣。是物也，匪惟匹偶有義，而且有前知焉。乃警予於事先，而予獨懵焉不覺。余慕之，愧之，誓不復食其肉。

鴿　蛋

煨鴿蛋法與煨雞腎同。或煎食亦可，加微醋亦可。

《譜》曰：「鴿卵能稀痘，食品珍之。」

犀曰：鴿蛋是質最清，必視其色晶瑩帶微碧者爲真，若呆白色者即爲鳥雀蛋。賣者往往作僞，不可不辨。試法：以水一碗，入蛋其中，浮者非鴿蛋也。又有庖人以鴿蛋殼爲模，用緑豆粉裹雞蛋黄套之，煮熟者可以亂真。

野　鴨

野鴨切厚片，秋油鬱過，用兩片雪梨夾住炮炒之。蘇州包道臺家製法最精，今失傳矣。用蒸家鴨法蒸之亦可。

《爾雅》：「舒鳧，鶩。」疏：「野曰鳧，家曰鴨。」又：「鷊，沈鳧。」注：「狀似鴨而小，背文青色，卑脚紅掌，短喙長尾。」《采蘭雜志》：「鳧，一名少卿。」

《廣志》：「野鴨雄者頭赤，有距。鶩生百卵，一日再生。有露華鶩，以秋冬生卵。并出蜀晨，鳧肥而耐寒，宜爲臛。」

《譜》曰：「甘，涼。補脾腎，祛風濕，行水消腫，殺蟲，清熱，開胃運食，療諸瘡癇，病後虛人食之有益。肥而其喙如鴨者良，冬月爲勝。」

蒸　鴨

生肥鴨去骨，内用糯米一酒杯，火腿丁、大頭菜丁、香蕈、筍丁、秋油、酒、小磨麻油、葱花，俱灌鴨肚内，外用雞湯放盤中，隔水蒸透，此真定魏太守家法也。

《玉篇》：「鳴，鴨也。鴨，水鳥，亦作鳱。」

《急就篇》顔注：「鶩，一名舒鳧，即今之鴨也。」

《廣雅》：「鴨，鴸鳴。」《格物論》：「鴨皆雄瘖雌鳴。重陽後乃肥腯味美，清明後生卵，則肉陷不滿。」

《埤雅》：「鶩，一名鴨，益自呼其名曰鴨也。」《禽經》：「鴨鳴呷呷，其名自呼。」

《清異録》：「御史符昭遠曰，鴨頗類乎鵝，但足短耳，宜謂之減脚鵝。」又：「韋巨源上燒尾食有交加鴨脂。」

《譜》曰：「甘，涼。滋五臟之陰，清虛勞之熱，補血，行水，養胃，生津止嗽，息鶩，消螺螄積。雄而肥大、極老者良。同火腿、海參煨食，補力尤勝。多食滯氣滑腸，凡陽虛脾弱、外感未清、痞脹、脚氣、便瀉、腸風皆忌之。」

犀曰：此八寶鴨。凡藏鴨之物，或京冬菜，或乾菜，或大葱，皆可總之。鴨貴肥嫩，如俗所稱酒色過度者，雖竭力擺弄，無濟也。北人多填鴨，可使之剋日而肥，然以之燒食則可，若煨食者，終以自肥者爲佳。蓋填肥者膏勝而肉不鮮腴也。

鴨糊塗

用肥鴨白煮八分熟，冷定去骨，拆成天然不方不圓之塊，下原湯内煨，加鹽三錢、酒半斤、捶碎山藥同下鍋，作芡，臨煨爛〔三〕時，再加薑末、香蕈、葱花。如要濃湯，加放芡粉。以芋代山藥亦妙。

《食經》：「有蔗笴鴨羹法。」

犀曰：京師之鴨條、蘇州之鴨羹，大致皆相類。

滷　鴨

不用水用酒，煮鴨去骨，加作料食之。高要令楊公家法也。

鴨脯

用肥鴨斬大方塊，用酒半斤、秋油一杯、筍、香蕈、葱花悶之，收滷起鍋。

燒鴨

用雛鴨上叉燒之。馮觀察家厨最精。

犀曰：京師便宜坊燒鴨得名，近日蘇州、上海亦多有之。酒館中相尚明片，蓋亦風會之轉移也。

挂滷鴨

塞葱鴨腹，蓋悶而燒。水西門許店最精。家中不能作。有黄黑二色，黄者更妙。

犀曰：京師便宜坊者亦佳。

乾蒸鴨

杭州商人何星舉家乾蒸鴨，將肥鴨一隻洗浄，斬八塊，加甜酒、秋油，淹滿鴨面，放磁罐中封好，置乾鍋中蒸之，用文炭火，不用水，臨上時，其精肉皆爛如泥。以綫香二枝爲度。

野鴨團

細斬野鴨胸前肉，加豬油微芡，調揉成團，入雞湯滚之。或用本鴨湯亦佳。太興孔親家製之甚精。

徐　鴨

頂大鮮鴨一隻，用百花酒十二兩，青鹽一兩二錢、滚水一湯碗，沖化去渣沫，再兑冷水七飯碗，鮮薑四厚片，約重一兩，同入大瓦蓋鉢内，將皮紙封固口，用大火籠燒透大炭吉三元約二文一個。外用套包一個，將火籠罩定，不可令其走氣。約早點時燒〔四〕，至晚方好。速則恐其不透，味便不佳矣。其炭吉燒透後，不宜更换瓦鉢，亦不宜預先開看。鴨破開時，將清水洗後，用潔浄無漿布拭乾入鉢。

煨麻雀

取麻雀五十隻，以清醬、甜酒煨之，熟後去爪脚，單取雀胸、頭肉，連湯放盤中，

甘鮮異常。其他鳥鵲俱可類推。但鮮者一時難得。薛生白常勸人勿食人間豢養之物，以野禽味鮮，且易消化。

《禮·内則》：「雛燒。」注：「鳥之小者，火中燒之，然後調和，若今之臘。」

《清異録》：「膃肭臍不可常得，野雀久食積功固亦峻緊，蓋家常膃肭臍也。」

《譜》曰：「甘，温。壯陽，暖腰，縮小便，已崩帶。但宜冬月食之。陰虚内熱及孕婦忌食。其卵利經脈，調沖任，治女子血枯、崩帶、疝瘕諸病。」

犀曰：此物餘杭最[五]，油炸加鹽食之最佳。

煨鷯鶉黄雀

鷯鶉用六合來者最佳。有現成製好者。黄雀用蘇州糟，加蜜酒煨爛，下作料，與煨麻雀同。蘇州沈觀察煨黄雀并骨如泥，不知作何製法。炒魚片亦精。其厨饌之精，合吴門推爲第一。

《本草》掌禹錫曰：「鷃，蝦蟇所化也。」

《交州記》曰：「南海有黄魚，九月變爲鶉。以鹽炙食甚肥美。蓋鶉則始化成，終以卵生，故四時皆有。鴽則田鼠化，終復爲鼠，故夏有冬無。李時珍曰：鷃，一名鵪，一名鶉，一名鴽，一名鳸。鵪與鶉兩物也，形狀相似，俱黑色，但無斑者爲鵪也。今人總以鵪鶉名之。」

《禮·内則》：「鶉羹，鴽釀之以蓼。」注：「鴽小，不可爲羹，以酒蓼釀蒸煮食也。」

《清異録》：「韋巨源上燒尾食有筋頭春，炙活鶉子。」

謝諷《食經》有「香翠鶉羹」。又，鶉捕之者多論網而獲，故雌雄群子同被鼎俎，故世人文共名爲族味。

《武林舊事》有「鵪鶉餶飿兒」。

《本草》李時珍曰：「雀小者名黄雀，八九月群飛田間。體絶肥，皆有脂如披棉，性味皆同，可以炙食，作鮓甚美。」

《清異録》：「吴淑詩曰『寒鮓疊金綿』，乃黄雀脂膏。」

《譜》曰：「鷃，甘，平。清熱，療陰匱諸瘡。鶉，甘，平。和胃，消結熱，利水，化濕，止疳痢，除膨脹，愈久瀉。」

犀曰：黄鶸。〔六〕

雲林鵝

《倪雲林集》中載製鵝法。整套鵝一隻，洗净後用鹽三錢擦其腹内，塞葱一帚填實其中，外將蜜拌酒通身滿塗之，鍋中一大碗酒、一大碗水蒸之，用竹箸架之，不使鵝身近水。竈内用山茅二束，緩緩燒盡爲度。俟鍋蓋冷後揭開鍋蓋，將鵝翻身，仍將鍋蓋封好蒸之，再用茅柴一束燒盡爲度。柴俟其自盡，不可挑撥。鍋蓋用綿紙糊封，逼燥裂縫，以水潤之。起鍋時，不但鵝爛如泥，湯亦鮮美。以此法製鴨，味美亦同。每茅柴一束，重一斤八兩。擦鹽時，串入葱、椒末子，以酒和勻。《雲林集》中，載食品甚多；只此一法，試之頗效，餘俱附會。

《爾雅》：「舒雁，鵝。」郭注：「《禮記》曰：出如舒雁，今江東呼鴚。」樊光注：「在野舒翼飛遠者爲鵝。」李巡注：「野曰雁，家曰鵝。」《方言》：「雁，自關而東謂之鴚鵝；南楚之外謂之鵝，或謂之鶬鴚。」《晉書·載記》：「符堅食鵝肉知黑白之處。」

《説文》：「鵝，鴚鵝也。」徐曰：「長脰善鳴，峨首似傲，故曰鵝。」

《本草》李時珍曰：「鵝，緑眼黄喙，紅掌善鬥，夜鳴應更。」

《禽經》曰：「脚近臎者能步，鵝鶩是也。一名鴐鵝。」

《清異録》：「韋巨源上燒尾食有八仙盤，剔鵝作八付。」

謝諷《食經》有「花折鵝糕」。又世謂鵝爲「兀地奴」，謂其行步蹣跚耳。

《譜》曰：「甘，温。暖胃生津，性與葛根相似，能解鉛毒，故造銀粉者月必一食也。鮮美。補虚益氣。味較雞鶩爲濃。動風發瘡。凡有微恙者，其可嘗試呼！肥嫩者佳，燒食尤美。其肫、其掌性較和平，煨食補虚，宜於病後。」

燒　鵝

杭州燒鵝爲北人所笑，以其生也，不如家厨自燒爲妙。

《歲時雜記》：「涉江州郡皆重夏至殺鵝，爲炙相遺。」

犀曰：吾杭立夏日必以此物以爲節物也。

○芙蓉雞以下補入

雞肉切碎捏成長方塊，以火腿丁拌入，加湯蒸之。

○桶子雞

京師便宜坊所製，味與燒鴨可稱瑜亮。閩中許崑士司馬家製之最精，然名同而味不類也。

○油　雞

油雞，南京教門所製，其肥嫩者不下於桶子雞。

○囮退蛋

蛋之囮而不成者，吳人謂之「喜蛋」。有成形者，有半成者，用醬油煮之極鮮。

○糟　鴨

京師酒家有之，他處所不及也。

○醬　鴨

冬日用肥鴨，以好醬油浸透風乾，與火腿同。吴門陸稿薦醬鴨出名，然以醬爲之，終不及自製者也。

○板　鴨

南京謂之「鹽水鴨」，宜以筍煨之。予家向日自製醬鴨、板鴨，皆非市肆所可及。

○鴨舌　鴨掌

鴨舌掌用雞湯燴之鮮美，鵝掌尤佳。

○雞鵝鴨事件

今人以雞鵝鴨之肫、肝、心、腸謂之「事件」，或曰「四件」，京師曰「三件」。或雞曰「雞雜」，鴨曰「鴨雜」。雞四件太小，以炒食最宜。鵝、鴨者用火腿煨食甚佳，以鵝爲尤勝。

○鳥臘

鳥臘惟冬日有之，如鵪鶉、黄雀、鴿子、野鴨、斑鳩、竹雞之類，皆以香料製之，味俱相似。

《格物論》：「祝鳩，一名鵓鳩，一名斑鳩，一名斑隹。有斑者，無斑者，灰色者，有小者大者。春分化黄褐，候秋分化斑鵻。」

《清異録》：「章貢蘇氏山林多鳩，賓客滿座可悉饜飫。一綱數十百，咄嗟可辦。其黨戲之曰：此君家肉寄生也。」

《本草》李時珍曰：「竹雞，一名山菌子，味美於菌。蜀人呼雞頭鶻，南人呼泥滑滑。生江南川廣，處處有之。」

校勘記

〔一〕「黄氏蒸雞」，隨園食單作「黄氏蒸雞治療」。

〔二〕「火肉」，按語意當是「火腿」。

〔三〕「煨爛」，隨園食單作「煨」。
〔四〕「燒」，隨園食單作「炖起」。
〔五〕此處語意未盡，疑有脱文。
〔六〕此處語意未盡，疑有脱文。

水族有鱗單

魚皆去鱗，惟鰣魚不去。我道有鱗而魚形始全。作《水族有鱗單》。

邊魚

邊魚活者，加酒、秋油蒸之，蒸好爲度〔一〕。一作呆白色，則肉老而味變矣。并須蓋好，不可受鍋蓋上之水氣，臨起加香蕈、筍尖。或用酒煎亦佳，用酒不用水。號「假鰣魚」。

邊，應作鯿，又作鯾。

《玉篇》：「鯾，魴魚也。」《爾雅》《釋文》：「鯿字，又作鯾字。」林云：「魚也。案魚似魴而小，軟細而長。」

《釋魚》：「魴魾。」郭注：「江東呼魴爲鯿，一名魾。」

陸璣《疏》：「魴，今伊、洛、濟、潁魴魚也。廣而薄肥，恬而少力，細鱗魚之美者。

遼東梁特肥而厚，尤美於中國魴，故其鄉語曰：『居就梁，梁水魴。』」《埤雅》：「魾，今之青鯿也。縮項，闊腹，魚之美者。蓋弱魚也。其廣方而厚褊，故曰魴魚。一曰鯿魚。魴，方也。鯿，褊也。」《襄陽耆舊傳》：「峴山下漢水中出鯿魚，味極肥而美，襄陽人采捕遂以槎斷水，因謂之槎頭縮項鯿。」《廣州記》：「魴魚廣而肥甜，魚之美者也。」《説文》：「魴，又作鰟。」《譜》曰：「甘，平。補胃，養脾，去風運食，功用與鯽相似。產活水中肥大者勝。」《食物本草》曰：「諺曰：『伊洛鯉魴，美如牛羊。』別有火燒鯿者，其脊上有赤鬣。」

鯽魚

鯽魚先要善買。擇其扁身而帶白色者，其肉嫩而鬆，熟後一提，肉即卸骨而下。黑脊渾身者，崛强槎枒，魚中之喇子也，斷不可食。照邊魚蒸法，最佳。其次煎吃亦妙。拆肉下可以作羹。通州人能煨之，骨尾俱酥，號「穌魚」，利小兒食。然總不如

蒸食之得真味也。六合龍池出者，愈大愈嫩，亦奇。蒸時用酒不用水，稍稍用糖以起其鮮。以魚之小大，酌量秋油、酒之多寡。

《玉篇》：「鮒，鰿魚。」

《廣雅》：「鮒，鰿也。」顏注《急就篇》：「鮒，今之鰿魚也，亦呼爲鯽。」

《本草》：「鯽似鯉，色黑，體促，腹大，脊隆。一作鰿。」

《石鼓文》：「鱄，又鯿。」鄭氏曰：「鱄，今作鮒。」

《埤雅》：「鯽魚肉厚而美，性不食釣。」孟詵云：「是稷米所化，其腹上猶有米色。」

《山堂肆考》：「諸魚皆屬火，惟鯽魚屬土，熊氏謂之逆鱗。顏云『冬鯽夏鰋』，蓋鯽至冬而肥，味甚美也。」

《荆州記》：「荆州有美鮒，逾於洞庭温湖。」

《水經注》：「度口水有二源，一曰濁檢，出好鮒。」

《酉陽雜俎》：「鯉一尺，鯽八寸，去排泥之羽。鯽圓天肉，腮後耆門。用腹腴拭刀，亦用魚腦，皆能令膾縷不著刀。」

胎骨。」

《清異録》：「廣陵法曹宋危造縷子膾，法用鯽魚肉、鯉魚子，以碧筒或菊苗爲

《爾雅翼》：「鮒，鰿也，今作鯽。」

《埤雅》曰：「此魚好旅行，吹沫如星以相即，謂之鯽；以相附，謂之鮒。」

《清異録》：「謝諷《食經》有『剪雲析魚羹』。」

《水經注》：「蘄州、廣濟青林湖中，鯽大者二尺，可止寒熱。今灤河鯽以冰合之至京師，亦有數斤者，即今所謂荷包魚也。」

《本草》蘇頌曰：「黔中一種重唇石鯽魚亦美，亦鯽類也。」

《譜》曰：「鰿，其美在脊也。甘，平。開胃，調氣，生津，運食和營，息風清熱，殺蟲解毒，散腫愈瘡，止痢止疼，消甘消痔。大而雄者勝。宜蒸煮食之。煎食則重火」。《食物本草》：「喜偎泥，不食雜物，故補胃。冬月肉厚子多尤美。」

犀曰：鯽魚蒸食尤不如生爨之妙，或用雞蛋，或用香糟蒸之。惟黄河鯽魚肥大者則以紅燒爲宜，西北人之佳饌也。

白魚

白魚肉最細。用糟鰣魚同蒸之，最佳。或冬日微腌，加酒釀糟二日，亦佳。余在江中得網起活者，用酒蒸食，美不可言。糟之最佳，不可太久，久則肉木矣。

《齊民要術》：「作餅炙法：取好白魚，浄治，除骨取肉，琢得三升。熟豬肉肥者一升，細琢。酢五合，葱、瓜菹各二合，薑、橘皮各半合。魚醬汁三合，看鹹淡多少，鹽之適口。取足作餅，如升盞大，厚五分。熟油微火煎之，色赤便熟，可食。又釀製白魚法：白魚長二尺，浄治，勿破腹，洗之竟，破背，以鹽之。取肥子鴨一頭，洗浄去骨，細剉。酢一升，瓜菹五合，魚醬汁三合，薑、橘皮各一合，葱二合，豉汁一合，和，炙之令熟。合取從背，入著腹中，弗之常炙魚法，微火炙半熟，復以少苦酒雜魚醬、豉汁更刷魚上，便成」。

《中華古今注》：「白魚赤尾曰魟，一曰魧盛，曰魭雄，又曰魭魚子，好群浮水上者曰白萍。」

《避暑録》：「太湖之白魚冠天下，梅後十有五日，日入時魚最盛，謂之時裹白。」

《一統志》：「白魚出雲南北勝州陳海，狀如鯉而色白。」

《説文》：「鮊，白魚也。」

《玉篇》：「鰈，白魚也。」《本草》：「鱎魚，或作鮊鱎者，頭尾向上也。」

《譜》曰：「一名鱎魚。甘，温。開胃下氣，行水助脾，發痘排膿。可腌，可酢。多食發疥、動氣、生痰。」《食物本草》云：「肉中有細刺。一名鱎魚，形窄、腹扁、鱗細，頭尾俱向上，夏至後皆浮水面。」傳按：《廣雅》：「鮊，鱎也。」《説文》：「鮊，海魚名。」桂氏馥曰：「此魚無鱗，燕尾，大者長七八尺，肉不美，其子可腌藏，登萊人重之。」據此，則鱎爲白魚之説未確。

犀白：白魚不用作料，用酒淡蒸，以薑醋贊食，與蟹絶似。

季魚

季魚少骨，炒片最佳。炒者以片薄爲貴。用秋油細鬱後，用芡粉、蛋清摟之，入油鍋炒，加作料炒之。油用素油。

季魚，鱖魚也。

《正字通》：「鱖魚扁形闊腹，大口細鱗，皮厚肉緊，味如豚。一名水豚，又如鱖豚。」

《焦氏筆乘》：「謂鱖名鯛魚，誤。蓋鄉語謂鱖爲故計，以鱖本音桂，與鮠近也。」

傳按：今吴興人讀貴音與計同，故俗以鱖爲季魚，因此誤也。

《玉篇》：「鱖，大口，細鱗，斑彩。」

《爾雅翼》：「鱖，巨口而細鱗，鬐鬣皆圓黄，質黑章，皮厚而肉緊，特異常魚。六月盛熱時，好藏石罅中，人即而取之。漁者以索貫其一雄，置之罅畔，群雌來，嚙曳之不舍，掣而取之，常得十數。其斑文尤鮮明者，雄也；稍晦昧者，雌也。凡牛羊之屬有肚，故能嚼。魚無肚，不嚼。鱖有肚，能嚼。」

《養魚經》：「劉仙人劉恐常食桂魚。今此魚鄉之人猶有桂之呼。」

《清異録》：「韋巨源家人白龍臛治鱖肉。」

《譜》曰：「一名鯚魚。甘，平。益脾胃，養血，補虛勞，殺勞蟲，消惡血，運飲食。肥健人。過大者能食蛇，故有毒而發病。」

犀曰：杭謂之「季花魚」，以肉絲及蘿蔔絲整煎之均可。背上必劃成棋子塊，以其皮厚不易透也。

土步魚

杭州以土步魚爲上品。而金陵人賤之，吴人謂之「棠梨魚」，亦復賤之。**目爲虎頭蛇，可發一笑。**與其尾大不掉，無寧虎頭蛇尾也，可爲此魚解嘲。**肉最鬆嫩，煎之、煮之、蒸之俱可。加腌芥作湯作羹，尤鮮。**

《廣雅》：「⿰魚幼，⿰魚奧也。」

《正字通》：「按⿰魚幼爲鮒屬，生溪澗中，狀似吹沙而短，闊口，大頭，歧尾，色黃黑有斑，脊背上鬐刺螫人。」

《魚經》：「鯽魚有附土者曰京魚，一曰吐鮫。」《食物本草》曰「渡父」。

《臨海志》：「吐鮫即杜父魚，一名黃⿰魚幼，俗名船矴魚，見人則以喙插入泥土中，如船矴也。」

《山堂肆考》：「似吹沙而大，黑皮，細鱗如粟，無鬣。俗呼主簿魚，蓋杜父訛爲主簿也。」

《臨海志》：「一名伏念魚。」

《演繁露》：「吴興人名附爲鱸鯉，以其質圓而長，與黑相似，而其鱗斑駁又似鱸魚故，而俞而譬也。」

《嘉興縣志》：「土附，一名菜花魚，以其出於菜花時最肥美，故名。」

《湖州府志》：「鮒魚，今名土部。此魚質沈，常附土而行，不似他魚浮水游也，故名。」

《錢塘縣志》：「土鶩，俗名土哺，以清明前者佳。」

《藻異》：「吐哺，産杭，本名土附，以其附土而生也。色黑味美。」

《雨航雜録》：「吐哺，或曰食物嚼而吐之，故名。」

《本草綱目拾遺》：「《綱目》載杜父魚與土附絶不相類。」沈雲將《食纂》、陳芝山《食物宜忌》都以爲今之土附即杜父魚，此乃承《山堂肆考》之誤。今土附杭城甚多，不聞能刺人，核其形狀、食性與杜父全不相類。

《譜》曰：「俗名土附，亦曰菜花魚。甘，温。暖胃，運食，補虚。春日甚肥，與病無忌。」

犀曰：土步以正月爲最佳，其肉固鮮，而其腮旁肉結兩枚如棋子大者味尤雋妙，惜未有單取此物作羹者。吴人名「蕩裹魚」。

魚　鬆

《清異録》：謝諷《食經》有加料鹽花魚屑，疑即今魚鬆之製。

用青魚、鯇魚蒸熟，將肉拆下，放油鍋中灼之黄色，加鹽花、葱、椒、瓜、薑。冬日封瓶中，可以一月。

《河南通志》：「青魚出濟源，形似鯉而背青色。又頭中骨煮拍之可以製器。」

《升庵外集》：「魚魫，即青魚枕骨也。可爲燈罩，又作女冠。」

《雨航雜録》：「青鰶魚冬月肥美，海錯之佳者，或以爲松江之鱸也。」

《寧波志》：「地青魚尾有刺甚長，逢物則拔之，毒能中人。色白，曰地白白，與魟相類。又名邵陽魚、鼠尾魚。」

《事物紺珠》：「鰤青色黄，腮下有横骨如鋸。」《正字通》：「似鯇，青色，即青魚，俗呼爲青鰡，南人以作鮓。」

《爾雅注》：「魭，今鯶也，似鱒而大。」

《本草》：「鯇，似鯉，生江湖間。膽至苦，主喉閉。」

《類篇》作「鯶鰀」。

《爾雅翼》：「牂牁人以桐葉飼魚。鄉人飼鯇魚者，每春以草養之，頓能肥大，秋後食以桐葉，以封魚腹，則不復食，亦不復瘦，以待來春也。」

《譜》曰：「青魚，甘，平。補氣，養胃，除煩懣，化濕，祛風，治脚氣、脚弱。可膾，可脯，可醉。古人所謂五侯鯖即此。其頭尾烹鮮極美，腸臟也肥鮮可口。而松江人呼爲烏青，金華人呼爲烏鰡。杭人以其善啖螺也，謂之螺螄青。其膽臘月收取陰乾，治喉痺、目障、惡瘡，魚骨鯁皆妙。」

又曰：「鯶魚，甘，温。暖胃和中。俗名草魚，因其食草也。婺州、雲間以其色青也，誤以青魚呼之。禾人名曰池魚，尤屬可笑，夫池中所蓄之魚，豈獨鯇而已哉！」

《食物本草》有青白二種，白者佳。浙湖林坪産者尤佳。

犀曰：魚鬆有二種：淡黄而細者爲羊毛魚鬆，色深黄而成粒者爲桂花魚鬆。油多火猛則爲桂花，油少火慢則爲羊毛，羊毛之功費於桂花也。炒魚鬆須有耐心，即桂花亦不能驟致，若性急圖成，鮮有不敗者也。

魚圓

用白魚、青魚活者，剖半釘板上，用刀刮下肉，留刺在板上。將肉斬化，用豆粉、豬油拌，將手攪之，放微微鹽水，不用清醬，加葱、薑汁作團。成後，放滚水中煮熟撩起，冷水養之，臨吃入雞湯、紫菜滚。

犀曰：魚圓一物，南人所長，北人罕能之者。或謂魚圓作成須以葷湯養之，若入生水便起渣滓矣。

魚片

取青魚、季魚片，秋油鬱之，加芡粉、蛋清，起油鍋炮炒，用小盤盛起，加葱、椒、瓜、薑，極多不過六兩，太多則火氣不透。

犀曰：山右庖人能以小鯽魚爲之而一刺不留，蓋彼處魚貴，他魚不多得，鯽魚尚賤，故習俗相傳而能者遂衆矣。

連魚豆腐

用大連魚煎熟，加豆腐，噴醬、水、葱、酒滚之，俟湯也半紅起鍋，其頭味尤美。

此杭州菜也。用醬多少，須相魚而行。

《埤雅》：「鱮，亦或謂之鰱也。似魴而弱鱗，色白，北土皆呼白鱮。」

《爾雅翼》：「鯇食草，鱒食螺蚌，鱮乃食鯇矢矣，宜其味之不美爾。」

陸璣《疏》：「鱮似魴，厚而頭大，魚之不美者，故俚語曰：『網魚得鱮，不如啖茹。』」

《華陽國志》：「度水有二源，一曰清檢，一曰濁檢。有魚穴，清水出鱮，濁水出鮒，常以二月、八月出。」

《廣雅》：「鰱，鱮也。」

《山堂肆考》：「青鰱曰鱅，白鰱曰鱮。」

《史記》：「鰅鱅鰬魠。」注：「郭璞曰：鱅似鰱而黑。」

《正字通》：「鱅似鰱，大頭細鱗，目旁有骨。」

《本草》云：「處處江湖有之，狀似鰱而黑，故俗呼黑色頭魚。其頭最大，有至四五十斤者，肉味次於鰱而頭甲於鰱，故曰：『鰱之美在腹，鱅之美在頭。』吴越人多嗜此魚，以爲上品，每宴客，以大魚頭進。剖頭取腦，潔白如腐，肥美甘美，食之益人，功等參著。此魚目旁有骨名乙，《禮記》『魚去乙』即此。一名鰱魚，李時珍曰：『蓋魚之庸常堪供饈饌者，故名。』」

《山海經》云：「鱃魚似鰱，大首，食之已疣是也。」

陸璣《疏》：「鱅，幽州人謂之鴞鷂，或謂之胡鱅。」

《集韻》：「或作鮄。」

《譜》曰：「鰱，甘，温。暖胃，補氣澤膚。其腹最腴，烹鮮極美，肥大者勝。腌食亦佳。多食熱中動風，發疥，痘疹、瘧疾、目疾、瘡家皆忌之。」《食物本草》云：「此魚好同類相連而行，故曰鰱；好群行相與也，故曰鱮。」傳云：「魚屬，連行。」即此。

又曰：「鱅，一名溶魚，甘，温。其頭最美，以大而色較白者良。」

犀曰：鰱與包頭兩種也，而隨園合之殊不可解。魚腦之妙，《本草》言之矣，惜不能取以代酪，其味當必不凡。

醋摟魚

用活青魚切大塊，油灼之，加醬、醋、酒噴之，湯多爲妙。俟熟即速起鍋。此物杭州西湖上五柳居有名，而今則醬臭而魚敗矣。甚矣，宋嫂魚羹，徒存虛名。《夢粱録》不足信也。魚不可大，大則味不入；不可小，小則刺多。

《篇海》：「以醋煮魚爲鯗，音征。」

犀曰：用鯶魚一大塊略蒸，即以滚油鍋下魚，隨用芡粉、酒、醋噴之即起，以快爲妙。五柳居兵燹以前猶擅其長，何至有醬臭魚敗之事？至今日則一望荒蕪，并臭敗者不可得矣。庚午秋試，同人宴集湖上，吴丈子英自起烹魚，味極鮮美。今已於乙亥登賢書，旅游楚北，録此條令人有好音之懷。

銀魚

銀魚起水時，名「冰鮮」。加雞湯、火腿湯煨之。或炒食甚嫩。乾者泡軟，用醬水炒亦妙。

《養魚經》：「銀魚其形纖細，明瑩如銀，太湖之人多鱐以鬻焉。長者不過三寸。又曰膾殘之魚，狀如銀魚而大，冬月帶子者謂之挨冰鱐。」

《五雜組》：「海豐産銀魚，然須冬月上浮時爲風吹成冰不能動，然後土人琢冰取之，東風至則逸矣。」

《華夷鳥獸考》：「銀魚大者如指，春生梅溪中，杜子美所謂天然二寸魚是也。杜注云，又名之白小，當是今之麪條魚也。」

《山堂肆考》：「銀魚身園如筋，潔白無鱗，目兩點黑。」

《寧波志》：「銀魚形如麪條而純白色。」

《正字通》：「銀魚形如膾殘，海中出者曰龍頭魚，福州一種曰水晶魚。」

《博物志》：「吴王江行食魚膾，棄其殘於水，化爲此魚。一名王餘魚。」

《譜》曰：「一名膾殘魚。甘，平。養胃陰，和經脈。小者勝。可作乾。」《食物本草》：「膾殘，一名銀魚，出蘇浙松江。大者長四五寸，清明前有子，食之甚美。清明後子出而瘦，但可作鮓臘耳。」傳按：據《養魚經》《正字通》之説，則銀魚、膾殘非一物也。

犀曰：今平望鎮所出最多，乾者價廉而味不佳。鮮者令人可愛，乾者則令人可憎。古有捧乾魚而泣者，其以此歟？

台　鯗

台鯗好醜不一。出台州松門者爲佳，肉軟而鮮肥。生時拆之，便可當作小菜，不必煮食也。用鮮肉同煨，須肉爛時放鮝，否則鮝消化不見矣。凍之即爲鮝凍，紹興人法也。

《説文》：「鮝，藏魚也。一曰大魚爲鮝，小魚爲鈐。」

《玉篇》：「大曰鮓，小曰鮗。」

東坡曰：「蜀人呼苞蘆。」

《内則》注：「鱐，乾魚也。」《演繁露》：「闔閭嘗思海魚而難於生致，乃令人即此地治生魚鹽漬而日乾之，故名爲鮝。共説如想。」

又《玉篇》《説文》無鮝字，《唐韻》始收入。鮝即魚身矣，其腸胃别名「逐夷」。

《大業拾遺記》：「吴郡獻鮸魚含肚千頭，極精好，味美於石首含肚。然石首含肚年常亦有入獻者，而肉强不及。其作之法：取鮸魚長二尺許，去鱗洗凈，停二日，待魚腹脹起，方從口抽出腸，出腮，留目，滿腹納鹽，竟，即以末鹽封周遍厚數寸。經宿，乃以水洗凈，日則曝，夜則收還，安平板上，又以板置石壓之，明日又曬，夜還壓，如此五六日，乾即納乾磁瓮，封口。經二十日出之，其皮色光赤如黄油，肉則如糗，又如沙基之蘇者，微鹹而有味。」

《譜》曰：「石首魚，腌而臘之爲白鯗，性即平和，與病無忌，且能消瓜成水，愈腹脹泄痢。以之煨肉，味甚美。太平所産，中伏時一日曬成，尾彎、色亮、味淡而香者最良，名松門台鯗。密收勿受風濕，可以久藏。煮食開胃、醒脾、補虚、活血，爲病人、産後食養之珍。按古人以台魚爲鮑魚，《禮記》謂之薨，諸魚皆可爲之。《内經》治血枯用之。後人聚訟紛紛，迄無定指。愚謂台鯗雖生嚼不腥，性兼通補，入藥宜用此爲之。」《食物本草》：「鮑魚，今之乾魚也。魚之可包者，即今之白鯗也。」

犀曰：余性不食鯗，故鯗之美惡無從辨焉。

糟鯗

冬日用大鯉魚腌而乾之，入酒糟，置壇中，封口。夏日食之。不可燒酒作泡，用燒酒者不無辣味。

《博物志》載此法，其曰「赤秋米飯」者，今之酒糟也。

《譜》曰：「鮓以鹽糝醖釀而成，俗所謂糟魚，醉鯗是也。惟青魚爲最美，補胃醒脾，温營化食。但既經糟醉，皆能發疥動風，諸病人皆忌。」

羼曰：此雖名鮝，而與鹽腌一類迥異，故予亦東於就之。

蝦子勒鮝

夏日選白浄帶子勒鮝，放水中一日，泡去鹽味，太陽曬乾，入鍋油煎一面黄取起，以一面未黄者鋪上蝦子，放盤中，加白糖蒸之，以一炷香爲度。三伏日食之絶妙。

《大業拾遺記》：「吴郡獻海蝦子三十挺，長一尺，闊一尺，厚一寸許，甚精美。作之法：取海白蝦有子者，每三五斗置密竹籃中，於大盆内以水淋洗，蝦子在蝦腹下赤如覆盆子，隨水從籃自下，通計蝦一石可得子五升。從盆内濾出，縫布作小袋子如徑半竹大，長二尺，以蝦子滿之，急系，隨袋多少以末鹽封之，周厚數寸，經一日夜，日出曬，夜則平板壓之平，旦又出曬，又如前壓十日，乾則拆破袋出蝦子，挺色如赤琉璃，光徹而肥美，勝於鰦魚數倍。」

魚 脯

活青魚去頭尾，斬小方塊，鹽腌透，風乾。入鍋油煎，加作料收滷，再炒芝麻滚拌起鍋，蘇州法也。

犀曰：杭法不腌不風，用醬油、酒炙透加作料，亦能經久。

家常煎魚

家常煎魚，須要耐性。將鯶魚洗净，切塊鹽腌，壓扁，入油中兩面煎黄，多加酒、秋油，文火慢慢滚之，然後收湯作滷，使作料之味全入魚中。第此法指魚之不活者而言。如活者，又以速起鍋爲妙。

犀曰：或切小方塊用豆豉炒之，亦家常法也。

黄姑魚

徽州出小魚，長二三寸，曬乾寄來。加酒剥皮，放飯鍋上蒸而食之，味最鮮，號「黄姑魚」。

《正字通》：「黄鯝魚狀如白魚，長不近尺，闊不逾寸，扁身細鱗，腸腹多脂。南人僞名爲黄姑，北人僞名黄骨魚。」《本草》：「生江湖中小魚也。狀如白魚而頭尾不昂，可作鮓菹，煎炙甚美。」

○鯉　魚以下補入

鯉魚爲魚中巨擘，山陝瀕河處最佳。愈大愈妙，腹際垂腴如豬脂，而肉亦肥嫩。用油煎之，酒、醬、葱、椒起鍋，妙不可言。南人嗤晉人不善食魚，而不知河中之鯉非南人所能夢見也。持其價太昂，一尾須直數千，民家誠未易致耳。

《爾雅·釋魚》「鯉鱣」，舍人曰：「鯉，一名鱣。」郭注：「鯉，今赤鯉魚。鱣，大魚。今江東呼爲黄魚。」桂氏馥曰：「舍人與《説文》合，郭以爲二魚。其説云先儒及《毛詩訓傳》皆謂此魚有二名。今此魚種類形狀有殊，無緣强合之爲一物。」

《詩》：「魚麗於罶，鰋鯉。」《釋文》：「毛及前儒皆以鮎釋鰋，鱧爲鯇，鱣爲鯉，惟郭注《爾雅》是六魚之名，今目驗毛解與世不協，或恐古今名異，逐世移耳。」馥謂此説最爲平慎，《毛傳》、《説文》、舍人、孫炎并同，未可據今而疑古也。鯉本鱣屬，今之鯉魚謂之赤鯉，猶鱓本大魚，今之鱓魚謂之蛇鱓，皆冒大魚之名。段玉裁曰：「《周頌》有鱣，有鮪，鰷、鱨、鰋、鯉，并言似非一物。而箋云：『鱣，大鯉也。』然則凡鯉曰鯉，大鯉曰鱣。擾小鮪曰鮥，大鮪曰鮪。謂鱣與鯉、鮪與鮥不必同形，而要各爲類也。許意當亦如是。」段氏又曰：「他家説鱣鮪同類，而又長鼻短鼻、肉黄肉白之分。」《爾雅》、毛、鄭、許則短鼻長鼻、肉黄肉白者統以鮪鮥包之，而惟三十六鱗之魚謂之鯉，亦謂之鱣。古人多云鱣、鮪出鞏穴，渡龍門爲龍，今俗語云「鯉魚跳龍門」，蓋牽合非一日矣。

《説文》：「鱋，魚名。一名鯉，一名鰜。」段氏曰：「此一名鯉耳，非三十六鱗之鯉也。」《類篇》曰：「鰜魚大而青，是爲一物也。」

《玉篇》：「鱋，大青魚，鰜鱋也」。桂氏馥曰：「一名鯉者，所謂青鯉也。」

《古今注》：「兗州人謂青鯉爲青馬，此是三十六鱗之鯉。」

《廣韻》云：「比目魚因鳥有鶼，皮傳耳。」

《毛詩陸疏廣要》云：「鱣之非鯉，猶鰋之非鮎也。舍人、孫炎誤人深矣。郭、孔、陸、羅諸家駁之甚當，何毛公亦云鱣鯉也？」

《埤雅》：「鯉，今之赬鯉也。一名鱣鯉，脊中鱗一道，每鱗上小黑點文，大小皆三十六鱗，魚之貴者。」

《譜》曰：「甘，温。下氣，功專行水。通乳，利小便，滌飲，止咳嗽，治妊娠子腫，敷臃腫骨疽。可鮮可脯。多食熱中，熱則生風，變生諸病。蓋諸魚在水，無一息之停，發風動疾，不獨鯉也。以鯉脊上有兩筋，故能神變而飛越江湖，爲諸魚之長。品雖拔萃，性不益人。杭俗以爲聖子之諱，相戒勿食，最通。其兩筋及黑血皆有毒。天行病後及有宿症者均忌，醉者尤甚。曩余游婺，見烹此者必先抽去其筋，而他處不知也，甚以醉鯉爲病人珍味，豈不誤人！」《食物本草》：「鯉魚之鱗有十字文理，故名鯉。雖困死，鱗不反白。其鱗無大小皆三十六片，每鱗有小黑點。諸魚中惟此最佳，故爲食品上味。御膳八珍中亦列鯉尾。但此魚脊上兩筋及黑血有毒，不可食。」

犀曰：杭俗祀文昌神，用活鯉魚一尾、白公雞一隻、肉一方。祀畢，雞、魚皆放生，并戒不得食鯉，余家亦然。比至北方，鯉爲常饌，不可復戒，而祀亦遂廢。繼思文昌與我本無與也，開戒廢祀，神其與我何？尤若南方之鯉肉極粗劣，則戒之何害焉？

〇黑　魚

黑魚肉最嫩，穿湯極佳，即以麻醬油拌食亦可。其頭愈風疾。俗傳以其頭戴斗，故拜斗者戒之。

《詩》「魚麗鲂鱧」，傳云：「鱧，鮦也。」

《御覽》引陸璣《疏》：「《爾雅》曰『鱧，鮦也』，許慎以爲鯉魚，璣以爲似鯉，頰狹而厚，字或通作蠡。」

《本草》：「蠡魚，一名鮦魚，生九江池澤。」陶云：「今皆作鱧字，舊言是公蠣蛇所化。然亦有相生者，至難死，猶有蛇性。」戴侗：「鱺魚之摯者，鱗黑駮，首左右各有竅如七星。雌雄相隨將子，啖食衆魚。」《埤雅》：「諸魚中惟此魚膽甘可食。有舌，鱗細有花文，一名文魚。與蛇通氣。其首戴星，夜則北向，蓋北方之魚也。」以上桂氏《説文》。

《本草經》：「蠡魚，一名鮦魚。」陸德明所據作蠡。

《釋魚》鱧，郭云鮦也。此由改鱧爲蠡之故。若《釋文》云鱧又作蠡，則淺人所改耳。《毛詩傳》曰：「鱧，鮦也。」《正義》云：「諸本或作鱧鯇。」作鯇則與舍人《爾雅》不異。按作鯇不誤，淺人認鱧爲鱺，故改鯇爲鮦也。蠡即鱺，鱺與鱧異物異字。陶通明説《本草》云，蠡今皆作鱧字，此郭誤注《爾雅》之由也。許以鱯、魾、鱧、鰈爲一魚，鱶、鮦爲一魚。鱶即今所謂烏魚，或曰烏鯉，頭有七星之魚也。《爾雅》鯉、鱣爲一，鰋、鮎爲一，鱧、鯇爲一。古説本不誤，而郭氏妄疑之。鱧、鯇又非下文之鰹、鮦、鮵也，而郭氏妄合之。以上段氏《説文》。

《爾雅釋》：「鰹，大者鮦，小者鮵。」

《譜》曰：「甘，寒。行水，化濕，祛風，稀痘，愈下大腹水腫，通腸，療痔。主妊娠有水膚浮。病後可食之。道家以爲水厭。」

○鱸　魚

鱸魚似鱖而味美。相傳松江之四腮者最佳，而其實亦不盡然。或煎，或作湯，均可。有腌爲乾者，殊煞風景。

《正字通》：「鱸，巨口細鱗，似鱖，長數寸，有四腮，俗呼四腮魚。以七八月出吴江，松江尤盛。天下之鱸皆兩腮，惟松江四腮。」《談苑》：「松江長橋南所出者四腮，橋北近昆山吴江入海所出皆三腮。」《京口録》：「鱸有二種：曰脆鱸，曰爛鱸。」《六書故》：「海鱸大者四五尺，其肉毳者尤美。」《華夷鳥獸考》：「有江鱸差小而兩腮，味淡，有塘鱸雖巨而不脆。」

《升庵外集》：「吴人製鱸魚鮓子臘，風味甚美，所謂金虀玉膾也。鱸魚肉甚白，雜以香菜花葉，紫緑相間，以回回豆子、一息泥、香杏膩粉坋之，實珍品也。鰿子魚臘亦然。回回豆子，細如榛子，肉味甚美。一息泥，如地椒，回回香料也。香杏膩，名八丹杏仁，元人《飲膳正要》多用此者。」

《譜》曰：「甘，温，微毒。開胃安胎，補腎舒肝。可脯可鮓。多食發瘡患癖。其肝尤毒，剥人面皮。中其毒者，蘆根解之。」

犀曰：隨園作《食單》，而鱸魚、蒓菜并所遺忘，是以久寓倉山不復念西湖風月也歟？或謂四腮之鱸亦不僅松江有之，而松江獨得其名耳。

○白鰷魚

白鰷魚長不過數寸，魚中之賤品也。或以油灼透，加葱椒起鍋，燥食之，以鬆脆爲佳。

《廣雅》：「鯈與鮋同，云鮂、鮋小魚。」《廣雅》：「鮃，鯈也。」《爾雅》：「鮂，黑鰦。」郭注：「即白鯈魚，江東呼爲鮂。」《爾雅翼》：「鯈，白鰷也。其形纖長而白，今人謂之爲參魚。」《埤雅》：「江漢之間謂之䱥。」《本草》：「䱥，注云：長數寸，狀如柳葉，今俗呼鰲鰷。」《荀子》：「鯈鉢者，浮陽之魚也。」楊倞：「鯈鉢，魚名，謂此魚好浮於水面就陽也。」《詩》「鰷鱨」，箋云：「鰷，白鰷也。」《本草》：「狀如柳葉，鱗細而整，潔白可愛，性好群游。」《説文》：「鱒，赤目魚也。」《爾雅》「鮅鱒」，郭注：「似鯶子，赤眼。」孫炎云：「鱒好獨行。」《爾雅翼》：「鱒魚，目中赤色横貫瞳，魚之美者，今謂之赤眼鱒。食螺蚌，喜獨行。極難取，見網輒遁。」《詩》「鱒魴」，毛傳云：「鱒，大魚也。」《御覽》引陸《疏》云：「鱒似鯶魚而鱗細於鯶，赤眼多細文。」牟氏《毛詩名物考》：「鱒，即鰷之雄者也。形如鰷無異。身有花斑，紅緑相間，燦爛可愛。目中凝紅如血滴，故曰赤目。游常先鰷，故曰尊也。鯶魚亦赤目，其形渾圓與鱒別。」今有魚目貫赤，文如鰷者，亦但以鰷呼之，無別也。

《譜》曰：「鰷魚，甘，温。暖胃，助火，發瘡，諸病人勿食。」

又曰：「鱒魚，甘，温。補胃，暖中，多食動風生熱。」《食物本草》云：「此魚與鯶性相反，好獨行，蓋妄自尊大而必踽踽獨行者，故名。」

○鰟皮

小鰟皮用酒、醬、葱、薑、辣椒燴之使酥，頗可下酒，鄉居之常餌也。

劉績《霏雪録》：「鼢鼠化鰤，鰤化鼢鼠。一名鰟魮魚，世傳是櫛所化。」《本草》李時珍曰：「鰤魚，即《爾雅》所謂鱖鯞，郭璞所謂妾魚、婢魚，崔豹所謂青衣魚，世俗所謂鰟魮鯽也。似鯽而小，且薄黑而揚赤。其形以三爲率，一前二後，若婢妾然，故名。」《爾雅》「鱊、鮬、鱖鯞」，郭注：「小魚也。似鮒子而黑，俗呼爲婢魚，江東呼爲妾魚。」《居易録》：「白妾魚，一名婢妾魚。臉如芙蕖，膚如凝脂，有然肉結，長四尺五寸「尺」字疑衍，臍下有帶，白光映人。作膾香脆，水陸無方者。」段氏曰：「鱖鯞，羅端良以今鼓皮當之。」玉裁按：鯞同婦，鱊、鱖音近，鮬、鯞音近，鱖婦當即今俗名鬼婆子是也，非別有細魚。」

《本草》李時珍曰：「鱊鯞，小魚也。」按段公路《北户録》云：「廣之恩州出鵝毛脡，用鹽藏之，其細如毛，其味絶美。郭義恭所謂武陽小魚大如針，一斤千頭，蜀人以爲醬者也。」又《一統志》云：「廣東陽山縣出之，即鱊魚兒也。然今興國州諸處亦有之，彼人呼爲春魚。云春月自岩穴中隨水流出，狀似初化魚苗，土人收取曝乾爲脡，以充苞苴，食以薑醋，味同蝦米。或云，即鱧魚苗也。」

犀曰：李時珍之言鰤則以《爾雅》鱖鯞當之，而於鱊魚下又引《爾雅》鱊鯞云云。推其意蓋以鱖鯞爲一種，鱊鯞又爲一種。然《爾雅》鱖與鯞連，鱊以鯞連，非皆作鯞也。且邢疏亦未訓爲二物。未詳所據。

○嘉鯕魚

外祖吴尚書《花宜館詩》有《食嘉鯕作詩》，其序云：「宋荔裳詠佳季魚詩序云：鮒，海中之鯽也。巨口大眼，魚之美無逾此者，土人呼爲佳季，不知何指。其來以三月上旬，諺云『椿牙一寸，佳季一陣』云云。案宋龐元英《文昌雜録》云：『登州有嘉鯕魚，皮厚於羊，味勝鱸鱖，至春乃盛，他處則無。』」余昔官京師嘗食此魚。蓋自津門來，俗呼「海鯽魚」。今登萊間尤多，形與味，與其至之時與龐宋説皆合。其字當據龐書作「嘉鯕」。今志書作「鰤鯕」，而檢字書無「鰤」字。

《廣韻》：「鯕鯕，魚名。出東萊者，今三四月極多。大頭豐脊，色微紅，萊人謂之夾䱌，或曰嘉䱌。」《説文》：「鈇䱌魚出東萊。」《玉篇》：「䱌，鈇䱌。」

○開河魚

冬初河水，魚在冰中不食不動，至來春冰開取之，極肥美，其封河時所取則味稍遜。山西保德州最多，每歲州牧以餽上官及餉同僚，有常例焉。

○魚生

杭法，生切魚片宜薄，用鹽花、麻油、葱薑拌之，生食最佳，否賣。與醋魚相連，則謂之「帶柄」，市語也。近日京師亦有仿爲者，惟吴人不食者多。《本草綱目》：「凡魚之鮮活者，薄切，洗淨血沃，以蒜虀薑醋食之。」

○魚子

魚子味鮮，以鯽魚爲上。用葱花炒之絶佳，京師謂之「萬魚」。《國語》「魚禁鯤鮞」，韋注：「鯤，魚子。鮞，未成魚也。」《古今注》：「曰䱥，又曰鮇。」《續傳物志》：「魚子合豬腰食之，殺人。」《正字通》曰「鮇鯤」。《清異録》：「韋巨源家有金粟平䭔魚子。」

○魚　腸

青魚大者取其腸胃肝肺之屬，加豆腐，燴作羹，絶佳，謂之「青魚腸」。吴人不用豆腐，以火腿、冬筍燴之，或炒之，謂之「卷菜」。或以鱓魚、鰱魚代之，即不能及。惟膽不可破，破膽則滿碗皆苦矣。

《類篇》：「杭越之間謂魚腸爲鮰。」《齊民要術》造鱁鮧法：「取石首、魦魚、鯔魚三種腸合之。」《集韻》：「鱁鮧，鹽藏魚腸也。」

○魚腦羹

取青魚或包頭魚頭中肉及腦，用雞湯、火腿、冬筍作羹，絶妙。惟魚肉要拆得細，理得浄，不雜一絲腥穢才好。

校勘記

〔一〕「蒸好爲度」，隨園食單作「玉色爲度」。

水族無鱗單

魚無鱗者，其腥加倍，須加意烹飪，以薑、桂勝之。作《水族無鱗單》。

湯鰻

鰻魚最忌出骨，因此物性本腥重，不可過於擺弄，失其天真，猶鰣魚之不可去鱗也。清煨者，以河鰻一條，洗去滑涎，斬寸爲段，入磁罐中，用酒水煨爛，下秋油起鍋，加冬腌新芥菜作湯，重用葱、薑之類，以殺其腥。常熟顧比部家，用茭粉、山藥乾煨，亦妙。或加作料，直置盤中蒸之，不用水。家致華分司蒸鰻最佳。秋油、酒四六兑，務使湯浮於本身。起籠時，尤要恰好，遲則皮皺味失。

《廣雅》：「鰻，鰊魚也。」《集韻》：「鰊鰻，鰊魚也。」鰊，《字林》作𩸂。《玉篇》：「鱺魚，似蛇，無鱗甲，其氣辟蠹蟲也。」《廣雅》：「鱺，鮦也。」《類篇》：「鱺，小鮦也。」

《本草》：「鰻，鱺魚。」陶隱居云：「能緣樹，能藤花，形似鱓。」《正字通》：「孟詵曰：『歙州溪中，一種背有五色文，頭似蝮蛇，入藥。』今曰白鱓，别於黄鱓也。一名蛇魚。」

《埤雅》：「有雄無雌，以形漫於鱧魚，而生子皆附鱧之鬣鬐而生，故謂之鰻鱺也。一曰，鮎亦産鰻。蓋其乳三分之二爲鮎，一爲鰻也。」

《正字通》：「乾者，風鰻。」

《譜》曰：「甘，温。補虚損，殺勞蟲，療瘰癧瘍、瘻瘡，袪風濕。湖地産者勝，肥大者佳。蒸食頗益人，亦可和麵。苗亦甚美，名曰鰻綫。然其形似蛇，故功用相近，多食助熱發病。孕婦及時病忌之。且其性善鑽，能入死人死畜腹中，啖其膏血。不但水行昂首，白點黑斑，四目無腮，尾扁過大者，始爲毒物也，尊生者慎之。産海中者，形大性同，名狗頭鰻。多腌爲臘，瘡痔家宜食之，餘病并忌。」

犀曰：山西無鰻，惟襄陵縣有之。每一條價值數金，大官供帳多用此品。其致遠者，則以竹筒一個，置鰻一條，以麻油浸之，封固筒口，驛卒背之，星夜馳送。往往一席所需，有至數十金者，爲上官者不可不知。外祖吳尚書自滇南告歸，僑居西安，復從太原，過襄陵境，邑令具饌，有饅食而美，客有贊賞者。他日，外祖謂予與諸表弟曰：「凡沿途供應，好者不可贊，劣者不可批。蓋州縣家人環伺户外，我輩席上一言，伊等即傳至下站，承望風旨，弊不勝言。汝曹他日若食人供帳，當以閟吃爲法。」今則言猶在耳，墓木已拱，因謹志之。

紅煨鰻

鰻魚用酒、水煨爛，加甜醬代秋油，入鍋收湯煨乾，加茴香、大料起鍋。有三病宜戒者：一皮有皺紋，皮便不酥；一肉散碗中，箸夾不起；一早下鹽豉，入口不化。揚州朱分司家製之最精。大抵紅煨者，以乾爲貴，使鹵味收入鰻肉中。

犀曰：鰻必先蒸熟，然後下鍋，加作料，則病可免，紅煨者尤宜用豬油、蒜頭。

炸鰻

擇鰻魚大者，去首尾，寸斷之。先用麻油炸熟，取起。另將鮮蒿菜嫩尖入鍋中，仍用原油炒透，即以鰻魚平鋪菜上，加作料煨一炷香。蒿菜分量，較魚減半。

犀曰：鰻、鱔、鱉三者，俗謂之「無鱗魚」，不食者尤甚多，以爲食之罪過。不知魚之無鱗有鱗，於人何與？吾恐戒此三物者，其人若至森羅殿上，必被有鱗魚呼冤索命也。

生炒甲魚

將甲魚去骨，用麻油炮炒之，加秋油一杯、雞汁一杯。此真定魏太守家法也。

《古今注》：「鱉，一名河伯從事，一名河伯使者。」《華夷鳥獸考》：「一名神守。」《博物志》：「鱉臛數食可長髮。」《鞅山録》：「煮鱉以蚊。」《事物原始》：「一名甲魚，隔津而望卵。」王十朋賦云：「跛足從事。」《事物紺珠》：「名黑龍衣。」《溪蠻叢笑》：「沙鱉，如馬蹄者佳。」《易注》：「九肋者勝。」《清異録》：「韋巨源家有偏地錦裝鱉。羊脂鴨卵脂副。謝諷《食經》有金丸玉菜臛鱉。」

《譜》曰：「一名團魚。甘，平。滋肝腎之陰，清虚勞之熱。主脱肛、崩帶、瘰癧、症瘕。以湖池所産、背黑而光澤、重約斤許者良。宜蒸煮食之，或但飲其汁則益人。多食滯脾，且鱉之陽，聚於上甲，久嗜令人患發背。孕婦及中虚、寒濕、内盛、時邪未净者，切忌之。又忌與莧同食。回回不食鱓鱉，謂之無鱗魚。凡鱉之三足者、赤腹者、赤足者、獨目者、頭足不縮者、其目四陷者、腹下有王字卜字文者、過大者、在山上者、有蛇文者，并有毒殺人。或云：薄荷煮鱉亦害人。其殼入藥，亦不可作丸散服。」

醬炒甲魚

將甲魚煮半熟，去骨，起油鍋炮炒，加醬、水、葱、椒，收湯成滷，然後起鍋。此杭州法也。

《齊民要術》：「作鱉臛法：鱉且完全煮，去甲藏。羊肉一斤，葱三升，豉五合，粳米半合，薑五兩，木蘭一寸，酒二升，煮鱉。鹽、苦酒，口調其味也。」

帶骨甲魚

要一個半斤重者，斬四塊，加脂油二兩，起油鍋煎兩面黃，加水、秋油、酒煨，先武火，後文火，至八分熟加蒜，起鍋用葱、薑、糖。甲魚宜小不宜大，俗號「童子甲魚」才嫩。

犀曰：童子甲魚，即金錢鱉也。鱉當三四月曰「櫻桃鱉」最佳，次則「莧菜鱉」，至六月爲「蚊子鱉」，則風斯下矣。

青鹽甲魚

斬四塊，起油鍋炮透。每甲魚一斤，用酒四兩、大茴香三錢、鹽一錢半，煨至半好，下脂油二兩。切小豆塊再煨，加蒜頭、筍尖，起時用葱、椒，或用秋油，則不用鹽。此蘇州唐靜涵家法。甲魚大則老，小則腥，須買其中樣者。

湯煨甲魚

將甲魚白煮，去骨拆碎，用雞湯、秋油、酒煨。湯二碗，收至一碗，起鍋，用葱、椒、薑末糝之。吴竹嶼製之最佳。微用芡，才得湯膩。

全殼甲魚

山東楊參將家，製甲魚去首尾，取肉及裙，加作料煨好，仍以原殼覆之。每宴客，一客之前以小盤獻一甲魚。見者悚然，猶慮其動。惜未傳其法。

犀曰：杭俗婚筵禁用甲魚，以形似龜也。蘇俗多用之，則以號爲「圓菜」也。各圓其説，均有義。有富人下鄉探親，其親預知其來，煮肉伺之，既而愆期，越數日始至，而肉已生蛆矣。咄嗟不及另辦，即以蛆肉進富人，食而美。見肉中蠕蠕者不知其爲蛆也。問此何名，主人慚不能答，但曰：「笑話，笑話。」富人歸，命庖人覓「笑話」，不得，乃大怒。命駕攜庖人，下鄉將往詢焉。忽於路見死鱉，蛆滿其腹，則大喜，下輿指示庖人曰：「此非一肚皮笑話乎！」此雖爲善笑話者言，然亦可見爲富人者，往往不知美惡有如是也。

鱔絲羹

鱔魚煮半熟，劃絲去骨，加酒、秋油煨之，微用芡粉，用真金菜當即金針菜**、冬瓜、長葱爲羹。南京厨者輒製鱔爲炭，殊不可解。**鱔絲，以生劃爲佳，煮熟何爲？豈其太忍耶！

《玉篇》：「䱇魚似蛇，又作鱓。」《類篇》：「蛇鱓，黃質黑文。」《爾雅翼》：「鱓，似蛇，無鱗，體有涎沫，夏月於淺水作窟。」

《本草圖經》：「鱓，似鰻鯬而細長，亦似蛇而無鱗，有青、黃二色，生水岸泥窟中。」《異苑》：「死人血所化。」

《後漢書·楊震傳》：「有冠雀銜三鱣魚，飛集講堂前，都講取魚進曰：『蛇鱣者，卿大夫之服象也。』」注：「《續漢書》、謝承《書》皆作鱓，則鱣、鱓古字通也。」

《物類相感志》：「陶弘景曰：芹根變。」《山堂肆考》：「鱓，頭昂起寸許者，不可食，名昂頭鱓。」

《清異録》：「京洛白鱔極佳，烹治四方罕有得法者。周朝寺人楊承禄造脱骨，獨爲魁冠，禁中時亦宣索承禄進之。文其名曰『軟釘雪龍』。」今北人稱鰻爲白鱔，鱔爲黃鱔。《清異録》所載不審爲鰻爲鱔，姑俟考。

《顔氏家訓》：「江陵劉氏以賣鱓羹爲業。」

《譜》曰：「甘，熱。補虚助力，善去風寒、濕痹，通血脈，利筋骨。治産後虚羸，愈臁瘡、痔、瘻。肥大腹黃者勝，宜與豬脂同煨。多食動風發疥，患霍亂損人。時病前後、瘧、疸、脹滿諸病均大忌。黑者有毒。更有蛇變者，項下有白點，夜以火照之，則通身浮水上，或過大者，皆有毒，不可不慎也。」

犀曰：鱔宜食背，非鰣魚之食肚、甲魚之食裙比也。除段鱔外，自當以純背爲佳。

炒鱔絲

拆鱔絲，炒之略焦，如炒肉絲之法，不可用水。犀曰：吴人作鱔，必先灼枯，再炒或燴，惡劣極矣。若吾杭之素麵店，賣者惟青葱段、薑片、胡椒三者，而味之鮮潔，逾於尋常。惜亂後無繼其業者。近日杜子橋小麵肆中，以劃絲擅長，旋亦閑歇。清江有全鱔法，可與全羊相匹。

段鱔

切鱔以寸爲段，照煨鰻法煨之。或先用油灸，使堅，再以冬瓜、鮮筍、香蕈作配，微用醬水，重用薑汁。周處《風土記》：「陽羨俗，五月以薤蒸䱇魚食。凡䱇魚，夏出冬蟄，亦以將陽氣和時節也。」

蝦圓

蝦圓照魚圓法。雞湯煨之，乾炒亦可。大概捶蝦時不宜過細，恐失真味。魚圓亦然。魚圓豈可不細，要在細而不實耳。**或竟剥奪蝦肉以紫菜拌之，亦佳。**此即吾杭生蝦法也。

《嶺表録異》：「蝦多，歲荒。一名沙虹。小者如鼠婦，大者如螻蛄。」《老學庵筆記》：「吴人謂杜宇爲謝豹。杜宇初啼得蝦，亦曰謝豹。」《事物紺珠》：「名長鬚公，又虎頭公、曲身小子。」《清異録》：「韋巨源家光明蝦炙。」生蝦則可用。

《爾雅翼》：「梅蝦，梅雨時有之。蘆蝦，青色，相傳蘆葦所變。白蝦、青蝦各以其色。泥蝦相傳稻花變成，多在田泥中，一名苗蝦。又海中有蝦姑，狀如蜈蚣，名管蝦。」

《正字通》：「今閩中有五色蝦，兩兩干之，謂之對蝦，或曰以雌雄爲對。」祝允明《野記》言：「公牒列海味名，有强蝦、水精蝦、𧍯白蝦、紅送蝦、蝶肚蝦。」

《侯鯖録》：「蝦，狀如蜈蚣，而護盾者名蝦公。小而緊身無肉者，曰蝦狗。」

《泉州志》：「蝦有長一二尺者，名龍蝦，肉實有味，殻如船燈挂佛前。」

《五雜組》：「龍蝦大者重二十餘斤，鬚三尺餘，可爲杖。」

《譜》曰：「甘，温。微毒。通督壯陽，吐風痰，下乳汁，補胃氣，拓痘瘡，消鱉瘕敷丹毒。多食發風動疾，生食尤甚，病人忌之。海蝦性味相同，大小不一，産東洋者尤佳。」

屖曰：龍蝦，閩粤有之。閱周櫟園《閩小記》云：「始見龍蝦，畏不敢食，及在他處誤食之，覺其甚美，遂不可禁。」然則海蝦之美可知。又聞之外舅云：「粤東尋常之蝦，亦較江浙爲美。」山西無蝦，每冬月自津門來者，或以冰結成，否則用麻油浸之，比至，肉已帶紅色，而官場争相購買，以爲珍品。一器非千文不辦，食之者亦復嘖嘖歎賞，以爲俊物也。

蝦餅

以蝦搥爛，團而煎之，即爲蝦餅。

屖曰：或以網油卷而灼之，即爲蝦卷。或以二冬菇上下合而蒸之，即爲冬菇盒子。

醉蝦

帶殼用酒炙黄，撈起，加清醬、米醋煨之，用碗悶之。臨食，放盤中，其殼俱酥。

屖曰：杭俗食醉蝦，以活爲貴。故用活蝦放盤中，用碗蓋住，臨食，始下醬油、酒、葱、花椒等，甚至满盘跳跃，捉而啖之，以爲快。予以爲此法非惟太忍，亦且未曾入味，不若少候須臾。若必炙令殼黄，則太過矣。

炒蝦

炒蝦，照炒魚法，可用韭配。或加冬腌芥菜，則不可用韭矣。有捶扁其尾單炒者，亦覺新異。

犀曰：去頭而留後半殼者，謂之「鳳尾蝦」。去殼者，爲蝦仁，以芡拌匀下鍋，熟即起，以色不變爲止。或加韭芽、筍丁亦可。如火腿、香蕈等以不用爲妙。

蟹

蟹，宜獨食，不宜搭配他物。最好以淡鹽湯煮熟，自剥自食爲妙。蒸者味雖全，而失之太淡。

《説文》：「蟹有二螯八足，旁行，非蛇鱓之穴無所庇。」

傅肱《蟹譜》：「以其外骨則曰介蟲。取其横行，目爲螃蟹焉。鶻眼、蜩腹、蛣腦、鱟足，其爪類拳丁，其螯類執鉞連跪，又皆外刺，性復多躁。或編諸繩縷，或投諸筌篰，則引聲噀沫必死。方已類皆鰌育胤。生於濟、鄆者，其色紺紫。生於江浙者，其色青白。」

《埤雅》：「蟹旁行，故謂之螃蟹。八月腹内有芒針，稻芒也。」《廣雅》：「蛫也，雄曰蜋螘，雌曰博帶。」

《蟹譜》：「秀州華亭縣出於三泖者佳，故呼爲泖蟹。天聖末生白蟹，止一年而種絶。明越溪澗石穴中亦出小蟹，色赤而堅，曰石蟹，與出伊、洛者無異。口圓多腴而奪之聱，臍長多足，而與蝦共，其生於盛夏者，無遺穗以自充，俗呼爲蘆根蟹。瘠小而味腥，至八月則蜕形，已蜕而浸大，秋冬之交，稻、果已足，各腹送走江，俗呼爲藥蟹。」

《清異録》：「僞德昌宮使劉承勳嗜蟹，取圓殼，親友有言：『古重二螯。』劉曰：『十萬百八敵不過一個黄大。』又，盧絳弟純，以蟹肉爲一品膏，嘗曰：『四方之味，當許含黄伯爲第一。』後因食螯傷舌，絳自是戲爲筴舌蟲。」

《蟹譜》：「出師下寨之際，忽見蟹，則曰：『横行介士，以權安衆。』」

《譜》曰：「甘，鹹，寒。補骨髓，利肢節，續絶傷，滋肝陰，充胃液，養筋活血。治疽愈痎，療跌打、骨折、筋斷諸傷。解鱓魚、莨菪、漆毒。殼主辟邪破血，爪可催産、墮胎。種類甚繁，名號不一，以吳江、烏程、秀水、嘉興、海昌等處河中所産霜後大而脂滿者勝。和以薑、醋，風味絶倫。多食發風、積冷。孕婦及中氣虚寒，時感未清，痰嗽便瀉者，均忌之。別種尤寒，更不益人。中其毒者，紫蘇、冬瓜、蘆根、蒜汁皆可解之。反荆芥，又忌同柿食。誤犯，則腹痛、吐痢，以丁香、木香解之。」

犀曰：「食蟹之妙，厥有數端，他物所不及也，蓋肴饌之中，濃淡各異，清濁不同，往往一席佳肴不能色色皆善，蟹則油黃螯股，味各不同，有如一體之中，衆肴俱備，此其妙一也。又盛饌享客，雖極其豐，而庖人烹飪不良，則雖海錯山珍，變歸吐棄。蟹則只須買得好，煮得透，便成妙品，無待推敲，此其妙二也。又若豪富之家，動以暴殄爲務，貧士請客，時形寒儉。蟹則唯用白水一鍋，薑醋一碟，富家無所用其暴殄，貧士不致形其寒儉，此其妙三也。若倉促客來，殺雞爲黍，頗費手脚。蟹則只求買得到，一煮便吃，咄嗟可辦，此其妙四也。至於一二知己，斗室清談，無肴究屬寂寞，有肴便覺費事，而且一臠之嘗，久而生厭。蟹則不須兼味，歷久不疲，此其妙五也。至若剥爲羹，下爲麵，裹爲饅頭，包爲燒賣，各從其便，無往不宜，則又蟹之餘事矣。蟹究以蒸食爲上，然先大夫素不蒸食，即隨園所謂「使之死可也，使之求死不得，不可也」之意。曩在忻州時，省中送蟹至，書吏輩見而奇之，因予以一隻，持去傳觀，許久而復歸之，蓋懼不敢食也。遇家人輩聚食，則環而觀之，嘖嘖稱爲奇事云。

蟹羹

剥蟹爲羹，即用原湯煨之，不加雞汁，獨用爲妙。見俗厨從中加鴨舌，或魚翅，或海參者，徒奪其味而惹其腥惡，劣極矣！

犀曰：白水煮蟹，非原湯也，不加雞汁，獨用此湯，便是腥水，煮蟹有何意味？大抵剥蟹時，須用開水一碗，隨剥隨滌，則殼内鮮味、油汁皆入湯中，方可串入。然必須用雞肉、火腿等湯方可得味。否則如大將臨陣，不帶一兵，必難乎取勝矣。鴨舌、海參固不相類，魚翅未爲不可，謂之惡劣過矣。又聞馮聽濤太史言，以江瑶柱攙之尤佳，當試之。

炒蟹粉

以現剥現炒之蟹爲佳。過兩個時辰，則肉乾而味失。

《事物紺珠》：「蟹膾同鱘鮓，作酒浴。」按：吴人炒蟹，多用班魚爲配，與此適類。

犀曰：或用芡熗乾者謂之「蟹腐」，或用白菜炒頗佳。天津酒館賣蟹分類，欲食黄則純黄，欲食螯則純螯，此法最便，他處所無。

剥殼蒸蟹

將蟹剥殼，取肉，取黄，仍置殼中，放五六隻在生雞蛋上蒸之。上桌時完然一蟹，惟去爪脚，比炒蟹粉覺有新色。楊蘭坡明府以南瓜肉拌蟹，頗奇。

犀曰：一法以□□蒸蟹，則殼軟如綿，可隨手揭盡，而肉完好如一蟹，此法既近穿鑿，必且傷味。

蛤蜊

剥蛤蜊肉，加韭菜炒之佳。炒蛤蜊必須帶殼，剥之未有不老者。**或爲湯亦可。**爲湯則生剖之，即以其殼中水入湯尤鮮，肉宜後下。**起遲便枯。**

《本草》汪機曰：「蛤蜊，白殼紫唇。大二三寸者，閩浙以其肉充海錯，作醬醯。」

《正字通》：「《淮南·道應訓》：『方卷龜殼而食蛤梨。』《三國志·法正傳》引作合梨。蜊，通作梨。從《本草》作蛤蜊爲正。」又《六書略》：「蛤蜊，海蚌也。」

《續見聞近録》：「京師舊未嘗食蜆蛤，自錢司空始，又以蛤蜊爲醬。於是海錯悉臨，以走四方。」《清異録》：「韋巨源家有冷蟾兒羹。」冷蛤蜊《夢溪筆談》：「北方人喜用麻油煮物。慶曆中，群學士會於玉堂，置生蛤蜊一簣，令饔人烹之，久而不至，問之，則云：『焦矣！而尚未熟。』座客皆大笑。」

《説文》：「蛤有三，皆生於海。蛤厲，千歲雀所化，秦人謂之牡厲。海蛤者，百歲燕所化也。魁蛤，一名復累者，服異所化。又曰蜃，階也。脩爲蜃，圓爲蠇。」階，《歆會》引作「蜌也」。《六書故》引作「蜌。」《字林》：「蜌，小蛤也。」

《興化志》：「有空豸朗晃，即圓蛤，形厚唇黑。閩中有銅丁圓蛤，亦其類。」《本草拾遺》：「擔羅蛤類。」《正字通》：「扁而有毛，如淡菜者，新羅所出。」

《本草綱目》：「文蛤，生東海，表有文，小大皆有紫斑。今出萊州海中。三月中旬采，大者圓三寸，小者圓五六分。」沈存中《筆談》云：「即今吳人所食花蛤也。」閩中花蛤，皆五六分者，蓋有赤文，味與蛤相似。

《譜》曰：「甘，鹹。寒。清熱解酒，止消渴，化癖除症。多食助濕生熱。」

犀曰：蛤蜊用酒、醬、油醉食，如蚶法亦妙。浙之上虞、吴之通海、閩之福州諸處，則通年有之。杭人蒸鯽魚，或放蛤蜊數枚於上，然不若單食之爲妙也。

蚶

蚶有三吃法。用熱水噴之，半熟去蓋，加酒、秋油醉之。或用雞湯滚熟，去蓋入湯。或全去其蓋，作羹亦可。但宜速起，遲則肉枯。蚶出奉化縣，品在蟶蠏、蛤蜊之上。

《爾雅》「魁陸」，郭注：「《本草》云：魁狀如海蛤，而圓厚，外有理縱横，即今之蚶也。」《釋文》云：「字書云：『蚶，蛤也，出會稽，可食。』」《玉篇》：「蛙，魁蛙也。」《六書故》：「蚶似蛤而厚殼，殼文鱗次，差似瓦屋，俗亦謂瓦屋也。亦謂魁陸。」

《嶺表録異》：「瓦屋子，南人呼空慈子。殼中有肉，紫色而滿腹。廣人重其肉，炙以葱酒，呼爲天臠，亦謂之蜜丁。」陶隱居云：「形似蚄，輕小狹長，外有縱横文理，云是老蝠所化。」

《臨海異物志》：「蚶之大者徑四寸，肉味佳。今浙東以近海田種之，謂之蚶田。」《後山叢談》：「蚶子益血。蓋蛤屬惟蚶有血。」《藝苑巵言》：「海味寧波酒蚶最佳。」《泉南雜志》：「蚶大而肥，鮮美特異。」《雜俎》云：「鼎俎之味有蚶醬。」《本草綱目》：「名瓦壟子，又名伏老。」《食品》有「蚶醬法」。

《齊民要術》：「炙蚶：鐵鍋上炙之。汁出，以半殼，以小銅柈奠之。大，奠六；小，奠八。仰奠，別奠酢隨之。」

《譜》曰：「甘，温。補血，潤藏生津，健胃暖腰。息風解毒，治泄痢膿血、痿痹不仁。産奉化者佳。可炙，可酢，多食壅氣，濕熱盛者忌之。」

犀曰：或將蚶生置手爐，烘熱剖食之，尤得真味。彭仁甫茂才嘗於枕畔置爐，一夕可啖斤許。或以蚶七枚，沖酒服，久食益心血。閩中有珠蚶，似蚶而小，味絶佳。

蛼螯

先將五花肉切片，用作料悶爛。將蛼螯洗淨，麻油炒，仍將肉片連滷烹之。秋油要重些，方得有味，加豆腐亦可。蛼螯從揚州來，慮壞則取殼中肉，置豬油中，可以遠行。有曬爲乾者，亦佳。入雞湯烹之，味在蟶乾之上。捶爛蛼螯作餅，如蝦餅樣，

煎喫加作料亦佳。蚌螯性堅，故可煮肉及豆腐。此物，揚州之以下麵極佳。

《本草》陳藏器曰：「蚌螯生海中，是大蛤，即蜃也。」《正字通》：「蚌螯，海蛤也。殼色紫，有班點，肉可食，俗訛爲昌娥。」《臨海水土記》：「似蚌螯，而角不正者曰移，角殼薄者曰姑勞，小者曰羊蹄，出羅江。」

《本草綱目》：「其殼色紫，璀粲如玉，斑點如花，海人以火炙開，取肉食之。」

《齊民要術》：「炙蚌螯，炙如蠣。汁出，去半殼，去屎，三肉一殼。與薑、橘屑，重炙令暖。仰奠四，酢隨之。勿太熱則肕。」

犀曰：王氏《飲食譜》以西施舌與蚌螯合爲一物，似與諸書未協，故所譜不録於此。

程澤弓蟶乾

程澤弓商人家製蟶乾，用冷水泡一日，滚水煮兩日，撤湯五次。一寸之乾，發開有二寸，如鮮蟶一般，攙入雞湯煨之。揚州人學之，俱不能及。

《正字通》：「蟶，小蚌。生海泥中，長二三寸，大如指，似蝛蜆。閩粵人以田種之，謂之蟶田，呼其肉爲蟶腸。」

《山堂肆考》：「蟶，穴居，似馬刀，而殼薄，其性甚寒，能消渴。」

《藝苑卮言》：「海味龜脚，蟶次之。」

《本草》陳藏器曰：「生海泥中，長二三寸，大如指，兩頭開。」李時珍曰：「蟶，乃海中小蚌也，其形大小長短不一，與江湖中馬刀、蝛蜼相似，其類甚多。」

犀曰：食蟶乾如老妓接客，風流盡矣，而習氣猶存，可笑也。

鮮蟶

烹蟶法與蛼螯同。單炒亦可。何春巢家蟶湯豆腐之妙，竟成絕品。

犀曰：蟶亦宜醉，與蛤蜊同。吾杭酒肆有之，價廉工省，妙物也。閩中蟶極肥。生時養水中，則舌與足各吐寸許，熗之極佳。

水雞

水雞，去身，用腿，先用油灼之，加秋油、甜酒、瓜、薑起鍋。或拆肉炒之，味與雞相似。

《本草》：「蛙，似蝦蟆，背青緑色，尖咀細腹，長股善躍。一名螻蝦，俗名田雞，又名水雞，又名土鴨。又陶弘景曰：『一種黑色者，南人名蛤子。食之至美。』李時珍曰：『南人呼爲田雞，云肉味似雞也。又曰坐魚，其性好坐也。』」按《爾雅》蟾、蛙皆列魚類，而《東方朔傳》云：「長安水多蛙魚，得以家給人足。」則古昔關中已常食之如魚，不獨南人也。」又曰：「四月食之最美。」《周禮·蟈氏》鄭注：「蟈，即今御所食蛙也。」《嶺表録異》：「嶺表呼蝦蟆爲蛤。」韓愈詩：「蛤即是蝦蟆，同實浪異名。」《清異録》：「韋巨源家有雪嬰兒。」治蛙豆莢貼。《南楚新聞》：「南粤人喜食蝦蟆，投於沸湯，即躍出，其皮自脱。有一叟曰：『切不可脱去錦襖子，其味絶珍。』聞者莫不大笑。又百越人，凡有筵會，斯爲上品。先於釜中置水，次下小芋煎之，俟湯沸如魚眼，即下其蛙，乃一捧芋而熟，呼爲『抱芋羹』。」

《譜》曰：「甘，寒。清熱行水，殺蟲解毒，愈瘡，消痔，已痔。多食助濕生熱。且肖人形而殺之甚慘，孕婦甚忌。其骨食之，患淋。」殺蛙，必自抱其頭，其形固可慘，然生命無大小，殺之未有不慘者，此言非通論也。

犀曰：水雞鮮嫩，作湯最妙。其肝極鮮，單炒尤佳。俗傳蛙爲人精委地而化，故具人形。而談因果者，又以爲食之罪過，果報籍籍。不知《周禮》蟈氏掌除蛙黽之屬，乃先王務欲除之，而今人務欲戒之，未知何據。或曰蛙有守稻之功，故不宜食。

○鮎　魚以下補入

鮎魚，南人之賤品，北人常用之。山西之大燒鮎魚，則且貴之矣。

《爾雅》「鰋鮎」，孫炎曰：「鰋，一名鮎。」《廣雅》：「鮷，鮎也，字或作鮧，又作鯷。」《類篇》：「鮧魚，名鮎也。江東語。」戴侗曰：「鮎魚無鱗，哆口，豕頰，長鬚，多刺，江東謂之鮧。其大者謂之吴，言其侈口也。」

《爾雅翼》：「鮧魚偃額，兩目上陳，口方，頭大，尾小，身滑無鱗。謂之鮎魚，言粘滑也。一名鯷魚。善登竹，以口銜葉而躍於竹上。大抵能登高，其有水堰處，輒自下騰上，愈高遠而未止。諺曰『鮎魚上竹』，謂是故也。」

《本草》陶弘景曰：「此是鯷也。今人皆呼慈音，即是鮎魚，作臛食之補。又有鱯似鯷而大，鮠似鯷而色黄，人魚似鮎而有四足。」保昇曰：「口腹俱大者，名鱯。背青口小者，名鮎。口小背黄腹白者，名鮠。一名河豘。」時珍曰：「此二説俱欠詳核。

鮎乃無鱗之魚，大首偃額，大口大腹，鮠身鱧尾，有齒、有胃、有鬚。生流水者，色青白；生止水者，色青黄。大者亦至三四十斤，俱是大口大腹，并無口小者。鱯，即今之鮰魚，似鮎，而口在頷下，尾有歧，南人方音轉爲『鮠』也。今釐正之。凡食鮎、鮠，先割翅，下懸之，則涎自流盡，不粘滑也。」

《説文》：「鰋，又作鮟。」《山海經》：「又名鯑。」《玉篇》：「鱯，似鮎而大。」《説文》：「魾，大鱯也，其小者名鮡。」《廣韻》：「鰈魚似鮎也。」《廣雅》：「鮖，鰈也，大鰈謂之鱯。」《説文》：「鱧，鱯也。」唐注《本草》：「冉蛇似鱧魚，或言鱧魚變爲之也。」

《本草》李時珍曰：「北人呼鱯，南人呼鮠，并與鮰音相近。邇來通稱鮰魚，而鱯、鮠之名不彰矣。鰈，又鱯音之轉也，秦人以其發癩，呼爲鱱魚。生江淮間亦鱘屬也。身鬐俱似鱘狀，惟鼻短爾，口亦在頷下，骨不柔脆，似鮎魚，背有肉鬐。鮠又作鮀。」《齊民要術》有鮀臛湯法。餘見前《河豚魚》下。

〇黄刺魚

黄刺魚，魚黄有鬚，味不佳，春日有之。杭俗，小兒出痘時，則令乳之者食之，所以助髮也。士夫食品中，罕有用者。

《玉篇》：「鱨，黄鱨魚。」陸璣《詩疏》：「鱨，一名揚。今黄頰，似燕頭魚，身形厚而長大，頰骨正黄，魚之大而有力，解飛者，尾微黄，大者長尺七八寸。」

陳啟源曰：「孟詵《食療本草》有黄顙魚，即《魚麗》之鱨也，亦名黄頰魚，又名黄鱨魚。無鱗，而色黄，群游作聲軋軋，故又名鉠𩵚，又名黄軋。陸元恪以爲名黄揚也。」

《埤雅》：「性厚，而善飛躍。此魚膽春夏近下，秋冬近上。」《本草》李時珍曰：「身尾俱似小鮎，腹下黄，背上青黄，腮下有兩横骨，兩鬚，有胃，群游軋軋，性最難死。」

《譜》曰：「黄顙魚，俗呼黄刺魚。甘，温。微毒。行水祛風，發痘瘡，反荆芥。」

犀曰：按《山海經》「減水多鱤魚」，注：「一名黄頰。」《集韻》：「魠也，或省作鱤。」《本草》李時珍曰：「鱤魚，生江湖中，體似鯮而腹平，頭似鯇而口大，頰似鮎而色黄，鱗似鱒而稍細。大者三四十斤，啖魚，最毒。一名鮨魚。又名鰥。鮨，䱗鯮也。吞䱗同類，力敢而䱗物者也。其性獨行，故曰鰥。」《譜》：「鱤魚即鰥魚，一名黄頰魚。甘，温。暖胃，與鱒略同。」據此，則黄頰魚自有兩種，故詳辨之。又時珍曰：「《異苑》云：『諸魚欲産，鮨以頭衝其腹，世謂之衆魚生母。』」然諸魚生子，必雄魚衝其腹，仍尿白，以蓋其子，不必盡是鮨魚也。

○鍋蓋魚

形如鍋蓋，出於海濱，今製以爲鮝。

《酉陽雜俎》：「黄魟魚，色黄，無鱗，頭尖，似大槲葉，口在頷下，眼後有耳，竅通於腦，尾長一尺，末三刺甚毒。」《六書故》：「狀如蝙蝠，大者如車輪。」《興化府志》：「頭圓秀如燕，其身圓扁如簸。如牛尾，極毒，能螫人，有中之者，連日呼號不止。以其首似燕，故名燕魟。以其尾言，故又名牛尾魚。福州人食味重此。」

《雨航雜録》：「最大者曰鮫，其次曰錦魟，曰黄魟，曰斑魟，曰牛魟，曰虎魟。

魟，或作䱟。《文選》所謂鱝魚也。大抵諸魚皆熱，而此魚尤熱，不可常餐。」《事物原始》：「尾稍有一骨，長二三寸。人被其一刺，急煮魚，扈竹及海獺皮可解；二刺者困甚；三刺者死。其脂可然燈。」《山堂肆考》：「形如覆蓋，故俗謂之鍋蓋魚。」

《本草》：「海鷂魚，一曰邵陽魚，一曰荷魚，一曰鯆魮魚，一曰蕃蹹魚，一曰石礪。」陳藏器曰：「生東海，形似鷂，有肉翅，能飛上石頭，齒如石版，尾有大毒，逢物以尾拔而食之。」李時珍曰：「海中頗多，江湖亦時有之，狀如盤及荷葉大者，圍七八尺，無足，無鱗，背青腹白，口在腹下，目在額上，尾長有節，螫不甚毒。皮色、肉味俱同鮎魚，肉内皆骨，節節聯比，脆軟可食。吴人臘之。」《魏武食制》云：「蕃蹹魚，大者如箕，尾長數尺，是矣。」《嶺表録異》云：「雞子魚，嘴形如鷂，肉翅，無鱗，色類如魚，尾尖而長，有風濤，即乘風飛於海上。此亦海鷂之類也。」

《譜》曰：「鱝魚，一名荷魚，俗名鍋蓋魚。甘，鹹，平。尾有毒。主玉莖澀痛、白濁膏淋。性不益人，亦可作鮝。」

犀曰：鍋蓋魚，寧紹有之，吾杭間有鮝焉。余不食鮝，未知此味，姑附於此。

○蚌　肉

蚌，俗名「水菜」，與肉同煨，極鮮。然須搥爛其邊，方可入鍋，否則堅韌異常。其大小不等，閩有大如香橼者，切片炒食甚佳，與水菜不同。其小者尤珍，即所謂「西施舌」也。色微紅而鮮脆，彼人以爲上品，每一器中不過數片，餘則以大者充數而已。

《爾雅》：「蚌，含漿。」注：「即蜃也。」《本草》：「蚌類甚繁，今處處江湖中有之，惟洞庭、漢、沔獨多。大者長七寸，狀如牡蠣輩。小者長三四寸，狀如石決明輩。其肉可食。」

馬刀，《本草》李時珍曰：「俗稱大爲馬，其形象刀，故名。曰蛤，曰庲，皆蚌字之音轉也。」《說文》云：「圓者曰蠣，長者曰䗬。江漢人呼爲單姥，汴人呼爲忭岸。」吳普《本草》言：「馬刀即齊蛤。」陶曰：「李當之言，生江漢，長六七寸，食其肉似蚌。今人不識，大抵似今蝏蛢。」韓寶昇曰：「生江湖中，細長，小蚌也，長三四寸，闊五六分。」陳藏器曰：「齊蛤生海中，狀如蛤，兩頭尖小，海人食之。」

《事物原始》：「馬刀，一名馬蛤，生江海中，長六七寸，今人多不識之，似今之蟳蛢。京師謂烸岸，河中呼爲蝛蜌。大抵蛤、蚌、蜆皆相類也。又一種名游波，極類黃蛤，其黃蛤殼色總黃，細小而長，狀如小蚌，人欲覓之，鋤於泥塗之中。其味極美，不能多得。鄞、慈二縣無此不款上賓。」段成式《食品》有「糖顇蜌子法」。

蝛蜌，《本草》藏器曰：「蝛蜌，出東海，似蛤而扁，有毛。」宗奭曰：「順安軍界河中有之，與馬刀相似，肉頗冷人，以作鮓食，不堪致遠。」

《廣雅》：「蜃與蜬同。」《說文》：「蜬，蚌也。」鍇曰：「《爾雅》作蜃。」《既夕禮》「蜱醢。」注：「蜱，蜯也。」《字林》：「蜌，小蛤也。」《玉篇》：「蜌，蚌長者。」《周禮》：「鱉人，祭祀供蜃、蠃蚳。」注云：「鄭司農云：『蜃，蛤也。』杜子春云：『蜃，蜯也』。」

傳按：古書皆以長殼者爲蚌，而《本草綱目》分蚌與馬刀及蝛蜌爲三種，故今亦分列之，以俟考。

《譜》曰：「甘，鹹，寒。清熱滋陰，養肝涼血，息風解酒，明目定狂。崩帶、痔瘡并堪煨食，大者爲勝。多食寒中，外感未清、脾虛、便滑者爲忌。」

○黃蜆

黃蜆帶殼者，以醬、酒、葱、椒炒熟，現剥現吃，薦酒頗佳。若剥殼賣者，則肉乾味盡，爲貧家博葷腥之名耳。

《本草》陳藏器曰：「處處有之，小如蚌，黑色，能候風雨，以殼飛。」李時珍曰：「溪湖中多有之，其類亦多，大小厚薄不一，漁家多食之耳。」《正字通》：「蜆，小蛤，白、黄二種。」《隋書》：「劉臻好啖蜆，以父諱顯，呼蜆爲扁螺。」段成式《食品》有「熟蜆法」。

《海南介語》：「蜆在沙者白黄，在泥者黑，蜆老則肉出小蛾而蜆死，小蛾復散卵水上爲蜆。凡南風霧重則多由蜆，北風霧則否。蓋白蜆之生生於霧，霧味鹹，爲白蜆所生之本。始生時，白蜆之形如霧，自空而下，若有若無，人見以爲霧也，漁人知之，以爲天雨蜆子也。蜆子既成，天暖而肥，寒而瘠。在茭塘、沙灣二郡江水中，積厚至數十百丈，是曰蜆塘，其利頗大。」

《譜》曰：「甘，鹹，寒。清濕熱，治目黄、溺澀、脚氣，洗疔毒、痘癰諸瘡。殼黄而薄者佳。多食發嗽積冷。」

○螺螄

螺螄，製與蜆同，惟子多則不可食。徽州人曬乾，賣者名青螺，可以作羹。閩中有香螺，小而鮮，糟食最佳。

《本草》：「蝸蠃，一名螺螄。生江夏溪水中，小於田螺，上有棱。」時珍曰：「處處湖溪有之，江夏、漢、沔尤多。大如指頭，而殼厚於田螺，惟食泥水。春月，人采置鍋中蒸之，其肉自出，酒烹糟煮食之。清明後，其中有蟲，不堪用矣。」藏器曰：「此物難死，誤入泥壁中數年，猶活也。」《説文》：「蝸，蝸蠃也」。《内則》：「蝸醢而苽食。」《正字通》：「螄俗字，方音呼小螺爲螄。」《爾雅注》：「螺小者名蛳。」《譜》曰：「甘，寒。清熱，功遜田螺。過清明不可食。」

○田　螺

田螺，製與螺螄同。

《本草》陶弘景曰：「田螺，生水田中及湖瀆岸側。形圓，大如梨橘，小如桃李，人煮食之。」保升曰：「狀類蝸牛而尖長，青黃色，春夏采之。」

《山堂肆考》：「田螺形圓，底鋭，大者如梨橘，小者如桃李。其性大寒，秋冬多有水蛭入靨中，須去之，方可食。」

《譜》曰：「甘，寒。清熱，通水利腸，療目赤、黄疸、脚氣、痔瘡。多食寒中，脾虚者忌。性能澄濁，宜蓄水缸。」

○海　螄

海螄，立夏節物也，小於螺螄，以葱薑炒之，肉如翡翠。

《山堂肆考》：「海螄螺，生海塗中。有人見其群變爲虹飛去。或云此螺能高跳丈餘，蓋遷其處。又螺種多，有砑螺、珠螺、棱螺、泥螺即吐鐵、白螺，或生海洋，或生海塗，或生岩石上。」

《華夷鳥獸考》：「殻尖長者曰鑽螺，有刺曰刺螺。又有拳螺、劍螺、斑螺、丁螺。」

《杭州府志》：「海螄，杭俗立夏以爲應時之物，以花椒灑之，以麻油拌食。」

《本草》：「比螺螄身細而長，殻有旋紋六七屈，頭上有靨，頭上蜒起，矴海崖石壁。海人投網於下，一探而取，治以鹽、花椒、桂。」《本草綱目拾遺》：「海螄有大如指、長一二寸許者，名矴頭螺，温台沿海諸郡皆有之。海螄系生海塗中，立夏後，人見其群變爲虻，今人所稱豆娘是也。或云此螺能跳丈許，蓋遷其處。此物又能食蚶，明州奉化多蚶田，皆取苗於海塗種之，久則自大。時田者不時耨視，恐有海螄。蓋不畏他物，惟畏海螄。蚶田中一有此物，蚶無遺種，皆被其吮食盡。玉環出者，大如指，名釘頭螺。」《食物本草》：「頭上有靨，春初蜒起矴海崖石壁，海人一掠而取。治以鹽、酒，搿去尾尖，使之通氣，火候太過，殼肉相粘，吸之不出。」《譜》曰：「鹹，涼。舒鬱，散結熱，消瘰癧。」屖曰：昔聞西北人至杭，杭人餉之，不知食法，入口咬之，殼碎陷齶，血流滿口。與王敦嚼雞卵一類，可一噱也。

○蟛　蜎

蟛蜎，蟹屬也，小如錢，以醬、葱炒之，絶佳。肉細於蟹，而爲物太小，不能淨剔，最爲可恨，每思以作蟹羹法治之，惜無此人功耳。其腌者味遜，用酒醉者差勝於腌。又有出松江者，螯大於身，只能食其螯。

《爾雅》：「蜎蠌，小者蟧。」郭注：「或曰即蟛蜎也，似蟹而小。」《古今注》：「蟛蚏，小蟹也，生海塗中，食土。」

《容齋四筆》：「文登吕生作《蟹圖》，凡十有二種。四曰蟛蜎，微毛，足無毛，以鹽藏而貨於市。十二曰蟛蜞，大於蜎，小於常蟹。」

《北户録》：「有毛者曰蟛蜞，無毛者曰蟛蜎，堪食。俗呼蟛螆，誤耳。」

《蟹譜》：「有同蟛螆差而大而毛，好耕穴田畝中，謂之蟛蜞，毒不可食，多生於陂塘溝港穢雜之地。」

《輟耕録》：「上海、海寧人皆喜食蟛蜞之螯，名曰鸚哥咀，以其色似也。」

《本草》陶弘景曰：「蟛蜞似蟛蜎而大，似蟹而小，不可食。蔡謨初渡江，不識爲蟛蜞，食之幾死。」

○蝦　米

蝦米用處極多，沖湯、炒菜均宜，以性淡者爲上。其極者曰「開陽」，則海蝦爲之。

《本草》李時珍曰：「凡蝦之大者蒸曝去殼，謂之蝦米。食以薑、醋，饌品所珍。」《譜》曰：「蝦，鹽漬暴乾，乃不發病。各式甚夥，厥味甚鮮，開胃、化痰，病人可食。」

○蝦　皮

蝦皮，以小蝦爲之，瘦若無肉，故曰「皮」。而其鮮過於蝦米，滚豆腐，炒辣醬，均宜。

○蝦　乾

蝦乾，帶殼乾蝦也。以自製者爲佳，然不宜入菜，或以之薦酒，最佳。近有店賣東洋蝦米，即蝦乾也。

○鰻綫

鰻綫，紹興有之。鰻過簖時，被簖劃開，刮肉成絲，爲滑涎所凝結，亦能浮游水中，取食極鮮，三江閘下最多。或曰即「鰻苗」也。

○泥鰌

泥鰌，在鰻鱔之間，而有土氣味，極劣。士夫罕有食者。或云甚美。

鰍，《説文》：「一名鰼。」《埤雅》：「今泥鰌也，似鱔而短，無鱗，以涎自染，難握，與魚爲牝牡。」

《通鑒注》：「今江淮湖蕩、河港皆有之。春月，人取食之，甚美。至三月，人不甚食，謂之楊花鰍。」《物類相感志》：「燈心煮鰌甚妙。」《爾雅》孫炎曰：「鰼，尋也。尋習其泥，厭其清水。舊説：守魚以鱉，養魚以鰍。鰌性善擾，令魚利轉。」

《本草圖經》：「似鱔，而腹大，青黄色，云是鮫鼉之類，善攻碕岸，使輒頹阤，近江河居人酷畏之。」《本草》李時珍曰：「莊子云：『鰍與魚游於沙中，微有文采。』閩廣人劉去脊骨作臛，甚美。」《食品》有「炰鰍」。

《譜》曰：「甘，平。暖胃壯陽，殺蟲收痔。」

○黄甲

黄甲，海蟹也。似蟹而大，殼如扇面，雙螯巨而後足如櫓，肉粗不足食，煮湯爲宜。江北及滬上有之，疑即吕亢所謂「撥棹子」也。閩中又有蟳、蠘二種，亦以爲常餌。蟳巨者斤許，味亦佳。蠘則性寒，福、寧府有之。粤東又有膏蟹、水蟹等名目，皆蟹族也。

《閩部疏》：「蟹别種曰蝤蛑，青地名黄甲，此名海蟳。」《五雜組》：「閩中蝤蛑，大者如斗，名曰蟳，螯强能殺人，其肉肥，大於蟹，而味不及。」

《本草綱目》：「其扁而最大，後足闊者，名蝤蛑。南人謂之撥棹子，以其後脚如棹也。一名蟳，隨潮退殼，一退一長。其大者如升，小者如盞碟，兩螯如手，所以異於衆蟹也。其力至强，八月能與虎鬥，虎不及也。」《容齋四筆》：「吕亢《蟹圖》一曰蝤蛑，乃蟹之巨者，兩螯大，而有細毛如苔，八足亦皆有微毛。二曰撥棹子，狀如蝤蛑，螯足無毛，後兩足薄而微闊，類人之所食者，然亦頗異。其大如升，南人皆呼爲蟹。八月間出，人采之，與人鬥，其螯甚巨，往往能害人。」《六書故》：「蟳，青蟳也，螯似蟹，殼青，海濱謂之蝤蛑。」

《寧波志》：「蝤，俗呼爲母蟹，經霜則有赤膏，亦曰赤蟹，無膏曰白蟹，有子曰子蟹。」《閩中海錯疏》：「蠘似蟹而大，殼螯有棱鋸。」

《本草綱目》：「殼闊多黄者名蠘。生南海中，其螯甚鋭，斷物如芟刈也。」

《譜》曰：「海蟹黄堅，滿而無膏，不鮮。并可鹽漬、酒浸，糟醬。久藏，得皂莢則不沙。」

○腌蟹　醉蟹

腌蟹以淮上爲佳，故名「淮蟹」。或以好酒、花椒醉者，曰「醉蟹」，黄變紫，油味淡而鮮，遠出淮蟹之上。

《蟹譜》：「北人以蟹生折之，酢以鹽、梅，芼以椒、橙，盥手畢即可食，爲洗手蟹。凡糟蟹用茱萸一粒入厴中，即歲不沙。」

《齊民要術》：「藏蟹法，九月内取母蟹，得則著水中，勿令傷損及死者，一宿則腹中净。先煮薄糖，著活蟹於冷糖瓮中一宿，著蓼湯和白鹽，特須極鹹。待冷，瓮盛半汁，取糖中蟹，内著鹽蓼汁中，便死，泥封二十日出之，與蟹臍著薑末，還復臍如初。内著坩瓮中，百個各一器，以前鹽蓼汁澆之，令没，密封，勿令漏氣，便成矣。」《大業拾遺記》：「吴郡獻蜜蟹二千頭，作如糖蟹法。」《升庵外集》：「入皂莢半挺，則經歲不沙。又蟹以夜糟則不沙。」《食療本草》：「以鹽漬之，甚有佳味，沃以苦酒，通利肢節，去五臟煩悶。」《説文》：「胥，蟹醢也。」《字林》：「胥，蟹醬也，或曰蟹胥。」《逸雅》：「蟹胥，取蟹藏之，使骨肉解，胥胥然也。蟹齏，去其匡臍，熟擣之，令如齏也。」

○竹　蟶

竹蟶，閩産也，似蟶而無足，味亦相似，土人呼爲「竹挺」。「挺」字未知當作何字，以其形似蟶，故從之。

《野記》海貨名有竹蟳。亭、挺音相近，疑即此字。

藝　文　叢　刊

第　一　輯

001	王右軍年譜 顔魯公年譜	〔清〕	魯一同 等
002	茶經（外四種）	〔唐〕	陸　羽 等
003	東坡題跋	〔宋〕	蘇　軾
004	山谷題跋	〔宋〕	黄庭堅
005	南宋雜事詩上	〔清〕	厲　鶚 等
006	南宋雜事詩下	〔清〕	厲　鶚 等
007	南宋院畫録	〔清〕	厲　鶚
008	香譜（外一種）	〔宋〕	洪　芻 等
009	洞天清録（外二種）	〔宋〕	趙希鵠 等
010	長物志	〔明〕	文震亨
011	畫禪室隨筆	〔明〕	董其昌
012	花傭月令（外一種）	〔明〕	徐石麒 等
013	飲流齋説瓷(外一種)		許之衡 等
014	丁敬集	〔清〕	丁　敬
015	費丹旭集	〔清〕	費丹旭
016	查士標集	〔清〕	查士標
017	隨園食單補證上	〔清〕	袁　枚 夏曾傳
018	隨園食單補證下	〔清〕	袁　枚 夏曾傳
019	猫苑　猫乘	〔清〕	黄　漢 等
020	竹人録（外一種）	〔清〕	金元鈺 等
021	鞠部叢談校補		羅惇曧 李宣倜 樊增祥
022	春覺齋論畫(外一種)		林　紓

藝　文　叢　刊

隨園食單補證 下

〔清〕袁　枚　夏曾傳

浙江人民美術出版社

雜素菜單

菜有葷素，猶衣有表裏也，富貴之人嗜素甚於嗜葷。作《素菜單》。

蔣侍郎豆腐

豆腐兩面去皮，每塊切成十六片，晾乾。用豬油熬熱灼，清煙起，纔下豆腐，略灑鹽花一撮，翻身後，用好甜酒一茶杯，大蝦米一百二十個。如無大蝦米，用小蝦米三百個。先將蝦米滚泡一個時辰，秋油一小杯，再滚一回，加糖一撮，再滚一回，用細葱半寸許長，一百二十段，緩緩起鍋。

謝綽《拾遺》：「豆腐之術，三代前後未聞，此物至漢淮南王始傳其術於世。」《庶物異名疏》：「豆腐，菽乳也，煮豆乳。」《清異録》：「時戢爲青陽丞，潔己勤民，肉味不給，日買豆腐數個，時人呼豆腐爲小宰羊。」《本草》李時珍曰：「凡黑豆、黄豆、白豆、泥豆、豌豆、緑豆之類，皆可爲之。造法：水浸磑碎，濾去滓煎成，以鹽鹵汁，或山矾葉，或酸漿、醋澱，就釜收之。又有入缸內，以石膏末收者。大抵得鹹苦酸辛之物，皆可收斂爾。」

國朝查慎行《敬業堂集》有《豆腐詩》云：「來其鄉味君休笑，三德虞家有贊辭。」原注：「事見《虞伯生集》。」陸游以豆腐爲黎祁，見《劍南稿》。「黎祁」與「來其」二者一聲之轉。伯生《豆腐三德贊》云：「肘後服玉舊有方。」孟勛仿淮南，故有「肘後服玉」之語。

《譜》曰：「甘，涼。清熱潤燥，生津解毒，補中，寬腸，降濁。處處能造，貧富攸宜，洵素食中廣大教主也。亦可入葷饌，冬月凍透者，味尤美。」

楊中丞豆腐

用嫩豆腐煮去豆氣，入雞湯，同鰒魚片滚數刻，加糟油、香蕈起鍋。雞汁須濃，魚片要薄。

屖曰：設有一富家兒，一寒儒，一則乘輿赴宴，一則提籃買菜。兩人相遇若無睹也。一朝入闈應試，同一號舍，題紙既下。題極艱難，富家兒彳亍行風檐，方思索破題而不得，瞥見寒儒已將脱稿，於是乞而觀之，并且出重價而購之，則寒儒可以有財，而富家兒亦有文矣。知乎？此乃知鰒魚滚豆腐之妙。

張愷豆腐

將蝦米搗碎，入豆腐中，起油鍋，加作料乾炒。此以即今豆腐鬆之法。

慶元豆腐

將豆豉一茶杯，水泡爛，入豆腐同炒起鍋。

芙蓉豆腐

用腐腦放井水泡三次，去豆氣，入雞湯中滚，起鍋時加紫菜、蝦肉。

王太守八寶豆腐

用嫩片切粉碎，加香蕈屑、蘑菇屑、松子仁屑、瓜子仁屑、雞屑、火腿屑，同入濃雞汁中，炒滚起鍋。用腐腦亦可。用瓢不用箸。孟亭太守云：「此聖祖師賜徐健庵尚書方也。尚書取方時，御膳房費一千兩。」太守之祖樓村先生爲尚書門生，故得之。

犀曰：吴門酒館有十景豆腐者，製亦相類。然方不出於天厨，何可同年而語。但王既得於徐，袁又得之於王，恐傳聞已失其真。不然只此數言，寧真千金之費耶？今人動稱校官吃豆腐飯。然豆腐一物，可貴可賤，若日日吃王太守豆腐，非惟校官所不能，恐太守亦不能也。然同一豆腐而貴賤若此，人之遭際不亦視此豆腐也哉！

程立萬豆腐

乾隆廿三年，同金壽門在揚州程立萬家食煎豆腐，精絶無雙。其腐兩面黄乾，無絲毫滷汁，微有蟫螯鮮味，然盤中并無蟫螯及他雜物也。次日告查宣門，查曰：「我能之，我當特請。」已而，同杭堇浦同食於查家，則上箸大笑，乃純是雞雀腦爲之，并非真豆腐，肥膩難耐矣。其費十倍於程，而味遠不及也。惜其時，余以妹喪急歸，不及向程求方。程逾年亡，至今悔之，仍存其名，以俟再訪。

犀曰：雞雀腦取成一碗，頗不容易，乃主人煞費苦心，而客反付之一笑，遂令雞雀腦不得與豆腐爭勝。然則世之雄於財而刻意收藏，俗與儒生爭勝者，其可鑒哉！吾鄉某公，性好奇，嘗宴客，時有剃髮匠入，公遽拉入座，酬勸甚殷。匠跼蹐殊甚，既而坐久，心略安，見豆腐一碗至，匠思此賤物也，乃縱箸夾之。公忽大怒，罵曰：「此豆腐，亦配汝食耶？」令家人曳之出，合座皆不知所謂。此陳蘇生所言。又一富翁下鄉收租，佃户貧，無以繳，翁因宿於其家索焉。談次，詢以下飯何物，佃户答曰：「惟食豆腐渣耳。」翁忽大怒，罵曰：「豆腐渣亦配汝食耶！貧兒如此浪費，安得不貧！」蓋翁年老齒脱，食物喜軟，故平日常食豆腐渣，必以雞丁、肉丁炒之，因以佃户爲浪費也。既而，佃户出所食豆腐渣示之，翁乃憫然曰：「此竟可人食耶？」乃免其租而歸。海昌陳仲環所言。杭俗，十二月二十五日相傳爲諸神下降，察人善惡，故必食豆腐渣，以示儉約之意。殊不知，戲弄神祇，其罪當何如也。俗名「雪花菜」。

凍豆腐

將豆腐凍一夜，切方塊，滚去豆味，加雞湯汁、火腿汁、肉汁煨之。上桌時，撤去〔一〕雞火腿之類，單留香蕈、冬筍。豆腐煨久則鬆，面起蜂窩，如凍腐矣。故炒腐宜

嫩，煨者宜老。家致華分司，用蘑菇煮豆腐，雖夏月亦照凍腐之法，甚佳。切不可加葷湯，致失清味。

犀曰：豆腐一凍，便另有一種風味。如秀才一中，便另有一種面目也。又如世家子弟，剛落魄時，自有一種貧賤驕人之態。凡作凍腐，須滾水澆過，挂檐際，頃刻即凍，水愈熱，凍愈堅。可知極熱鬧場中，便是饑寒之本也。

蝦油豆腐

取陳蝦油，代清醬炒豆腐。須兩面煎黄。油鍋要熱，用豬油、葱、椒。

犀曰：豆腐吃法甚多，不可枚舉。如夏日吃生豆腐，則麻油鹽拌，或用蝦子、醬油拌食，最爲本色。他若用瓜薑拌炒成丁者，爲豆腐鬆。其豆腐打碎，加香蕈、木耳丁，用油熗過再煨者，爲雞爬豆腐。其切薄片，油灼極枯，用醬油、椒、酒炙者，爲醉豆腐。其切方塊灼透，用香蕈、木耳、醬油、冰糖收湯者，爲糖燒豆腐。其切成棋子塊，用火腿、雞、筍各丁，加芡燴者，爲豆腐羹。又有用杏仁搗酪，凝成方塊，入雞湯煨者，爲杏酪豆腐。又有用山楂熬成，與杏酪同盛一碗，而以紅白二色擺成太極圖形者，謂之「紅白豆腐」。此又豆腐之幻相也。

蓬蒿菜

取蒿尖用油灼瘪，放雞湯中滚之，起時加松菌百枚。

《正字通》引《函史·物性志》曰：「茼蒿香可食。」《本草》李時珍曰：「茼蒿，一名蓬蒿。八九月下種，冬春采食肥莖。花葉微似白蒿，其味辛甘，作蒿氣。四月起薹，高二尺餘。開深黄色花，狀如單瓣菊花，一花結子近百成球。此菜自古已有，孫思邈載在《千金方》菜類，至宋嘉祐始補入《本草》，今人常食者。」

《譜》曰：「甘，辛，涼。清心養胃，利腑化痰。葷素咸宜。大葉者勝。」

蕨 菜

用蕨菜不可愛惜，須盡去其枝葉，單取直根，洗净煨爛，再用雞肉湯煨。必用門東者纔肥。〔二〕

《説文》：「蕨，虌也。」《廣雅》：「茈綦，蕨也。又曰迷蕨。」陸璣《詩疏》：「蕨，山菜也。初生似蒜，莖紫黑色，二月中高八九寸。先有葉，瀹爲茹，滑美如葵。」今隴西、天水人，及此時而乾收，秋冬嘗之，又以進御。三月中，其端散爲三枝，枝有數葉，葉似青蒿，長粗堅不可食。周秦曰蕨，齊魯曰虌。」

《齊民要術》：「蕨，今之莫菜也。莖大如箸，赤節，節一葉，似柳葉，厚而長，有毛刺，今人纅以取繭緒。其味酢而滑，始生可以爲羹，又可生食。五方通謂之酸迷，冀州謂之乾絳，河汾之間謂之莫。」

《六書故》：「萁有二，有蕨萁，有狼萁。蕨萁初生紫色，長如小兒拳，連莖可食。其根掘而搗之，取粉可食，謂之烏昧，變謂烏糯。」《詩・釋文》：「蕨，初生似虌脚，故名焉。」《曲洧舊聞》：「采藥者曰其根即黑狗脊也。」《埤雅》：「蕨，初生無葉，狀如雀足之拳，又如其足之蹶，故謂之蕨。」

《本草》陳藏器曰：「蕨生山間，根如紫草，人采茹食之。」李時珍曰：「其莖嫩時采取，以灰湯煮去涎滑，曬乾作蔬，味甘滑，亦可醋食。其根紫色，皮内有白粉，搗爛，再三洗澄，取粉作粔籹，蕩皮作綫食之，色淡紫而甚滑美也。一種紫萁，似蕨，有花而味苦，謂之迷蕨，初生亦可食。」《爾雅》謂之「月爾」，《三蒼》謂之「紫蕨」。

葛仙米

將米細檢淘净，煮米爛，用雞湯、火腿湯煨。臨上時，要只見米，不見雞肉、火腿攙和纔佳。此物陶方伯家製之最精。

《梧州府志》：「出北流縣勾漏洞石上，爲水所漬而成，石耳類也。采得曝乾，仍漬以水，如米狀，以酒泛之，清爽襲人。此非穀屬而名爲米。傳云，晉葛洪憑此之糧米，采以爲食，故名。」《本草綱目拾遺》：「生湖廣沿溪山穴中石上，遇大雨沖開穴口，此米隨流而出，土人撈取。初取時如小鮮木耳，紫綠色，以醋拌之，肥脆可食，土名天仙菜。乾則名天仙米，亦名葛仙米。以水浸之，與肉同煮，作木耳味。大約山洞内石髓滴石所成。」

犀曰：米以圓大飽綻者爲佳。

羊肚菜

羊肚菜出湖北，食法與葛仙米同。

《本草》李時珍曰：「蘑菰，一種狀如羊肚，有蜂窠眼者，名羊肚菜。」《正字通》：

「北方有蘑菇羊肚，俗曰地菌。」

石髮

製法與葛仙米同。夏日用麻油、醋、秋油拌之，亦佳。

《爾雅》：「藫，石衣。」郭注：「水苔也，一名石髮。江東食之。」邢疏：「案《本草》有陟釐，別本注云：此即石髮也，色類苔而粗澀爲異。」

《本草》寇宗奭曰：「陟釐，今人乾之，治爲苔脯，堪啖。青苔亦可作脯食，皆利人。汴京市中甚多。」蘇頌曰：「石髮，乾之作菜，以虀臛啖之尤美。」李時珍曰：「陟釐，有水中石上生者，蒙茸如髮。有水污無石而自生者，牽纏如絲綿之狀，俗名水綿，性味皆同。」《述異記》言：「苔錢謂之澤葵，與鳧葵同名異物。」又乾苔，時珍曰：「此海苔也。彼人乾之爲脯，海水鹹，故與陟釐不同。」張華《博物志》云：「石髮生海中者，長尺餘，大小如韭葉，以肉雜蒸食極美。」張勃《吴録》云：「陸蘺生海水中，正青，似亂髮，乃海苔之類也。」

《盛京志》：「龍鬚菜生於東海海邊石上，叢生，狀如柳根，鬚長者至尺餘，白色，以醋浸食，亦佳蔬也。土人呼爲麒麟菜，出金州海邊。鹿角菜，生東南海中，大如鐵綫，分丫如鹿角，紫黄色，乾之爲海錯，水洗醋拌，則如新味，今金州海邊有之。」又龍鬚菜，時珍曰：「生東南海邊石上，叢生，無枝葉，如柳根，鬚長者尺餘，白色，以醋浸食之，和肉蒸食亦佳。」《博物志》一種石髮，似指此物，與石衣之石髮同名也。《清異録》：「石髮吴越亦有之，以新羅爲上，彼國呼爲金毛菜。」

《譜》曰：「髮菜本名龍鬚菜，與海粉相同，而功遜之。」海粉，甘，涼。清膽熱，去濕，化頑痰，消癭瘤，愈瘰癧。

珍珠菜

製法與蕨菜同，上江新安所出。

素燒鵝

煮爛山藥，切寸爲段，腐皮包，入油煎之，加秋油、酒、糖、瓜、薑，以色紅爲度。

《博雅》：「藷薁，薯蕷也。」《清異録》：「淇薯稱最大者曰天公掌，次曰拙骨羊。」又蜀礼曰：「月一盤。」侯寧《藥譜》曰：「銀條德星。」《本草經》：「一名山芋。」《十金》名「玉延」。《藝文類聚》：「一名諸薯。」

《譜》曰：「甘，平。煮食補脾腎，調二便，强筋骨，豐肌體，辟霧露，清虛熱。既可充糧，亦堪入饌。」

韭

韭，葷物也。專取韭白，加蝦米炒之便佳。或用鮮蝦亦可，鱉[三]亦可，肉亦可。

《説文》：「韭，菜名。一種而久者，故謂之韭。象形在一之上。一，地也。」《齊民要術》：「韭高三寸便剪之，一歲之中不過五剪。凡剪不宜日中。」《四民月令》：「八月收韭菁，擣作齏。」《爾雅翼》：「諺曰『懶人菜』，以其不須歲種也。」《本草》陳藏器曰：「俗謂韭是草鐘乳，言其温補也。」李時珍曰：「韭之莖名韭白，根名韭黄，花名韭菁。《禮記》謂韭爲『豐本』，言其美在根也。可以根分，可以子種。其性内生，不得外長。八月開花成叢，收取腌藏供饌，謂之長生韭。九月收子，其子黑色而扁，須風處陰乾，勿令浥鬱。北人至冬，移根於土窖中，培以馬屎，暖則即長，高可尺許，不見風日，其根黄嫩，謂之韭黄，豪貴皆珍之。」羅願云：「物久必變，故老韭爲莧。」蘇頌曰：「鄭玄言『政道得，則陰物變爲陽』，故葱變爲韭。」

《清異録》：「杜頤食不可無韭。人或候其僕市還，潛取棄之。頤怒罵曰：『安得去此一束金也。』」

《爾雅》：「藿，山韭。」

《本草》蘇頌曰：「根白，葉如燈心苗。《韓詩》『六月食鬱及薁』，謂此也。」時珍曰：「金幼孜《北征録》云『北邊雲臺戎地多野韭、沙葱，人皆采而食之』，即此也。蘇氏以《詩》之鬱即此，未知是否。」

《彙苑》：「山韭可療心疾。或云唐徐勣遺種也。」

《字林》：「薟，音嚴，水韭也。野生水涯，葉如韭而細長，可食。」

《北户録》：「水韭生池塘中，有二三尺者，五六月堪食，不葷而脆。」葉似韭，得非龍爪韭乎？《字林》云：「薟，水中野韭也。」又哱字，見《字林》，似韭，生水中。

《本草》陳藏器曰：「孝文韭，生塞北山谷，狀如韭，人多食之，云是後魏孝文帝所種。又有諸葛韭，孔明所種，此韭更長，彼人食之。」

《譜》曰：「辛，甘，温。暖胃補腎，下氣調營。主胸、腹、腰、膝諸疼。治噎膈、經産諸症。理打仆傷損，療蛇、狗、蟲傷。秋初韭花，亦堪供饌。韭以肥嫩爲勝，春初早韭尤佳。多食昏神，目症、瘧疾、瘡痧、疹後均忌。」

犀曰：春韭青，夏秋韭白，冬韭黄，四時各有其趣，蔬食之妙品也。山西惟平陽府出韭黄，每相饋遺，不過一二束，則真如杜頤所謂「一束金」也。

芹

芹，素物也，愈肥愈妙。取白根炒之，加筍，以熟爲度。今人有以炒肉者，清濁不倫。不熟者，雖脆無味。或生拌野雞，又當别論。

《爾雅》：「芹，楚葵。」郭注：「今水中芹菜。」周處《風土記》：「萍蘋，芹菜之别名也。」

《本草》陶弘景曰：「蘄，俗作芹字。二月、三月作英時，可作菹，及熟瀹食，故名水英。」《别録》曰：「水蘄生南海池澤。」蘇恭曰：「水蘄，即芹菜也。有兩種：荻芹，白色，取根；赤芹，取莖葉。并堪作菹及生菜。」李時珍曰：「蘄，當作蘄，从艸、蘄，諧聲也。後省作芹，從斤，亦諧聲也。其性冷滑如葵。《吕氏春秋》：『菜之美者，有雲夢之芹。』雲夢，楚地也。楚有蘄州、蘄縣，俱音淇。羅願《爾雅翼》云：『地多産芹，故字从芹。』蘄亦音芹。徐鍇注《説文》：『蘄字，从艸，靳聲。』靳，諸書無靳字，惟《説文》别出菥字，音銀，疑相承誤出也。』據此，則蘄字亦从靳，當作蕲字也。」又曰：「芹有水芹、旱芹。水芹生江湖陂澤之涯；旱芹生平地，有赤白二種。二月生苗，其葉對節而生，似芎藭。其莖有節稜而中空，其氣芬芳，五月開細白花，如蛇床花。《列子》言『鄉豪嘗芹，蜇口慘腹』，蓋未得食芹之法耳。」張仲景曰：「春、秋二時，龍帶精入芹菜中，人誤食之爲病，面青手青，腹滿如妊，痛不可忍，作蛟龍病。宜服硬餳三二升，日三度，吐出蜥蜴便瘥。」李時珍曰：「芹菜生水涯，蛟龍雖云變化莫測，其精那得入此？大抵是蜥蜴虺蛇之類，春夏之交，遺精於此故爾。且蛇喜嗜芹，尤爲可證。」

《譜》曰：「甘，涼。清胃滌熱，祛風，利口齒、咽喉、頭目，治崩帶、淋濁、諸黄。白嫩者良，煮勿太熟。旱芹味遜，性味略同。」

犀曰：吾杭皆食水芹，故别旱芹爲藥芹，他處則通稱芹菜，而水芹不可得也。

豆芽

豆芽柔脆，余頗愛之。炒須熟爛。作料之味，才能融洽。可配燕窩，以柔配柔，以白配白故也。然以極賤而陪極貴，人多嗤之。不知惟巢由正可陪堯舜耳。

犀曰：豆芽有黄豆、緑豆之分。黄豆芽長而粗，僅供粗糲。緑豆芽白而脆，兩頭摘盡，韭菜炒之，可賜以「翠筋玉箸」之名。若以配燕窩，則直似光武、子陵同卧，且不免足加帝腹矣。

茭

茭白炒肉、炒雞俱可。切整段，醬醋炙之，尤佳。煨肉亦佳。須切片，以寸爲度，初出太細者無味。

《説文》：「蔣，菰也。」王氏《彙苑》：「蔣，又名茭白。中心生白薹，如小兒臂，爲菰米，薹中有黑者曰烏鬱。下澤處曰菰葑。苗莖硬者，曰菰蔣，秋實即雕胡米也。」《西京雜記》：「菰之有米者，謂之雕胡，有首者謂之緑節。」《本草》韓保昇曰：「菰根生水中，葉如蔗荻，久則根盤而厚。夏月生菌堪啖，名菰菜。三年者，中心生白薹如藕狀，似如小兒臂而白軟，中有黑脈，堪啖者名菰首也。」蘇頌曰：「春末生白茅如筍，即菰菜也，又謂之茭白。生熟皆可啖，甜美。其中心如小兒臂者，即菰手。作菰首者，非矣。《爾雅》云『出隧蘧蔬』，注云『生菰草中，狀似土菌，江東人啖之，甜滑』，即此也。」《留青日札》：「烏鬱，俗名灰茭。自有一種米茭。其不能結實者，茭白也。」《學圃雜疏》：「茭白，以秋生。吳中一種春生，曰呂公茭，以非時爲美。初出時，煮實甜軟。然菰實有米，而今茭白未聞有之，或者野茭乃生米也。」

《譜》曰：「甘，寒。清濕熱，利二便，解酒毒，已癩瘍，止煩渴、熱淋，除鼻皶、目黃。以杭州田種肥大純白者良。精滑、便瀉者勿食。」

犀曰：茭白，南人之常餌，北人則以爲珍品矣。以飯鍋蒸熟撕碎，用麻醬油拌者，最爲本色，餘則供廝役耳。其初生白茅，則今之茭兒筍也。以蝦米炒之，最易薦酒。

青菜

青菜擇嫩者，筍炒之。夏日芥末拌，加微醋，可以醒胃。加火腿片，可以作湯。亦須現拔者才軟。

《埤雅》：「菘性淩冬晚凋。四時常見，有松之操，故曰菘，今俗謂之白菜，其青白也。」《本草》陶弘景曰：「菘有數種，猶是一類，正論美與不美，菜中最爲常食。」寇宗奭曰：「菘葉如蕪菁，緑色差淡，其味微苦，葉嫩稍闊。」李時珍曰：「菘即今人呼爲白菜者，有二種：一種莖圓厚微青；一種莖扁薄而白。其葉皆淡青白色。燕、趙、遼陽、揚州所種者，最肥大而厚。一本有重十餘斤者。子如芸薹子而色灰黑，八月以後種之。二月開黄花，如芥花，四瓣。三月結角，亦如芥。其菜作菹食尤良，不宜蒸曬。」《格物論》：「菘有二種，有春菘，有秋菘，性和利。以菘種北地，即化爲蕪菁。以蕪菁種南地，即化爲菘。」此説非。《正字通》：「京口之菘爲上，曰箭竿白。」《清異録》：「江右多菘菜，鬻筍者惡之，罵曰筍奴菌妾。」《全芳備祖》：「楊誠齋謂之水晶菜。」段成式《食品》有「蒲葉菘」。

《本草》蘇頌曰：「揚州一種葉圓而大，或若箑，啖之無渣，絶勝他土者，疑即牛肚菘也。」

《譜》曰：「菘，一名白菜，以其莖色白也。亦有帶青色者，然本豐莖闊，迥非油菜。甘，平。養胃，解渴生津。葷素咸宜，蔬中美品。種類不一，冬末最佳。鮮者滑腸，不可冷食。」

薹　菜

炒薹菜心最糯，剥去外皮，入蘑菇、新筍作湯。炒食加蝦肉，亦佳。

《本草》李時珍曰：「此菜易起薹，須采其薹食，則分枝必多，故名蕓薹。而淮人謂之薹芥，即今油菜，爲其子可榨油也。羌、隴、氐、胡，其地苦寒，冬月多種此菜，能歷霜雪。種自胡來，故服虔《通俗文》謂之胡菜，而胡洽居士《百病方》謂之寒菜，皆取此義也。或云塞外有雲臺戍，始種此菜，故名亦通。九月十月下種，生葉，形色微似白菜。冬春采薹心爲茹，三月則老，不可食。」

《譜》曰：「辛，滑，甘，温。烹食可口。散血消腫，破結通腸。子可榨油，故一名油菜。形似菘而本消，莖狹，葉鋭。俗呼青菜，以色較深也。發風動氣，凡患腰、脚、口、齒諸病，及產後、痧痘、瘡家錮疾、目症、時感皆忌之。」

犀曰：油菜肥膩，炒食亦佳。或以香稻米同煮，尤爲香糯，蔬食之妙品也。語云：「菜飯飽，布衣暖。」若常得此菜飯，誠足了一生矣。

白菜

白菜炒食，或筍煨亦可。火腿片煨、雞湯煨俱可。

見前「青菜」下。

《譜》：見前「青菜」下。

犀曰：霜降後，田家現拔白菜，雖白水煮之，亦鮮美異常。此等風味，富豪家那能得之？山西忻州白菜，大者重二三十斤，長四五尺，味甜而肥糯，遠近莫及。李時珍謂燕趙有一本重十餘斤者，殆即此類。

黃芽菜

此菜以北方來者爲佳。或用醋摟，或加蝦米煨之，一熟便吃，遲則色味俱變。

《蔬譜》：「北京人取菜入窖，壅培不見風日，長出苗葉皆嫩黄色，脆美無滓，謂之黄芽菜。」《戒庵漫筆》：「杭州俗呼黄矮菜爲花交菜，謂近諸菜多變成異種，民間嘗以此詈人，如魚中之鯧也。」

《譜》曰：「甘，平。養胃，葷素皆宜。雪後更佳，但宜鮮食。北産更美，味勝珍羞。亦可爲菹，諸病不忌。」

犀曰：直隸安肅縣出者，爲北方之冠，至南方外皮已去其半。本地現賣者極肥厚，可剖其莖以藏肉，美可知矣。京師庖製清蒸白菜最佳，法以菜去外皮，存中心嫩者，横一段，形如月餅大小，每碗放四五餅，用雞湯、火腿蒸之，不見别物，而鮮美異常。用豬油紅燒亦可，須加蝦米。吴門亦有土種者，俗名爲「豬摇頭」，其味可想而知矣。

瓢兒菜

炒瓢菜心，以乾鮮無湯爲貴。雪壓後更軟。王孟亭太守家製之最精。不加别物，宜用葷油。

犀曰：瓢兒菜，金陵産也，他處所無。

波　菜

波菜肥嫩，加醬水豆腐煮之，杭人名「金鑲白玉板」是也。如此種菜雖瘦而肥，可不必再加筍尖、香蕈。

《嘉話録》：「菠薐，種自西國，有僧將其子來，云是頗陵國之種，語訛爲菠薐耳。」《清異録》：「鍾謨嗜菠薐菜，文其名曰雨花菜。又以蔞蒿、萊菔、菠薐爲三無比。」《本草》李時珍曰：「按《唐會要》云『太宗時，尼波斯羅國獻波稜菜，類紅藍，實如蒺藜，火熟之，能益人』，食味即此也。方士隱名爲波斯草。八月、九月種者，可備冬食。正月、二月種者，可備春蔬。其莖柔脆中空，其葉緑膩柔厚，直出一尖，旁出兩尖，似鼓子花葉之狀而長大。其根長數寸，大如桔梗而色赤，味更甘美。四月起臺尺許，有雄雌，就莖開碎紅花，叢簇不顯，雌者結實，有刺，狀如蒺藜子。種時須砑開，易浸脹，必過月朔乃生，亦一異也。」

《譜》曰：「甘，辛，温。開胸膈，通腸胃，潤燥，活血。大便澀滯及患痔人宜食之。根味尤美，秋種者良。驚蟄後不宜食，病人忌之。」

蘑菇

蘑菇不止作湯，炒食亦妙。但口蘑最易藏沙，且易受霉，須藏之得法，製之得宜。雞腿蘑便易收拾，亦需討好。

高濂《野蔌品》：「蘑菇，采取曬乾，生食、作羹，美不可言。竹菇更鮮美。」《廣菌譜》：「本小末大，白色柔軟，其中空，俗名雞足蘑菇。天花蕈，出五臺山，形似松花而大如斗。」《本草》：「蘑菇蕈，一名肉蕈。」李時珍曰：「蘑菇出山東、淮北諸處。埋桑、楮諸木於土中，澆以米泔，待菰生采之。長二三寸，本小末大，狀如未開玉簪花，俗名雞腿蘑菰。謂其味如雞也。又天花蕈，一名天花菜。」吴瑞曰：「出山西五臺山，形如松花而大，香氣如蕈。白色，食之甚美。」時珍曰：「五臺多蛇蕈，感其氣而生，故味美而無益，其價頗珍。」段成式《酉陽雜俎》云：「代北有樹雞，如杯棬，俗呼猢孫眼，其此類與？」

《譜》曰：「甘，涼。味極鮮美，葷素皆宜。開胃化痰，嫩而無砂者勝。多食發風動氣，諸病人皆忌之。」

犀曰：雞腿蘑菇，即今京師之鮮蘑菇。白柄黑蓋者，即五臺蘑菇，柄長五六寸，味亦平平。以味論，必以口蘑爲最，蓋蔬中之雞也。然獨用之，亦不甚出色。可知善將將者，未必善將兵也。

松　菌

松菌加口蘑炒最佳。或單用秋油泡食，亦妙。惟不便久留耳，置各菜中，俱能助鮮，可入燕窩作底墊，以其嫩也。

《齊民要術》：「菰菌魚羹：魚，方寸准。菌，湯沙中出，擘。先煮菌令沸，下魚。」又云：「先下，與魚、菌、茱、糁、葱、豉。」又云：「洗，不沙。肥肉亦可用。半奠之。」

《爾雅》中「㯏菌」，郭注：「地蕈似蓋，今江東名爲土菌，亦曰㯏厨，可啖之，一名㯏。」孫炎曰：「地菌子，或名地雞，亦名獐頭。」《潛夫論》中「堂生負苞」，注：「負苞，松木菌也。」《菌譜》：「松菌，菌生松陰，采無時。」

《譜》曰：「鮮菌，一名土菌，甘，寒。開胃，蔬中異味。以寒露時松花落地所生者，無毒最佳，葷素皆宜。或洗浄瀝乾，以麻油或茶油沸過，入秋油浸收，久藏不壞。設莫辨良毒，切勿輕嘗。中其毒者，以地漿、金汁解之。」

犀曰：吴門夏日賣鮮菌者甚多，聞其味鮮甚。然亦竟有中毒而死者，不可不慎。嘗謂食毒物死者，皆宜入枉死城中。菌類甚多，詳見後「香蕈」下。

麵筋二法〔四〕

一法，麵筋入油鍋炙枯，再用雞湯、蘑菇湯煨〔五〕。一法，不炙，用水泡，切條入濃雞汁炒之，加冬筍、天花。章淮樹觀察家製之最精。上盤時宜毛撕，不宜光切。加蝦米泡汁，甜醬炒之，甚佳。

《事物紺珠》：「麵筋，梁武帝作。」《老學庵筆記》：「仲殊長老豆腐、麵筋、牛乳之類皆漬蜜食之，客多不能下箸。惟東坡性亦酷嗜蜜，能與之共飽。」《本草》：「以麩與麵水中揉洗而成者。」

《譜》曰：「性涼。解熱止渴，消煩勞，熱人。宜煮食之，但不易化，須細嚼之。」

羼曰：麵筋生者，摘入沸油中，即由大圓，食之脆若無物，以麻油、秋油浸之，現吃最佳。若作饌，非此不可。肉圓肉絲，在在皆是，亦無甚味也。吴人之大肉麵筋，吴人喜之。又無錫之油灼麵筋煨肉頗佳。

茄二法

吴小谷廣文家，將整茄子削皮，滚水泡去苦汁，豬油炙之。炙時須待泡水乾後，用甜醬水乾煨，甚佳。盧八太爺家，切茄作小塊，不去皮，入油灼微黄，加秋油炮炒，亦佳。是二法者，俱學之而未盡其妙，惟蒸爛劃開，用麻油、米醋拌，則夏間亦頗可食。或煨乾作脯，置盤中。

《齊民要術》：「魚茄子法：用子未成者子成則不好也。以竹刀骨刀四破之用鐵則渝黑，湯炸去腥氣。細切葱白，熬油令香蘇彌好，香醬清、擘葱白與茄子共下，缹令熟。下椒、薑末。」

《蔬譜》：「茄白者，曰渤海茄。又一種，白而扁，曰番茄。一種水茄，形稍長，甘而多津。」《芝田録》：「隋煬帝名茄曰昆侖紫瓜。方家治瘧謂之草鱉甲。」《格物論》：「茄凡三色，青、紫、白。一名落蘇。」五代《貽子録》作「酪酥」。《清異録》：「一名昆味。」《物類相感志》：「茄樹開花，開時取葉布路旁，以灰圍之，則結子多，謂之嫁茄。」《滇南雜志》：「緬茄出緬甸，大而色紫，蒂圓整，蠟色者佳。今會成中絶不可多得。」

王禎《農書》：「一種勃海茄，白色而堅實。一種番茄，白而扁，甘脆不澀，生熟可食。一種紫茄，色紫，蒂長，味甘。一種水茄，形長，味甘，可以止渴。」《容齋隨筆》：「浙西常茄皆皮紫，其白者爲水茄。江西常茄皆皮白，其紫者爲水茄，亦一異也。」《嶺表録異》：「交嶺茄樹，經冬不凋，有二三年漸成大樹者，其實如瓜也。」

《本草》李時珍曰：「茄種宜於九月黄熟時收取，洗淨曝乾，到二月下種，移栽。株高二三尺，葉大如掌，自夏至秋，開紫花，五瓣相連，五稜如縷，黄蕊緑蒂，蒂包其茄，茄中有瓤，瓤中有子，子如脂麻。其茹有團如栝樓者，長四五寸者，有青茄、紫茄、白茄。白茄，亦名銀茄，更勝青者。」

《譜》曰：「甘，涼。活血止痛，消臃殺蟲，已瘧，消腫，寬腸，治傳屍勞、瘕、疝諸病。便滑者忌之。種類不一，以細長深紫嫩而子少者勝。葷素皆宜，亦可腌曬爲脯，秋後者微毒，病人勿食。」

犀曰：茄去瓤，以肉丁藏之，豬油炮透，加秋油、酒，悶爛絶佳。或以西鹵法亦可。《紅樓夢》茄鮝一法，製作精矣，細思之，茄味蕩然，富貴人往往失其天真，即此可見。

莧羹

莧須細摘嫩尖，乾炒，加蝦米或蝦仁，更佳。不可見湯。

《爾雅》：「蕢，赤莧。」《埤雅》：「莧之莖葉，皆高大而易見，故其字从見，指事也。」

《本草别録》曰：「莧實，一名莫實。細莧亦同。生淮陽川澤及田中，葉如藍，十一月采。」蘇頌曰：「人莧、白莧俱大寒，亦謂之糠莧，又謂之胡莧，或謂之細莧，其實一也。但大者爲白莧，小者爲人莧耳。其子霜後方熟，細而色黑。紫莧莖、葉通紫，吴人用染爪者，諸莧中惟此無毒，不寒。赤莧亦謂之花莧，莖葉深赤，根莖亦可糟藏，食之甚美，味辛。五色莧，今亦稀有。細莧，俗謂之野莧，豬好食之，又名豬莧。」

《蔬譜》：「赤莧，一名花莧。色白而大者曰白莧。野莧謂之細莧，一名胡莧，北方呼爲糠莧。又黑汁者，曰墨莧。又馬齒莧，究與家莧别，一名五方草，《事物紺珠》作五行草。又名長命縷，菜名九頭獅子草。又呼青箱苗爲雞冠莧，亦可食。」《奇書》：「馬齒莧，一名醫瓣草。」

《學齋占畢》：「董遇注《易》曰：『莧，人莧也。』余意世有稱馬齒莧者，故以人字别之。及見《本草》云：『莧實，一名馬莧。』《行義》曰：『苗又謂之人莧。紅色者，謂之紅人莧。』後又别載馬齒莧，然後詳人莧、馬莧之别。」

《野蔌品》：「野莧，夏菜。」《事物紺珠》：「鼠莧，灰莧。」《廣雅》：「豩音豚。耳，馬莧也。」

《譜》曰：「甘，涼。補氣清熱，明目滑胎，利大小腸。種類不一，以肥而柔嫩者良。痧脹、滑瀉者忌之，尤忌與鱉同食。」

犀曰：吾杭不尚食紅莧，他處皆食之，愚則謂緑勝於紅也。以濃肉汁煮之，亦佳。

芋羹

芋性柔膩，入葷入素俱可。或切碎作鴨羹，或煨肉，或同豆腐加醬水煨。徐兆璜明府家，選小芋子，入嫩雞煨湯，炒極。惜其製法未傳。大抵只用作料，不用水。

《史記》：「野有蹲鴟。」注云：「芋也。蓋芋魁之狀，吞鴟之蹲坐故也。」《漢書》作「踆鴟」。《説文》徐鉉注云：「芋，猶吁也。大葉實根，駭吁人也。吁，音芋，疑怪貌。」

《本草》陶隱居曰：「芋，錢唐最多，生則有毒，味莶不可食。種芋三年不采，則成梠芋。」蘇恭曰：「芋有六種，青芋、紫芋、真芋、白芋、連禪芋、野芋也。其類雖多，苗并相似，莖高尺餘，葉大如扇，似荷葉而長，根類薯蕷而圓。其青芋多子，細長而毒多，初煮須灰汁，更易水煮熟，乃堪食爾。白芋、真芋、連禪、紫芋并毒少，正可煮啖之，兼肉作羹甚佳。」寇宗奭曰：「當心出苗者，爲芋頭。四邊附之而生者，爲芋子。八九月已後掘食之。」李時珍曰：「旱芋，山地可種。水芋，水田蒔之。葉皆相似，但水芋味勝。莖亦可食。芋不開花，時或七八月間有開者，抽莖生花黄色，旁有一長莖護之，如半邊蓮花之狀也。按郭義恭《廣志》云：芋凡十四種：君子芋，魁大如斗。赤鸇芋，即連禪芋，魁大子少。白果芋，魁大子繁，畝收百斛。青邊芋、旁巨芋、車轂芋三種，并魁大子少，葉長丈餘。長味芋，味美，莖亦可食。雞子芋，色黄。九面芋，大而不美。蔶芋、曹芋、象芋，皆不可食，惟莖可作菹。旱芋，九月熟。蔓芋，緣枝生，大者如二三升也。」

《廣雅》：「青芋也。」《風土記》：「博士芋蔓生，根如鵝鴨卵。」《益部方物略記》：「赤鸇芋，形長而圓，味美。蠻芋，子繁衍。搏芋，品最下也。」《物類相感志》：「野芋，小於家芋，食之利人，蓋蘞也。今江浙生土芋，欲取名之『若呼』，芋字則不見矣。」《群芳譜》：「香芋，形於豆而味甘。」《後山詩話》：「土芋謂之土卵。」《酉陽雜俎》：「天芋，生終南山中。」《漢書·馬融傳》「襄荷芋蕖」，注：「芋蕖即芋魁也。」

桂氏引《御覽》引《廣志》云：「君芋，大如魁。車轂芋、旁巨芋、青邊芋，此四芋，魁大如餅，少子，葉如傘蓋，緗色，紫莖，長丈餘，易熟。長味芋之最善者也，莖可作羹臛。蔓芋，緣枝大者二三升；雞子芋，色黄。百果芋，畝收百斛。早芋，七月熟。九面芋，大而不美。蒙控芋、青芋、曹芋，子皆不可食，莖可爲菹。百子芋，出葉榆縣。魁芋，無旁子，生永昌。」

《格致鏡原》引《廣志》曰：「君子芋大如斗魁。淡善芋，大如瓶，葉如蓋，細色紫。莖又有百果芋、雞子芋、車轂芋、鉅子芋、勞巨芋、青浥邊芋。」按：《廣志》一書，三引皆不同，故備書之，以俟考正焉。

《廣雅》：「蕖芋也，共莖謂之菆。」《説文》：「齊呼芋爲莒。」《詞林海錯》：「康巢縣呼芋頭爲天河生。」《蔬譜》：「吳郡所産曰芋頭，嘉定謂之博羅，旁生小者謂之芋奶。」

《譜》曰：「煮熟甘滑。補虛、滌垢。可葷可素，亦可充糧。消渴宜餐，脹滿勿食。」

犀曰：小芋打扁，油灼微焦，摻以椒鹽，最宜薦酒。

豆腐皮

將腐皮泡軟，加秋油、醋、蝦米拌之，宜於夏日。蔣侍郎家入海參用，頗妙。加紫菜、蝦肉作湯，亦相宜。或用蘑菇、筍煨清湯，亦佳，以爛爲度。蕪湖敬和尚，將腐皮

捲筒切段，油中微炙，入蘑菇煨爛，極佳。不可加雞湯。閩人煮鰒魚，多入腐皮，亦頗有致。

《譜》曰：「漿面凝結，揭起晾乾爲腐皮。充饑入饌，最宜老人。」

犀曰：素饌中腐皮用最廣。假肉、假鴨皆以爲皮。又以筍、蕈、木耳、腐乾切絲，卷灼之，曰「素卷」。用肉包以醬贊食，曰「響鈴」。加作料，曰「素腸」。蘑菇、筍炒之，曰「皮筍」。皆杭州菜也。

扁　豆

現采扁豆，用肉，湯炒之，去肉存豆。單炒者油重爲佳。以肥軟爲貴。毛糙而瘦薄者，瘠土所生，不可食。

《本草》陶隱居曰：「扁豆，人家種之於籬垣，其莢食甚美。」

《譜》曰：「甘，平。軟莢亦可爲蔬。」

犀曰：豆族甚繁，單中列僅數種耳，余性所惡，不知其詳。相傳扁豆籐下，瘧鬼所居，有瘧疾者愈後，三年不可食扁豆。新愈者，行經籐下，亦覺毛骨悚然。考瘧鬼本居江水，而近俗謂在扁豆籐下，正不知其何謂而移居也？

瓠子王瓜

將鱓魚切片先炒，加瓠子，同醬汁煨。王瓜亦然。王瓜以生食爲佳，熟便無味。

《詩》：「八月斷壺。」注：「瓠也。」《埤雅》：「長而瘦上者曰瓠，短頸大腹曰匏，苦瓠甘亦曰壺蘆。」《爾雅》：「瓠棲瓣。」邢疏：「瓣，瓠中瓣也。一名瓠棲。」《清異録》：「瓠，葷素俱不相宜，俗謂之净街槌。」

《本草》李時珍曰：「古人壺、瓠、匏三名，皆可通稱，初無分別。故孫愐《唐韻》云：『瓠，音壺，又音鱯。』瓠，護瓢也。」瓠《本草》作「瓠𤬸」，云是瓠類也。《説文》：「瓠，匏也。」又云：「瓢，匏也。匏，大腹瓠也。」陸璣云：「壺，瓠也。」又云：「匏，瓠之一也。」諸書所言，其字皆當與壺同音，而後世以長如越瓜，首尾如一者爲瓠。瓠之一頭有腹，長柄者爲懸瓠。無柄而圓大，形扁者爲匏，匏之有短柄大腹者爲壺，壺之有細腰者爲蒲蘆。以今參詳其形狀，雖各不同，而苗、葉、皮、子，性味則一。」

《齊民要術》：「《氾勝之書》種瓠法：以三月耕良田十畝，作區，方深一尺。以杵築之，令可居澤。相去一步，區種四實。蠶矢一斗，與土糞合。澆之，水二升。所乾處，復澆之。著三實，以馬棰殼其心，勿令蔓延。多實，實細。以藁薦其下，無令親土瘡瘢。度可作瓢，以手摩其實，從蒂至底，去其毛，不復長且厚。八月微霜，收取。黃色好，破以爲瓢。其中白膚，以養豬致肥，其瓣以作燭致明。」

《本草》陳藏器曰：「胡瓜，北人辟諱石勒，改呼黃瓜，至今因之。」李時珍曰：「張騫使西域得種，故名胡瓜。」按杜寶《拾遺録》：「隋大業四年避諱，改胡瓜爲黃瓜。」與陳氏說微異。今俗以《月令》王瓜生即此，誤矣。王瓜，土瓜也。又曰：「胡瓜，處處有之，正二月下種，三月生苗引蔓，葉如冬瓜葉，亦有毛。四五月開黃花，結瓜圍二三寸，長者至尺許，青色，皮上有瘖瘤如疣子。至老則黃赤色，其子與菜瓜子同。一種五月種者，霜時結瓜，白色而短，并生熟可食，兼蔬蓏之用，糟醬不及菜瓜也。」《學圃雜疏》：「王瓜出燕京者最佳，其地人種之火室中，逼生花葉，二月初即結小實，取以上供。又一種秋生者，亦佳。閩中二三月間食，入夏已枯矣。」

《譜》曰：「瓠𤬸，甘，涼。清熱，行水通腸，治五淋，消腫脹。其軟葉亦可茹。種類不一，味甘者，嫩時皆可食。味苦者名匏瓜。」

又曰：「黃瓜生食甘美，清熱利水。可菹可饌，兼蔬蓏之用。而發風動熱，天行病後、疳瘧、瀉痢、脚氣、瘡疥、産後、痧痘皆忌之。」

煨木耳香蕈

揚州定慧庵僧，能以木耳煨二分厚，香蕈煨三分厚，先取蘑菇熬汁爲鹵。

《説文》：「萸，木耳也。」《玉篇》：「木耳生枯木也。」《内則》：「芝，栭。」王肅云：「無華而實者名栭，皆芝屬。」《六書故》：「《記》曰：『芝，栭，蔆，椇。』伯曰：『在地曰芝，在木曰栭。』」《通志》：「五木耳曰檽。」《本草》：《别録》曰：「五木耳生犍爲山谷，六月多雨時，采即暴乾。」陶弘景曰：「此云五木耳，而不顯言是何木。惟老桑樹生桑耳，有青、黄、赤、白者。軟濕者，人采以作菹。」蘇恭曰：「桑、槐、楮、榆、柳，此爲五木耳。軟者并堪啖。楮耳人常食，槐耳療痔。煮漿粥，安諸木上，以草覆之，即生蕈爾。」李時珍曰：「木耳生於朽木之上，無枝葉，乃濕熱餘氣所生。曰耳、曰蛾，象形也。曰檽，以軟濕者佳也。曰雞、曰樅，因味似也，南楚人謂雞爲樅。曰菌，猶蜠也，亦象形也。蜠乃貝子之名。或曰地生爲菌，木生爲蛾。北人曰蛾，南人曰蕈。」《事物紺珠》：「桑、椿、榆、柳、槐木上，六月多雨則生。桑上生白耳，名桑鵝。

又石耳，生廬山石上。」《清異録》：「北方桑上生白耳，名桑鵝。貴有力者，咸嗜之，呼五鼎芝。」

《齊民要術》：「按木耳煮而細切之，和以薑、橘，可爲菹，滑美。」

《本草綱目拾遺》：「石耳，台州仙居有之，生峻嶺絶壁海崖高處，乃受陰陽雨露之氣，漸漬石上，年久則生衣。鮮者翠碧可愛，乾者面黝黑，背白如雪，土人以作羹餉客，最爲珍品。煮法：用滚水一碗，投鹽少許，泡石衣於中，用手細細擺揉，去其細沙，待軟如棉，其細沙去浄，色即變紫如玫瑰，必得鹽水，則所銜細沙，始能吐盡。再過清水二三次，以雞湯下食，滑脆鮮美，味最甘香，爲山蔬第一。」《群芳譜》：「一名靈芝，生天台、四川、河南、宣州、黄山、巴西邊徼諸山石崖上，遠望如煙。廬山已有之，狀如地耳，山僧采曝饋送。洗去沙土，作茹勝於木耳。」《粵志》：「韶陽諸洞多石耳，其生必於青石。當大雪後，石滋潤，微見日色，則石生耳。大者成片如苔蘚碧色，望之如煙，亦微有蒂，大小朵朵花，烹之，面青紫如芙蓉，底黑而皺，每當味爽擷取則肥厚，見日漸薄，亦微化爲水。」《南粵瑣記》：「石耳之美，見稱於伊尹，其言曰漢上石耳，蓋上古已珍之矣。」

《正字通》：「冬春之交，斫椿、楠木，以米汁沃之而生。雨雪多則盛香，名曰香蕈，出閩粵。」

《本草》吴瑞曰：「蕈生桐、柳、枳椇木上，紫色者名香蕈，白色者名肉蕈，皆因濕氣熏蒸而成。生山僻處者，有毒殺人。」汪穎曰：「香蕈生深山爛楓木上，小於菌而薄，黄黑色，味甚香美，最爲佳品。」《菌譜》：「芝、菌皆氣茁也。仙居介乎天台、括蒼之間，爰産異菌。一曰合蕈，又名台蕈，生台之韋羌山。寒極雪收，春氣欲動，土鬆芽活，此菌候也。其質外褐色，肌理玉潔，芳香韻味，一發釜鬲，聞於百步。山人曝乾以售，香味減於生者。他山雖産，其柄高而香劣，不及矣。二曰稠膏蕈，生孟溪諸山，秋中雨零露浸，釀山膏木腴，發爲菌花，生絶頂樹杪，初如蕊珠，圓瑩類輕酥滴乳，淺黄白色，味尤甘。已乃張傘大若掌，味頓渝矣。春時亦生，而膏液少。食之之法，下鼎似沸，漉起參和衆味，而特全於酒，切勿攪動，則涎腥不可食矣。亦可蒸熟致遠。三曰松蕈，生松陰，采無時。凡物松出，無不可愛者。四曰麥蕈，生溪邊沙壤中，味殊美，絶類蘑菰。五曰玉蕈，初寒時生，潔皙可愛，作羹微韌，俗名寒蒲蕈。六曰黄蕈，叢生山中，黄色，俗名黄纘蕈，又名黄狆。七曰紫蕈，赭紫色，産於山中，爲下品。八曰四季蕈，生林木中，味甘而肌理粗峭。九曰鵝膏蕈，生高山中，狀類鵝子，久而傘開，味殊甘滑，不減稠膏。然與杜蕈相亂，不可不慎。杜菌，土菌也。」以上《本草綱目》引。

又：「合蕈，始名台蕈，昔嘗上進，標以台蕈。上遥見，誤爲合，因承誤云。栗殼蕈，寒氣至，稠膏將盡，栗殼其繼也。竹蕈，生竹根，味極甘。麥蕈，俗呼麥丹。紫蕈，俗呼紫富蕈。」以上《格致鏡原》引，與《本草》所引互有詳略，故補之。

《譜》曰：「木耳，甘，平。補氣、耐飢、活血，治跌仆傷。凡崩淋、血痢、痔患、腸風，常食可療。色白者勝。煮宜極爛，葷素皆佳。」

又曰：「甘，平。開胃、治溲濁不禁。包邊圓軟者佳。俗名香菰。痧痘後、産後、病後忌之，性能動風故也。」

犀曰：木耳肥厚者，以肉汁煮最佳。白木耳，出川楚之交，須發透，以雞汁煮極爛，自是名貴之品。黄木耳，尤不多得。石耳，徽州、黄山亦有之，并珍品也。香蕈、冬菇，雖一種而優劣懸殊，若香蕈代冬菇，大有婢學夫人之誚。而《本草》亦未有言香菇者，豈古無是物耶，抑即諸菌中之一種耶？惜乎，無可指名也。

冬瓜

冬瓜之用最多。拌燕窩、魚、肉、鰻、鱔、火腿皆可。揚州定慧庵所製尤佳。紅如血珀，不用葷湯。

《格物論》：「一種名冬瓜，大三尺圍，長四五尺，有毛，綠色，生自然白粉。」《學圃雜疏》：「其結實大者，無如冬瓜，味雖不佳，而性温可食。」《齊民要術》：「冬瓜，正、二、三月種之，若十月種者，結實肥好，乃勝春種。」

《本草》李時珍曰：「冬瓜三月生苗引蔓，大葉團而有尖，莖葉皆有刺毛。六七月開黄花，結實大者徑尺餘，長三四尺。嫩時綠色有毛，老則蒼色有粉。其皮堅厚，其肉肥白。凡收瓜，忌酒、漆、麝香及糯米，觸之必爛。」孟詵曰：「欲得體瘦輕健者，則可常食之，若要肥則勿食也。」

《譜》曰：「甘，平。清熱養胃，生津滌穢，除煩，消癰，行水，治脹滿、瀉痢、霍亂，解魚酒毒。諸病不忌，惟冷食則滑腸耳。」

犀曰：杭俗以火腿、香蕈、鞭筍、脊髓、肉絲攢列碗面，以冬瓜絲墊底，夏日菜也。

或用小冬瓜藏肉亦妙。

煨鮮菱

煨鮮菱，以雞湯滚之。上時將湯撤去一半，池中現起者纔鮮，浮水面者纔嫩。加新栗、白果煨爛，尤佳。或用糖亦可。作點心亦可。

《爾雅》：「蔆，蕨攈。」郭注：「今水中蔆。」《廣雅》：「菱，芰也。」《説文》：「蔆，芰也。楚謂之芰，秦謂之薢茩。」王安貧《武陵記》：「兩角曰蔆，三角、四角曰芰，通謂之水栗。」《説文》司馬相如説：「蔆从遴。」王逸《離騷注》：「芰，蔆也。」《酉陽雜俎》：「蘇州折腰菱，多兩脚。《本草綱目》本作角。荆州郢城菱，三角，而無傷，《綱目》作刺。可以節《綱目》作挼。莎，一名水栗，一名薢茩。」

《本草》李時珍曰：「芰蔆，有湖濼處則有之。蔆落泥中，最易生發。有野蔆、家蔆，皆三月生蔓延引。葉浮水上，扁而有尖，光面如鏡，葉下之莖有股如蝦股，一莖一葉，兩兩相差，如蝶翅狀。五六月開小白花，背日而生，晝合宵炕，隨月轉移。其實有數種，或三角、四角，或兩角、無角。野蔆自生湖中，葉實俱小，其角硬直刺人，其色嫩青老黑。家菱種於陂塘，葉實俱大，角軟而脆，亦有兩角，彎卷如弓形者，其色有青、有紅、有紫，嫩時剥食，皮脆肉美，蓋佳果也。」

《譜》曰：「鮮者甘，涼。析醒清熱，多食損陽助濕，胃寒、脾弱人忌之。熟者甘，平。」

豇豆

豇豆炒肉，臨上時，去肉存豆。以極嫩者，抽去其筋。

《本草》：「豇豆，一名跭䠆。」李時珍曰：「此豆紅色居多，莢必雙生，故有跭䠆之名。《廣雅》指爲胡豆，誤矣。三四月種之，一種蔓長丈餘，一種蔓短。其葉俱本大末尖，嫩時可茹。其花有紅、白二色。莢有白、紅、紫、赤、斑駁數色，長者至二尺，嫩時充菜。」

《譜》曰：「甘，平。嫩時采莢爲蔬，可葷可素。老則收子充食，宜餡宜糕。頗肖腎形，或有微補。」

煨三筍

將天目筍、冬筍、問政筍，煨入雞湯，號「三筍羹」。

《爾雅》：「筍，竹萌。」《説文》：「筍，竹胎。」《詩義疏》：「皆四月生，巴竹筍生八月。蜀竹筍冬夏生。」《永嘉記》：「舍墮竹筍，六月生。」《埤雅》：「旬内爲筍，旬外爲竹，故字从旬。今謂竹爲妒母草，謂筍有六日而齊母也。」《留青日札》：「冬筍之已透風有毛者，曰貓兒頭。」《仇池筆記》：「竹有雌雄，雌者多筍。」費元禄《清課》：「山中竹筍，清遠韻勝，實蔬食奇品，澄羹作脯，皆失真性，惟煨剥最良。」贊寧《筍譜》：「筍，一名萌，一名篛竹，一名箈，一名籗，一名竹胎，一名竹牙，一名茁，一名初篁，一名竹子，俗呼龍孫。竹根曰鞭，鞭頭爲筍，俗謂之鞭筍。今吴會間，八月，鄉人往往掘土采鞭頭爲筍，向市而鬻，然終傷損春筍，而且害竹母。又采筍之法：可避露，日出後，掘深土取之，半折取鞭根旋得，投密竹器中，勿令見風。以巾帉拭上，不宜見水。含殼沸湯瀹之，煮宜久。采筍，一日曰蔫，二日曰箊。見風則觸本堅，入水則浸肉硬。脱殼煮則失味，生著刃則失柔。采而停久，非鮮也。盛而苦風，非藏也。揀之脱殼，非治也。浄之入水，非洗也。蒸煮不久，非食也。」又曰：「鄗竹筍，長節而深根，筍冬夏皆生，鄉人掘土取之。箭筍，十二月生，如筋大，長三四寸。箘篠竹，自甌越以南，七月生，至八月盡。燕筍，其色紫，苞當燕至時生。天目筍，五月生，盡六月，其筍色黄，出天目山，端午後方采鬻。竹王林筍，密密冒土，南地熱，其筍多冬生。孤竹筍，襄陽薤山下有孤竹，三年方生一筍，及筍成竹，竹母已死矣，代謝如春秋焉。苦蒲筍，又名旋味筍，出福州南，春生筍，煮食甚苦，而且澀，及停久則味還可食，故名。篦竹筍，生海畔山，有毛，傷人則死，泊船海嶼，慎勿取毛筍食。簹竹筍，長數丈。漢竹筍，一節可受二三升，味雖甘而澀。笙筍，七月生，至十月，出縉雲以南，味苦而節疏，采剥以灰汁熟煮之，都爲金色，然後可食，苦味減而甘。釣絲竹筍，下廣上鋭，味甘可食，發病，出南越。邛竹筍，春生，出蜀中臨邛。又羅浮山有筍，生又早，中實，食美。慈母山筍，圓致，三月生，可食。簍筍，皮青而肉皙白。渭川筍，四月方盛。新婦筍，出武林山陰，三月生。𡺸摩筍，南人亦藏之爲筍笴。篁筍，八月生，至十一月，皮黑紫色，其心實，細切鹽漬，少頃以漿水漬，再宿瀝乾，瓿藏泥封，謂之筍笴，此亦古之筍菹也。篻竹筍，堅大可食，自秋生至於冬末。服傷筍，四月以後方出，味甚美。慈竹筍，四月生，江南人多以灰煮食之。玳瑁竹筍，脱殼而微有斑文。匾竹筍，出廬山，皆扁，堪食。水竹筍，出黔南管内，或岩下潭水中生，其筍隨水深淺以成節，若深一丈，則筍出水面爲一節，蠻蜒采取以爲食。」又篴筍、簡筍、白烏筍、雲丘帝筍、毛竹筍。又曰：「或問筍有五色章采否？對曰：江東黄筀《閑居賦》有青筍，《閩中賦》有素筍、赤筍，錢塘多紫桂筍。自餘斑貍緗縹，不可勝言，大約不過青緑色。」又曰：「苦筍，宜久煮。乾筍宜取汁爲羹茹，蒸之最美，煨之亦佳，味薟者戟人咽，先以灰湯煮過，再煮乃良。或以薄荷數片同煮，亦去薟味。」

《本草》李時珍曰：「竹有雌雄，但看根上第一節雙生者，必雌也，乃有筍。土人於竹根行鞭時，掘取嫩者，謂之鞭筍。江南、湖南人冬月掘大竹根下未出土者爲冬筍。《東觀漢記》謂之苞筍，并可鮮食，爲珍品。」戴凱之《竹譜》：「棘竹，一名笆竹，筍味落人鬢髮。甘竹，葉下節味甘，合湯用之。般腸竹，其筍最美，出閩中。篃筍亦無味，江漢間謂之苦篃。浮竹筍，未出時，取以甜糟藏之，極甘脆。雞脛竹筍美，青斑色緑，沿江山岡所饒也。」

真一《筍語》：「春筍，其佳者曰豬蹄紅，冬月即生，埋頭土中，以鋤掘之，可三寸許。其味極鮮，甲於他筍。若長尺許，則其籜圓，故名圓筍，亦名早筍。又毛筍爲諸筍之王，若擇有毛，故名。俗呼爲貓筍者，非也。大者重幾二十餘斤。貓筍未出土，肉白如霜，墮地即碎，以指掐之，其軟嫩如腐，嗅之作蘭花香。大者清明後方有，其出於臘月及正月者，形短小，籜亦有毛，大者名貓兒頭。又邊筍，即毛筍之旁出者。方筍盛時，生氣上升，其筍皆豎，生氣既衰，根即橫生，盡其力，可橫亘十餘丈，至地之邊際，與竹之長短相稱，盡之竹邊，故名邊筍。其狀類鞭，亦名鞭筍。地肥者軟嫩，長尺許，其籜紫色而兼白，其味恬淡而鮮，其氣醇而有蘊藉。」沈雲將《食纂》：「貓竹冬生筍，不出土者名冬筍，又名潭筍。」

《正字通》：「杭州筍大如桶，墜地即碎。南嶽筍黑而肥，多汁，搗成餅，乾食。天目、廬山拳筍，小黃竹筍也。」《事物紺珠》：「棕筍，狀如魚，一名木魚。又潭筍、鹿尾筍、鷹咀筍。」《海槎録》：「酸筍，出粵東，大如臂，沸湯泡去苦汁，投井水中二三日取出，縷如絲，醋煮可食。」王象晉《竹譜》：「淡竹筍，二月食。苦竹筍，五月筍。」《丹鉛録》：「扶竹之筍，名合歡。」范旻《邕管記》有鹿頭筍。《東觀漢記》：「馬援至荔浦，見冬筍，名曰苞。上言：《禹貢》『厥苞橘柚』，疑謂是也。」

《齊民要術》引《詩義疏》：「筍，皆四月生，唯巴竹筍，八月生盡九月，成都有之。冬夏生，始數寸，可煮，以苦酒浸之，可就酒及食。又可米藏及乾，以待冬月也。」又：「雞脛，竹名也，其筍肥美。」

《譜》曰：「甘，涼。舒鬱，降濁升清，開膈消淡，味冠素食。種類不一，以深泥未出土，而肉厚、色白、味重、軟糯、純甘者良。毛竹筍，味尤重，必現掘而肥大、極嫩、墜地即碎者佳。葷素皆宜，但能發病。諸病後、産後均忌之。惟山中盛夏之鞭筍，嚴寒之冬筍，味雖鮮美，與病無妨。」

犀曰：筍之族類最多，而冬筍之氣候最久，故冬筍到處有之，筍中之大家也。全冬盡春初，則春筍出焉，味尤鮮，以之炒土步、炒韭菜最宜。夏初毛筍出焉，《正字通》所謂「杭州筍大如桶」者也，愈老愈甜，嫩者味莶。或以生豬油切大塊同煨，或藏肉均宜。此物性刻削，故以葷食爲妙。夏季則鞭筍茁焉，味鮮而清，以煮湯、作料均可，其用以清爲貴，與毛筍有環燕之殊矣。至秋則冬筍出，而一年之筍相續不斷。其間，又有圓筍、檀筍、青竹筍、黄頭筍錯出其間，均可佐饌。此則吾鄉之所勝於他處者也。西北少竹，故以筍爲珍品。而陝西華州多竹而筍美，古人所謂渭川千畝在胸中也。然守者甚嚴，不肯出售，達官宴客，出重價購之，遂有盜劚而致械鬥者。聞壬戌回民之亂，其始亦止盜筍一事，乃至蔓延十餘載，勞師數千里。嗚呼，口腹之禍，烈矣哉！

芋煨白菜

芋煨極爛，入白菜心，烹之，加醬水調和，家常菜之最佳者，惟折菜須摘肥嫩者，色青則老，摘久則枯。

《東坡集》：「過子忽出新意，以山芋作玉糝羹，色味香皆奇絶。」

香珠豆

毛豆至八九月間晚收者，最闊大而嫩，號「香珠豆」。煮熟以秋油、酒泡之。出殼可，帶殼亦可，香軟可愛。尋常之豆，不可食也。

馬蘭

馬蘭頭菜，摘取嫩者，醋合筍拌食。油膩後食之，可以醒脾。

《譜》曰：「甘，辛，涼。清血熱，析醒解毒，療痔殺蟲。嫩者可茹、可菹、可餡，蔬中佳品。諸病可食。」

楊花菜

南京三月有楊花菜，柔脆與波菜相似，名甚雅。

問政筍絲

問政筍，即杭州筍也。徽州人送者，多是淡筍乾，只好泡爛切絲，用雞肉湯煨用。龔司馬取秋油煮筍，烘乾上桌，徽人食之驚爲異味。余笑其如夢之方覺也。

炒雞腿蘑菇

蕪湖大庵和尚，洗浄雞腿，蘑菇去沙，加秋油、酒炒熟，盛盤宴客，甚佳。

犀曰：此條絶無疏敘，殊屬無謂。末一句尤爲可笑，大約必欲將此和尚挂名簡末耳。

豬油煮蘿蔔

用熟豬油炒蘿蔔，加蝦米煨之，以極熟爲度。臨起加葱花，色如琥珀。

《爾雅》：「葖，蘆萉。」孫炎注云：「紫花菘也。俗呼温菘，似蕪菁，大根，俗名雹葖。一名蘆菔是也。」《廣雅》：「菈蘧，蘆菔也。」《通志》：「萊菔，一名雹葖，一名温菘，一名紫花菘，吴名楚菘，嶺南名秦菘，河朔呼蘆菔，俗稱蘿蔔。出鎮州者，一根可重十六斤。」《農書》：「北人蘿蔔，一種四名：春曰破地錐，夏曰夏生，秋曰蘿蔔，冬曰土酥，謂其潔白如酥也。」《清異録》：「河東蘿蔔有極大者，惟土人得啖之。至京師者，百二子、紫粉頭而已。」《北征録》：「交河北有沙蘿蔔，根長二尺許長。」《蔬譜》：「水蘿蔔，淡脆可生食。」

《本草》李時珍曰：「萊菔，乃根名，上古謂之蘆萉，中古轉爲萊菔，後世訛爲蘿蔔。南人呼爲蘿瓟，瓟與雹同。見晉灼《漢書注》中。陸佃乃言萊菔能制面毒，是來麰之所服，以菔音服，蓋亦就文起義耳。王氏《博濟方》稱乾蘿蔔爲仙人骨，亦方士謬名也。六月下種，秋采苗，冬掘根，春末抽高薹，開小花紫碧色。夏初結角，其子大如大麻子，圓長不等，黄赤色。五月亦可再種。其葉有大者如蕪菁，細者如花芥，皆有細柔毛。其根有紅白二色，其狀有長圓二類。大抵生沙壤者，脆而甘。生瘠地者，堅而辣。根葉皆可生可熟、可菹可醬、可豉可醋、可糖可臘、可飯，乃蔬中之最有利益者。」蘇頌曰：「萊菔，南北通有，北土尤多。有大小二種：大者肉堅，宜蒸食；小者白而脆，宜生啖。河朔極有大者，而江南、安州、洪州、信陽者甚大，重至五六斤，或近一秤，亦一時種蒔之功也。」

《譜》曰：「生者辛，甘，涼。潤肺化痰，祛風滌熱。治肺痿吐衄、咳嗽失音，塗打仆、湯火傷，救煙熏欲死，噤口毒痢、二便不遍、痰中類風、咽喉諸病。解酒毒、煤毒、面毒、茄子毒，消豆腐積，殺魚腥氣。熟者甘，温。下氣和中，補脾運食，生津液，禦風寒，肥健人，已帶濁，澤胎養血，百病皆宜。四季有之，可充糧食。故《膳夫經》云：『貧窶之家，與鹽飯偕行，號爲三白，不僅爲蔬中聖品已。』種類甚多，以堅實無筋、皮光肉脆者勝。葷肴素饌，無不宜之，亦可腌曬作臘，醬製爲脯。」

犀曰：山西洪洞縣出大蘿蔔，一牛車只載兩枚。京師酒館有紅燒小蘿蔔，一小碗可容數十枚，其種類之不同如此。

○蒓　菜以下補入

蒓菜以西湖爲上，蘇之太湖亦有之。然出水已老，而肥則過之。宜用清雞湯，以不攙一物爲佳。用火腿、肉汁便嫌重濁。煮不可太爛，亦不可太生。吴人不知食法，先以鹽一揉，去其涎，然後入油鍋炒之，此焚琴煮鶴之流也，可發一笑。朱紫仙茂才則云蒓菜當以松江爲上。

《詩》：「言采其茆。」陸疏：「江東謂之水葵。」朱注：「鳧葵也，江南人謂之蒓菜。」《埤雅》：「蒓逐水而性滑，故亦謂之淳菜。」

《齊民要術》：「蒓，性純而易生，種以淺深爲候，水深則莖肥而葉少，水淺則莖瘦而葉多。其性逐水而滑，故謂之蒓菜，并得葵名。」

《顔氏家訓》：「蔡朗父諱純，改蒓爲露葵，北人不知，以緑葵爲之。《詩》云『薄采其茆』，即蒓也。或諱其名，謂之錦帶。」又豬蒓，荇也，非蒓也。《酉陽雜俎》：「蒓根，江東謂之蒓魚。」《庶物異名疏》：「鳧蘺，即蒓，又名水芵。」《格物論》：「一名懸葵，未生葉曰雄尾蒓。至八月如釵股，曰絲蒓，十月曰豬蒓，一名龜蒓，又名石蒓。」《蔬譜》：「一名錦帶，又名馬蹄草。」《韻會》：「蒓，水葵也。」

《本草》韓保昇曰：「蒓，葉似鳧葵，浮在水上，采莖堪啖。花黄白色，子紫色。三月至八月，莖細如釵股，黄赤色，短長隨水深淺，名爲絲蒓，味甜體軟。九月至十月，漸粗硬。十一月，萌在泥中，粗短，名瑰蒓，味苦體澀。人惟取汁作羹，尤勝雜菜。」《偃曝叢談》：「春蒓如亂髮，不足異。秋蒓長丈許，凝脂甚滑。季鷹秋風正饞此也。」《墨莊漫録》：「杜子美《祭房相國》：『九月用茶藕蒓鯽之羹。』蒓生於春，至秋則不可食，不知何謂。而晉張翰亦以『秋風動而思菰菜蒓羹鱸，鱸固秋物，而蒓不可曉也。」二書之説，均屬偏見，録之以發覽者一笑。

《譜》曰：「甘，涼，柔滑。吴越名蔬。下氣止嘔，逐水治疽。柔嫩者勝。時病忌之。」

犀曰：此物疏中逸品，如詩家之庾、鮑，雖非大家，而自然膾炙人口。奈何隨園作《食單》，而不一字及之，豈亦有所偏見耶，抑失於論及耶？張融賦海，恨不道鹽，此之謂矣。

〇榆耳

榆耳，素饌中之魚翅也。形類海蜇，味頗鬆脆。

《本草綱目》：「榆木，八月采之。」《淮南萬畢術》云：「八月榆檽，以美酒漬曝，同青粱米、紫莧實蒸熟爲末，每服三指撮，酒下，令人辟穀不飢。」

○紫　菜

紫菜洗净沙石，以麻醬油拌之，加蝦米頗佳。沖湯亦可。

《本草》：「一名紫䓴。」孟詵曰：「紫菜生南海中，附石，正青色，取而乾之則紫色。」李時珍曰：「閩越海邊悉有之，大葉而薄，彼人挼成餅狀，曬乾貨之，其色正紫，亦石衣之屬也。」《事物紺珠》：「紫菜生海中石上。」

《譜》曰：「甘，涼。和血養心，清煩滌熱。治不寐，利咽喉，除脚氣、癭瘤，主時行瀉痢，析醒開胃。淡乾者良。」

○薺　菜

薺菜，吴中盛行，炒筍、炒肉絲、炒雞皆可。杭俗則以豆腐乾、麻醬油拌食之。

《爾雅》：「蒫，薺實。」邢疏：「薺味甘，人取其葉作葅及羹，亦佳。」《野菜譜》：「江薺，臘月生。又有倒灌薺、碎米薺、蒿菜薺、掃帚薺。」

《本草》李時珍曰：「薺生濟澤，故謂之薺。釋家取其莖作挑燈杖，可辟蚊蛾，謂之護生草。有大小數種。小薺，葉花莖扁，味美。其最細小者，沙薺也。冬至後生苗，二三月起莖五六寸，開細白花，整整如一。結莢如小萍，而有三角，莢内細子如葶藶子，其子名蒫，音嵯，四月收之。師曠云：「歲欲甘，甘草先生，薺是也。」《正字通》：「正、二月開花，名蝸螺薺，俗呼地英菜。」《譜》曰：「甘，平。明目，養胃和肝，治痢辟蟲。病人可食。」

○蹋苦菜

蹋苦菜，吴門最多，葉深緑而扁，味肥厚，同肉圓煨爛最佳。《正字通》：「莕，即今蹋菜，歲暮生，皆蹋地不起。」

○蓮花白

蓮花白，根長若萵苣，葉卷如拳，大者可數斤一枚。味極俊爽，宜炒食，不宜過爛，醋摟最佳。太原平安有之，聞甘肅亦有出者。

○葱

葱，以北方爲上，而山西忻州爲最巨，其長三四尺，白居其半，肥厚而甜，雖京葱不能及也。醬煨極佳。京葱之色微黃者，謂之黃芽葱，亦佳。

《清異録》：「葱，和羹衆味，若藥劑必用甘草也。所以《文言》曰和事草。」《齊民要術》：「種葱，良地三剪，薄地再剪，八月止，不止則葱無袍而損白。」蓋葱白曰白，其青曰袍。《四民月令》：「三月別小葱，六月別大葱。」

《本草》：「一名芤，一名菜伯，一名鹿胎。」蘇恭曰：「人間食葱有二種：一種凍葱，經冬不死，分莖栽蒔而無子；一種漢葱，冬即葉枯。食用入藥，凍葱最善，氣味亦佳也。」韓保昇曰：「葱凡四種：冬葱，即凍葱也，夏衰冬盛，莖葉俱軟美。山南、江左有之。漢葱，莖實硬而味薄，冬即葉枯。胡葱，莖葉粗硬，根若金燈。茖葱，生於山谷，不入藥用。」李時珍曰：「葱，初生曰葱針，葉曰葱青，衣曰葱袍，莖曰葱白，葉中涕曰葱苒。冬葱即慈葱，或名太官葱，謂其莖柔細而香，可以經冬，太官上供宜之，故有數名。漢葱，一名木葱，其莖粗硬，故有木名。冬葱無子。漢葱，春末開花成叢，青白色。其子味辛，色黑，有皺文，作三瓣狀。收取陰乾，勿令浥鬱。可種可栽。」

《爾雅》：「茖，山葱。」《說文》：「茖葱，生山中，細莖大葉，食之香美於常葱。」

《本草》胡葱，李時珍曰：「按孫真人《食忌》作蒜葱，因其根似葫蒜故也，俗稱蒜葱，正合此義。元人《飲膳正要》作回回葱，似言其來自胡地，故曰胡葱耳。八月下種，五月收取。葉似葱，而根似蒜，其味如薤，不甚臭。」孟詵曰：「狀似大蒜而小，形圓皮赤，梢長而鋭，五月、六月采。」按胡葱，即今之大蒜葉者是。《清異録》：「盤盞葱，趙、魏間有之，幾如柱杖，粗但盈尺耳。」

《譜》：「辛，甘，平。利肺通陽，散臃腫，祛風達表，安胎止痛，通乳和營。主霍亂、轉筋、奔豚、脚氣，調二便，殺諸蟲。理跌仆、金瘡，治魚、肉諸毒。四季不凋、味辛帶甘、而不臭者良。氣虚易汗者，不可單食，又忌同蜜食。」

〇辣　茄

辣茄，夏初色青時，油炸透，用醬油、酒熨之，微辣而香，頗佳。色漸紅，味漸辣。嗜辣者，或切丁灼之，或曬乾研末，以油調之。至貧家則生咬之，若以爲珍品。凡幽、齊、秦、晉、隴、蜀、滇、黔無不嗜此，至黔人則雖巨家宴客，亦以小碟盛辣茄末，分置客前。燕窩、魚翅無不贊而食之，幾非此無以下咽也。

《内則》：「三牲用藙。」鄭注：「煎茱萸也。」《爾雅》：「椒椴醜莍。」李巡曰：「椒、茱萸皆有房，故曰莍。莍，實也。」曹憲《博雅》：「欓子、越椒，茱萸也。」《通志》：「欓子，一名食茱萸，以別吴茱萸，《禮記》『三牲用藙』，是食茱萸。」《本草》陳藏器曰：「欓子出閩中、江東，其木高大似樗，莖間有刺，其子辛辣如椒，南人淹藏作果品，或以寄遠。《吴越春秋》云，越以甘蜜九欓報吴增封之禮。則欓之相贈，尚矣。」李時珍曰：「蜀人呼爲艾子，楚人呼爲辣子。高木長葉，黄花緑子，叢簇枝上。味辛而苦。土人八月采，搗濾取汁，入石灰攪成，名曰艾油，亦曰辣米油。始辛辣蜇口，入食物中用。周處《風土記》，以椒、欓、薑爲三香，則自古尚之矣，而今貴人罕用之。」

《譜》曰：「辛，苦，熱。温中澡濕，禦風寒，殺腥消食，開血閉，快大腸。種類不一，先青後赤，人多嗜之，往往致疾。陰虚内熱，尤宜禁食。」

○素雞

素雞用千層爲之，吴俗呼「百葉」。折疊之、包之、壓之，切成方塊，蘑菇、冬筍煨之，素饌中名品也。或用葷湯尤妙。

○麻　腐

麻腐，以緑豆粉爲之，狀如凝脂。切方片，用腌菜炒之，油要重，味可與魚皮争勝。

○鍋　渣

鍋渣，亦豆粉爲之，形長方，徑寸許，色黄。杭州惟一家有之。取而油炸，加醋溜之，最佳。他處小豆餅，即不及也。

○南　瓜

南瓜青者嫩，老則甜。以葷油、蝦米炒食爲佳。蒸食以老爲妙。

《學圃雜疏》：「南瓜雖有奇狀殊色，僅堪煮食，酷無意味。」

《本草》李時珍曰：「南瓜種出南番，轉入閩浙，今燕京諸處亦有之矣。三月下種，宜沙沃地。四月生苗，引蔓甚繁。結瓜正圓，大如西瓜，皮上有棱如甜瓜。一本可結數十顆。其色或緑或黄或紅。經霜收置暖處，可留至春。其子如冬瓜子。其肉厚色黄，不可生食，惟去皮瓤瀹食，味如山藥，同豬肉煮食更良，亦可蜜煎。按王禎《農書》云，浙中一種陰瓜，宜陰地種之，秋熟色黄如金，皮膚稍厚，可藏至春，食之如新。疑此南瓜也。」

《譜》曰：「早收者，嫩可充饌，甘，温。耐飢。同羊肉食則壅氣。晚收者，甘，涼。補中益氣。蒸食，味同番藷。既可代糧救荒，亦可和粉作餅餌。蜜漬充果食。凡時病、疳瘧、疸痢、脹滿、脚氣、痞悶、産後、痧痘均忌之。」

○絲　瓜

杭州夏日以絲瓜、鞭筍、帶殼蝦作湯，色既鮮明，味亦清洌可愛。若炒熟便無味。《學圃雜疏》：「絲瓜，北種爲佳，以細長而嫩者爲美。」

《本草》：「絲瓜，一名天絲瓜，又天羅，又布瓜，又蠻瓜，又魚鰦。」李時珍曰：「唐宋以前無聞，今南北皆有之，以爲常蔬。二月下種，生苗牙蔓。其瓜大寸許，長一二尺，甚則三四尺。可烹可曝，點茶充蔬。老則大如杵，筋絡纏紐如織成，經霜乃枯。」

《譜》曰：「甘，涼。清熱解毒，安胎行乳，調營補陽，通絡殺蟲，理疝消腫，化痰。嫩者爲肴，宜葷宜素。老者入藥，能補能通，化濕除黄，息風止血。」

○果　羹

果羹，以糯米飯爲底，加白果、蓮子、棗子、扁豆之屬，加糖蒸爛，酒伴食之，可以醒脾。

《本草》李時珍曰：「銀杏，原生江南，葉似鴨脚，因名鴨脚。宋初始入貢，改呼銀杏，今名白果。以宣城者勝。一枝結子百十，狀如楝子，經霜乃熟爛。去肉取核爲果，其核兩頭尖，三棱爲雄，二棱爲雌。其仁嫩時緑色，久則黄。須雌雄同種，其樹相望，乃結實。或雌樹臨水亦可，或鑿一孔，納雄木一塊泥之，亦結。《吴都賦》『平仲果，其實如銀』，未知即此果否。」

《爾雅》：「荷，芙渠，其中菂。」郭注：「菂乃子也。」邢疏：「菂，蓮實也。」陸璣《詩疏》：「菂之殼青肉白，菂内青心二三分，爲苦薏也。」《本草》李時珍曰：「菂在房如蜂子在窠之狀。六七月采嫩者，生食脆美。至秋，房枯子黑，其堅如石，謂之石蓮子。八九月收去，斫去黑殼貨之，四方謂之蓮肉，以水浸去赤皮，青心生食甚佳。」《譜》曰：「銀杏，生，苦，平，澀。消毒殺蟲，滌垢化痰。熟，甘，苦，温。暖肺益氣，定喘嗽，止帶濁，縮小便。多食壅氣動風，小兒發驚動疳。中其毒者，昏暈如醉，白果殼或白鯗頭煎湯解之。食或太多，甚至不救，慎生者不可不知也。」又曰：「藕實，即菂子。鮮者，甘，平。清心養胃，治噤口痢，生熟皆宜。乾者，甘，温。可生可熟，安神補氣，鎮逆止嘔，固下焦，已崩帶遺精，厚腸胃，愈二便不禁。可磨以合粉作糕，或同米煮爲粥飯，健脾益腎，頗著奇勛。以紅花所結，肉厚而糯者良。但性澀、滯氣，生食須細嚼，熟食須開水泡，剥衣挑心，煨極爛。凡外感前後，瘧、疸、疳、痔、氣鬱、痞脹、溺赤、便秘、食不運化及新産後，皆忌之。」

〇山楂酪

用山楂搗爛和粉，加松仁屑、白糖蒸之，酸甘相濟，醒酒最佳。

《本草》李時珍曰：「《唐本草》『赤爪木』，《宋圖經》『棠球子』，《丹溪補遺》『山楂』，皆一物也。此物生於山原茅林中，猴鼠喜食之，故又有諸名也。曰茅楂，曰猴樝，曰鼠樝。《唐本草》『赤爪』當作『赤棗』。范成大《虞衡志》有『赤棗子』。王璆《百一選方》云：『山裹紅果，俗名酸棗，又名鼻涕團。』正合此義矣。樹高數尺，葉有五尖，椏間有刺。三月開五出小白花，實有赤、黄二色，肥者如小林檎，小者如指頭，九月乃熟。小兒采而賣之。閩人取熟者，去皮核，擣和糖蜜，作爲樝糕，以充果物。」《譜》曰：「酸，甘，温。醒脾氣，消肉食，破瘀血，散結消脹，解酒化痰，除疳積，已瀉痢。多食耗氣、損齒，易饑，空腹及羸弱人，或虚病後，忌之。」

○樝糕拌梨絲

京師樝糕用鴉梨切絲拌食，雋美異常，此宣武坊南酒家勝概也。南方二物皆不及北方，故效顰終不能肖耳。

《本草》：「梨，一名快果。又果宗，又玉乳，又蜜父。」李時珍曰：「梨樹高二三丈，尖葉光膩有細齒。二月開白花如雪六出，上巳無風則結實必佳。故古語云：『上巳有風，梨有蠹；中秋無月，蚌無胎。』賈思勰言：『梨核每顆有十餘子，種之惟一二子生梨，餘皆生杜。』此亦一異也。杜即棠梨也。梨品甚多，必須棠梨、桑樹接過者，則結實早而佳。梨有青、黄、紅、紫四色。乳梨即雪梨，鵝梨即綿梨，消梨即香水梨也，俱爲上品，可以治病。禦兒梨，即玉乳梨之訛，或云，禦兒，一作語兒，地名也，在蘇州嘉興縣，見《漢書注》。其他青皮、早穀、半斤、沙糜諸梨，皆粗澀不堪，止可蒸煮及切烘爲脯耳。一種醋梨，易水煮熟，則甜美不損人也。昔人言梨，皆以常山真定、山陽鉅野、梁國睢陽、齊國臨淄、鉅鹿、弘農、京兆、鄴都、洛陽爲稱。蓋好梨多産於北土，南方惟宣城爲勝。故司馬遷《史記》云：『淮北、滎南、河濟之間，千樹梨，其人與千户侯等也。』又魏文帝詔云：『真定御梨，大如拳，甘如蜜，脆如菱，可以解煩釋悁。』辛氏《三秦記》云：『含消梨，大如五升器，墜地則破，須以囊承取之。漢武帝嘗種於上苑。』此又梨之奇品也。《物類相感志》言：『梨與蘿蔔相間收藏，或削梨蒂種於蘿蔔上藏之，皆可經年不爛。』今北人每於樹上包裹，過冬乃摘，亦妙。」

《譜》曰：「甘，涼。潤肺清胃，涼心滌熱，息風化痰已嗽，養陰濡燥，散結通腸，消臃疽，止煩渴，解丹石、煙煤、炙煿、膏粱、麯蘖諸毒。以皮薄心小、肉細無渣、略無酸味者良，北産尤佳。可搗汁熬膏，亦可醬食。」

○煨棗泥

紅棗煮熟，去皮核，用豬油煨爛。山西庖人爲之。

《爾雅》：「棗。壺棗。邊腰棗。櫅，白棗。樲，酸棗。楊徹齊棗。遵，羊棗。洗，大棗。煮填棗。蹶，洩苦棗。晳，無實棗。還味，棯棗。」《埤雅》：「大曰棗，小曰棘。棘，酸棗也。棗性高，故重束。棘性低，故并束。束，音次。棗棘皆有刺針，會意也。」《本草》陶弘景曰：「世傳河東猗氏縣棗特異。今青州出者，形大而核細，多膏甚甜。郁州互市者亦好，小不及耳。江東、臨沂、金城棗形大而虛，少脂，好者亦可用之。南棗大惡，不堪啖。」李時珍曰：「棗木赤心有刺，四月生小葉，尖觥光澤。五月開小花，白色微青，南北皆有。惟青晉所出者肥大甘美，其類甚繁。《爾雅》所載之外，郭義恭《廣志》有狗牙、雞心、牛頭、羊矢、獼猴、細腰、赤心、三星、駢白之名。又有木棗、氐棗、桂棗、夕棗、灌棗、墟棗、蒸棗、白棗、丹棗、棠棗，及安邑、信都諸棗。穀城紫棗長二寸，羊角棗長三寸。密雲所出小棗，脆潤核細，味亦甘美。皆可充果食。」《齊民要術》云：「凡棗全赤時，日日撼而收曝，則紅皺。若半赤收者，肉未充滿，乾即色黄而皮皺。將赤收者味亦不佳。」《食經》：「作乾棗法，須治浄地，鋪菰箔之類承棗，日曬夜露，擇去胖爛，曝乾收之。切而曬乾者，爲棗脯。煮熟榨出者，爲棗膏，亦曰棗瓤。蒸熟者，爲膠棗，加以糖蜜拌蒸，則更甜，以麻油葉同蒸，則色更潤澤。擣膠棗，曬乾者爲棗油。」《譜》曰：「乾者，甘，温。補脾養胃，滋營充液，潤肺安神，食之耐飢。色赤者名紅棗，氣香，味較清醇，開胃養心，醒脾補血，亦以大堅實者勝。」

○醬燒核桃

用核桃肉，用甜醬燒之，尼庵中妙品也。余嘗取山核桃燒之，其味尤勝。惜剥肉費事，與蟛蜞作羹，同爲難題耳。

《本草》蘇頌曰：「此果出羌胡，漢時張騫使西域，始得種還，植之秦中，漸及東土，故名之。」李時珍曰：「或作核桃，梵書名播羅師。樹高丈許，春初生葉，長四五寸，微似大青葉，兩兩相對，頗作惡氣。三月開花如栗花，穗蒼黄色，結實至秋如青桃狀，熟時漚爛皮肉，取核爲果。人多以欅柳接之。」《嶺表録異》：「南方有山胡桃，底平如檳榔，皮厚而大堅，多肉少瓤，其殼甚厚，須椎之方破。」《北户録》：「山胡桃皮厚底平，狀如檳榔。」

《譜》曰：「甘，温。潤肺益腎，利腸，化虚痰，止虚痛，健腰脚，散風寒，助痘漿，已勞喘。通血脈，補産虚，澤肌膚，暖水藏。製銅毒，療諸瘫，殺羊膻，解齒齼。以殼薄、肉厚、味甜者良。宜餡宜肴，果中能品。惟助火生痰，非虚寒者，勿多食也。」

○醋摟荸薺

荸薺切片，加冬菇醋摟，爽脆可口，在京師謂之「摟南薺」，市肆之珍品也。

《爾雅》：「芍，鳧茈。」郭注：「生下田，苗似龍鬚而細，根如指頭，黑色可食。」

《廣雅》：「葃菇、水芋，烏芋也。」

《本草》吴瑞曰：「小者名鳧茈，大者名地栗。」寇宗奭曰：「皮厚色黑，肉硬而白者，謂之豬葧臍。皮薄澤，色淡紫，肉軟而脆者，謂之羊葧臍。正二月，人采食之。」李時珍曰：「鳧茈生淺水田中。其苗三四月出土，一莖直上，無枝葉，狀如龍鬚。肥田栽者，粗近葱蒲，高二三尺。其根白蒻，秋後結顆大如山楂、栗子，而臍有聚毛。

纍纍下生入泥底。野生者，黑而小，食之多滓。種出者，紫而大，食之多毛。吴人以沃田種之，三月下種，霜後苗枯，冬春掘收爲果，生食、煮食皆良。」

《譜》曰：「甘，寒。清熱消食析酲，療膈殺疳，化銅辟蠱，除黄泄脹，治痢調崩。以大而皮赤、味甜無渣者良，風乾更美。多食每患脹痛，中氣虚寒者忌之。煮熟性平，可入肴饌。」

〇炒藕絲

炒藕絲，京師謂之「蓮菜」。切細絲，加醋摟之，頗有風味。

《爾雅》：「其本蔤。」郭注：「莖下白蒻，在泥中者。」邢疏：「今江東人呼荷花爲芙蓉，北方人便以藕爲荷，亦以蓮爲荷。蜀人以藕爲茄。或用其母爲華名，或用根子爲母、葉號。此皆名相錯，習俗傳誤，失其正體者也。」

《本草》李時珍曰：「蓮藕，荆、揚、豫、益諸處湖澤陂池皆有之。以蓮子種者生遲，藕芽種者最易發，其芽穿泥成白蒻，即蔤也。長者至丈餘，五六月嫩時没水取之，可作蔬茹，俗呼藕絲菜。」

《譜》曰：「甘，平。生食生津，行瘀止渴，除煩開胃，消食析酲。治霍亂口乾，療産後悶亂。罨金瘡止血定痛，殺射罔、魚蟹諸毒。熟食補虚，養心生血，開胃舒鬱，止瀉充饑。」

○油灼蘋果

蘋果切片，糊薄面灼之，味如嚼絮，南人以蘋果爲珍品，故用之。

《廣雅》：「楉榴，柰也。」《廣志》：「柰有青、白、赤三種，張掖有白柰，酒泉有赤柰。西方例多柰，家以爲脯。」《晉起居注》：「嘉柰一蔕十五實，或七實，生於酒泉。」《六帖》：「白柰，出涼州野豬澤，大如兔頭。」《西京雜記》：「漢時紫柰，大如升，核紫花青，研之有汁，可漆，或著衣不可浣也。」

《本草》陶弘景曰：「柰，江南雖有，而北國最豐。作脯食之，不宜人。」李時珍曰：「『梵言謂之頻婆。西土最多，可栽可壓。又杜恕《篤論》云：『日給之花似柰，柰實而日給零落，虚僞與真實相似也。』則日給乃柰之不實者。而王羲之帖，來禽、日給，皆囊盛爲佳果，則又似指柰爲日給矣。木槿花亦名日及，或同名耳。」

《譜》曰：「甘，涼。輕軟，别有色香。潤肺悦心，生津開胃，耐飢醒酒，辟穀救荒，洵果中仙品也。」

犀曰：曩在山右時，樹頭摘取鮮者食之，誠有如《譜》所云者，其一種雋爽之味，尤非南方所能夢見。而南人出重價購之，味已不逮。而又以油灼之，是與得哀家梨蒸食者，同可笑也。

〇杏酪豆腐

杏酪點成腐，切小方塊，入清雞湯煨，香嫩絶倫。喜食甜者，用冰糖亦可。或以山楂酪和杏酪拼成太極圖形者，謂之「紅白豆腐」。

《本草》：「巴旦杏，一名八擔杏，一名忽鹿麻。」李時珍曰：「出回回舊地，今關西諸土亦有。樹如杏而葉差小，實亦尖小而肉薄。其核如梅核，殼薄而仁甘美，點茶食之，味如榛子。西人以充方物。」

《譜》曰：「叭嗟杏，甘，涼。潤肺補液濡枯。仁味甘，平。補肺潤燥，止咳下氣，養胃化痰。闊扁尖、彎如鸚哥嘴者良。或生、或炒，亦可作酥酪。雙仁者有毒。寒濕、痰飲、脾虛、腸滑者忌食。」

○玉蘭片　荷花片　蘭花片

玉蘭花片，麵拖油煎，糖糝食最佳。荷花瓣亦可爲之。惟吴人以蘭花爲之，蘭香最微，經油已盡，此真所謂焚蘭泥玉也。

《群芳譜》：「玉蘭花瓣擇洗浄，拖麵，麻油煎食最佳。」

○木槿花

木槿花去心蒂，肉湯煮甚佳。閩人以爲常餌。土名「會生花」。

《廣州記》：「始平州有花樹如槿，亦似桑，四時常有花，可食，甜滑，無子，即舜木也。」

校勘記

〔一〕「撇去」，隨園食單作「撤去」。

〔二〕「必用門東者纔肥」，隨園食單作「必買矮弱者纔肥」。

〔三〕「鰲」，隨園食單作「蜆」。
〔四〕「麵筋二法」，隨園食單作「麵筋之法」。
〔五〕「蘑菇湯煨」，隨園食單作「蘑菇清煨」。

小菜單

小菜佐食，如府史胥徒佐六官司也。醒脾解濁，全在於斯。作《小菜單》。

筍脯

筍脯出處最多，以家園所烘爲第一。取鮮筍加鹽煮熟，上籃烘之。須晝夜環看，稍火不旺則溲矣。用清醬者，色微黑。春筍、冬筍皆可爲之。

天目筍

天目筍多在蘇州發賣。其簍〔一〕中蓋面者最佳，下二寸便攙入老根硬節矣。須出重價，專買其蓋面者數十條，如集狐成腋之義。

胡承謀《湖州府志》：「天目出筍乾，其色緑。聞其煮法旋湯使急轉，下筍再不犯器，即緑矣。」

玉蘭片

以冬筍烘片，微加蜜焉。蘇州孫春楊家有鹽、甜二種，以鹽者爲佳。

素火腿

處州筍脯，號「素火腿」，即處片也。久之太硬，不如買毛筍自烘之爲妙。

宣城筍脯

宣城筍尖，色黑而肥，與天目筍大同小異，極佳。

人參筍

製細筍如人參形，微加蜜水，揚州人重之，故價頗貴。

喇虎醬

秦椒搗爛，和甜醬蒸之，可屑蝦米攙入。

犀曰：喇醬冬日爲宜。以肉丁、筍丁油灼，和椒醬炒之，或加蝦米、腐乾均可，或用腐乾、筍、蕈丁作素者亦可。

枯。

熏魚子

熏魚子，色如琥珀，以油重爲貴。出蘇州孫春楊家。愈新愈妙，陳則味變而油

腌冬菜黄芽菜

腌冬菜、黄芽菜，淡則味鮮，鹹則味惡。然欲久放，則非鹽不可。常腌一大缸，三伏時開之，上半截雖臭爛，而下次半截香美異常，色白如玉甚矣。相士之不可但觀皮毛也。

犀曰：杭人腌冬菜，冬日一正事也。先買菜洗浄曬乾，然後入菜於缸，加以鹽。命庖人著新草履入缸踏之，隨踏隨加，缸中放八分滿，乃以巨石壓之。俟冬至日開缸取菜，必祭先而後食。予素不喜食，但聞嗜之者云鮮美異常。蜀人有作泡菜者，法以一酒缸，用熱鹽泡之，俟冷定，然後入以白菜、蘿蔔、萵苣、辣椒等物。隨食隨加，用之不竭，與葷菜中之鹵鍋可以匹敵。

萵苣

食萵苣有二法：新醬者，鬆脆可愛。或腌之爲脯，切片食甚鮮。然必以淡爲貴，鹹則味惡矣。

《清異録》：「名千金菜。咼國使者來漢，隋人求得其種，酬之甚厚，故名。」《格物論》：「萵苣菜，有白苣，葉有白毛。有紫苣，有芒苣，即野苣也，味苦。又有編苣。今人家常食者，白苣。江外、嶺南無白苣，常植野苣，以供厨饌。」《蔬譜》：「萵苣四月抽薹，高三四尺，剥皮生食，味清脆，糟食甚佳。江東謂之苣筍。」

《本草》李時珍曰：「白苣、苦苣、萵苣，俱不可煮烹，皆宜生挼去汁，鹽醋拌食，通可曰生菜，而白苣稍美，故獨得專稱也。白苣似萵苣而葉色白，折之有白汁。正二月下種，四月開黄花，如苦蕒，結子亦同。八月、十月可再種。故諺云：『生菜不離園。』」又曰：「萵苣，正二月下種，最宜肥地。葉似白苣而尖，折之有白汁粘手。味如胡瓜，糟食亦良。江東人鹽曬壓實，以備方物，謂之萵筍也。」

《譜》曰：「微辛，微苦，微寒，微毒。通經脈，利二便，析酲消食，殺蟲蚊毒。可腌爲脯，病人忌之。莖、葉性同，薑汁能制其毒。」

香乾菜

春芥心風乾，取梗淡腌，曬乾，加酒、加糖、加秋油，拌後再加蒸之，風乾入瓶。

王安石《字説》：「芥者，界也。發汗散氣，界我者也。」王禎《農書》：「其氣味辛烈，菜中之介然者，食之有剛介之象。」吴氏《本草》：「芥葅，一名水蘇，一名勞祖。」《蔬譜》：「青芥，葉大子粗，葉似菘有毛，味辣，可生食。紫芥，莖葉純紫，作虀最美。白芥，一名胡芥，一名蜀芥，高二三尺，葉青白色，爲茹甚美。莖易起而中空，性脆，畏狂風大雪。他如南介、刺芥、旋芥、馬芥、花芥、石芥、雲臺芥之類，皆菜之美者。又大芥，名皺葉芥，大葉皺紋，色緑味辛。冬日俗呼臘芥，春日者春芥，四月食者夏芥。芥心嫩，蘭臺謂之芥蘭。」

《物類相感志》：「收芥子宜隔年，陳則辣。」《學圃雜疏》：「芥多種，以春不老爲第一。」

《本草》李時珍曰：「其花三月開，黄色四出，結莢一二寸。子大如蘇子，而色紫味辛，研末泡過爲芥醬，以侑肉食，辛香可愛。」蘇頌曰：「南土多芥，相傳嶺南無蕪菁，有人攜種至彼種之，皆變作芥，地氣使然耳。」

《譜》曰：「辛，甘而温。禦風濕，根味尤美。補元陽，利肺豁痰，和中通竅。腌食更勝，若將腌透之菜，於晴燥時一日曬極乾，密裝乾潔壇内，陳久愈佳。香能開胃，最益病人。用時切食，葷素皆宜，以之燒肉，盛暑不壞。」

冬芥

冬芥，名「雪裏紅」。一法整腌，以淡爲佳。一法取心風乾，斬碎，腌入瓶中，熟後放魚羹中，極鮮。或用醋熨入鍋中，作辣菜亦可同。煮鰻、煮鯽魚最佳。

滑浩《野菜譜》：「四明有雪裏蕻，雪深諸菜凍損，此菜獨青。又有破破衲、抓抓兒、絲蕎蕎、板蕎蕎、豬殃殃、油灼灼、看麥娘、燕子不來香、燈蛾兒、天藕兒、狗脚迹、貓耳朵、雁腸子、老鸛筋諸菜名。」

《譜》曰：「冬收，細葉無毛，青翠而嫩者良。晴日刈之，曬至乾癟，洗淨，每百斤以燥鹽五斤，壓實腌之，數日後鬆缸。一伏時，俾鹵得浸漬。如鹵少，泡鹽湯，候冷加入，仍壓實。一月後開缸，裝罈瓮，逐罈均以鹵灌，浸滿爲法。設鹵不敷，仍以冷鹽湯加之，緊封罈口。久食不壞，生熟皆宜，可爲常饌。」

犀曰：此物味極雋爽，用以炒羊肉絲，或串魚片，或作湯。用火鍋以生羊肉片、野雞片串之尤妙。嘗謂此品是真正英雄，不藉一毫富貴氣，純從寒苦中磨煉出一生事業，富貴人反欲藉之。至冬腌菜，雖出身相同，而不能入以他物，只辦得自了漢耳。

春　芥

取芥心風乾，斬碎，腌熟入瓶，號稱「挪菜」。

芥　頭

芥根切片，入菜同腌，食之甚脆。或整腌，曬乾作脯，食之尤妙。

《群芳譜》有造黑腌虀法，用白菜如法腌透，取出挂於桁上曬極乾，上甑蒸熟，再曬乾收之，極耐久長。夏月，以此虀和肉炒，可以久留不臭。

芝麻菜

腌芥曬乾，斬之碎極，蒸而食之，號「芝麻菜」，老人所宜。

腐乾絲

將好腐乾切絲極細，以蝦子、秋油拌之。

犀曰：揚州、金陵一帶，茶肆中皆有之，多加以薑絲。

風瘪菜

將冬菜取心風乾，腌後榨出鹵，小瓶裝之，泥封其口，倒放灰上。夏食之，其色黄，其臭香。

糟菜

取腌過風瘪菜，以菜葉包之，每一小包，鋪一面香糟，重疊放罈内。取食時，開包食之，糟不沾菜，而菜得糟味。

酸菜

冬菜心風乾微腌，加糖、醋、芥末，帶滷入罐中，微加秋油亦可。席間醉飽之餘，食之醒脾解酒。

臺菜心

取春日臺菜心腌之，榨出其滷，裝小瓶之中，夏日食之。風乾其花，即名「菜花頭」，可以烹肉。

大頭菜

大頭菜出南京承恩寺，愈陳愈佳。入葷菜中，最能發鮮。

《書·禹貢》「包匭菁茅」，傅寅引鄭注：「菁，蔓菁也。」《公食大夫禮》「菁菹」，注云：「菁，萛菁菹也。」疏云：「即今之蔓菁也。」《禮·坊記》注云：「葑，蔓菁也。」陸璣《詩疏》：「葑，蕪菁也。」《方言》：「蕪菁，趙魏之郊謂之大芥，小者謂之辛芥。」顔注《急就篇》：「菁，蔓菁也。一曰冥菁，亦曰蕪菁，又曰芴菁。」《齊民要術》：「應於空閑地種蔓青、萵苣、蘿蔔等。」又云：「蘿蔔及葵六月種，蔓菁七月種。」

劉禹錫《嘉話録》：「諸葛亮所止，令軍士獨種蔓菁者，取其纔出甲可生啖，一也。葉舒可煮食，二也。久居則隨以滋長，三也。棄不令惜，四也。回則易尋而采，五也。冬有根可斸食，六也。比諸蔬屬，其利甚博。至今蜀人呼爲諸葛菜，江陵亦然。」

《本草》陳藏器曰：「蕪菁，北人名蔓菁。今并汾、河朔間燒食其根，呼爲蕪根。塞北、河西種者，名九英蔓菁，亦曰九英菘。根葉長大，而味不美。」蘇頌曰：「北土尤多，四時常有，春食苗，夏食心，亦謂之薹子，秋食莖，冬食根。」寇宗奭曰：「蔓菁夏月則枯，當此之時，蔬圃復種，謂之雞毛菜。河東、太原所出，其根極大，他處不及也。」李時珍曰：「蔓菁根長而白，其味辛苦而短，莖粗，葉大而厚闊。夏初起薹，開黄花，四出如芥，結角亦如芥。其子均圓，亦似芥而紫赤色。六月種者，根大而葉蠹。八月種者，葉美而根小。惟七月初種者，根葉俱良。擬賣者純種九英，九英根大而味短，削浄爲葅，甚佳。今燕京人以瓶腌藏，謂之閉瓮菜。」孟詵曰：「和羊肉食甚美。冬日作葅煮羹食，消宿食，下氣治嗽。」

《雲南記》：「巂州界緣山野間有菜，大葉而粗莖，其根若大蘿蔔。土人蒸煮其根葉而食之，可以療飢，名之爲『諸葛菜』。云武侯南征，用此菜子莳於山中，以濟軍。」《溪蠻叢話》：「苗、僚、瑶、佬地方産馬王菜，味澀多刺，即諸葛菜也。相傳馬殷所遺，故名。又蒙古人呼其根爲沙吉木兒。」

《蔬譜》：「人久食蔬，無穀氣即有菜色，食蔓菁者獨否。四時皆有，四時可食。春食苗，初夏食心，亦謂之薹，秋食莖，冬食根。數口之家，能莳百本，亦可終歲足蔬。子可打油，燃燈甚明。每畝根葉可得五十石，每三石可當米一石，是一畝可得米十五六石，則三人卒歲之需也。」

《譜》曰：「腌食，鹹，甘。下氣開胃，析酲消食。葷素皆宜，肥嫩者勝，諸病無忌。」向産北地，今嘉興亦有之。

犀曰：南方皆食腌者，西北則到處有之。京師謂之「大頭乾韃」，山西謂之「辟藺」，皆是物也。惟諸葛菜，或另有一種。昔在太原，鄰居唐翁采以見貽，并手書考據一紙，云即《毛詩》之葑，而獨不言即大頭菜，豈以大頭菜爲常品，而故諱其名歟？未可知矣。

蘿　蔔

蘿蔔，取肥大者，醬一二日即吃，甜脆可愛。有侯尼能製爲鮝，煎片如蝴蝶，長至丈許，連翩不斷，亦一奇也。承恩寺有賣者，用醋爲之，以陳爲妙。

犀曰：蘿蔔掰塊，用鹽略腌，即以麻醬油，或糖醋拌食，最妙。或生片以甜醬蘸食，尤爽。若遇佳者，直勝啖哀家梨矣。

乳　腐

乳腐，以蘇州温將軍廟前者爲佳，黑色而味鮮。有乾濕二種，有蝦子腐亦鮮，微嫌腥耳。廣西白乳腐最佳。王庫官司家製亦妙。

犀曰：温將軍廟店已無存。聞昔時又有曹家巷一家，今亦無之矣。杭州人製火腿腐乳，味甚微，不能辨也。蘇州之酒脚腐乳亦佳。

醬炒三果

核桃、杏仁去皮，榛子不必去皮。先用油炮脆，再下醬，不可太焦。醬之多少，亦須相物而行。

陸璣《詩疏》：「榛有兩種：一種大小、枝葉、皮、樹皆如栗，而子小，形如橡子，味亦如栗，枝莖可以爲燭，《詩》所謂『樹之榛栗』者也。一種高丈餘，枝葉如木蓼，子作胡桃味，遼代上黨甚多，久留亦易油壞者也。」《本草》李時珍曰：「古作亲，从辛，从木。俗作莘，誤矣。榛樹低小如荆，叢生。冬末開花如櫟花，成條下垂，長二三寸。二月生葉，如初生櫻桃葉，多皺紋，而有細齒及尖。其實作苞，三五相粘，一苞一實，實如櫟實，下壯上鋭，生青熟褐。其殼厚而堅，其仁白而圓，大如杏仁，亦有皮尖，然多空者。故諺云：『十榛九空。』《禮記》鄭玄注云：『關中甚多此果。』」又見《糖色單》下。

《譜》曰：「甘，平。補氣開胃，耐飢長力，厚腸，虛人宜食。仁粗大而不油者佳。亦可磨，點成腐，與杏仁腐皆爲素饌所珍。」

醬石花

將石花洗凈入醬中，臨吃時再洗。一名「麒麟菜」。

《彙苑》：「石花菜，一名瓊枝，即越中鹿角菜之類。」

《本草》李時珍曰：「生南海沙石間，高二三寸，狀如珊瑚，有紅白二色，枝上有細齒。以沸湯泡去砂屑，沃以薑、醋，食之甚脆。其根埋沙中，可再生枝也。一種稍粗而似雞爪者，謂之雞爪菜，味更佳。二物久浸，皆化成膠凍也。郭璞《江賦》所謂水物『玉珧海月，土肉石華』，即此物也。」

李善注《文選》：「《臨海水土物志》曰：『石華附石生，肉中啖。』」

《譜》曰：「甘，鹹。寒，滑。專清上焦客熱，久食愈痔，而能發下部虛寒。盛夏煎之，化成膠凍，寒凝已甚。中虛無火者忌食。粗者名麒麟菜，性味略同。」

石花糕

將石花熬爛作膏，仍用刀劃開，色如蜜蠟。

小松菌

將清醬同松菌入鍋滚熟，收起，加麻油入罐中，可食二日，入則味變。

吐　蛈

吐蛈出興化、泰興。有生成極嫩者，用酒釀浸之，加糖則自吐其油，名爲泥螺，以無泥爲佳。

《會稽志》：「吐鐵歲時含以沙，沙黑似鐵。至桃花時，鐵始吐盡。」《食物本草》：「吐鐵，海中螺屬也。大如指中，有腹如凝膏白，其殼中吐膏，大於本身，光明潔白可愛。姑蘇人享客，佐下酒小盤，爲海錯上品。一名麥螺，一名梅螺。産寧波者，大而多脂，餘姚者不及。生食之令人頭腫。土人以鹽漬之，去其初涎，便縮可食。」

《海味索隱》：「土鐵，一名泥螺。出寧波南田者佳。五月梅雨後收製。」

《見只編》：「九月可食，蓋此物産泥塗，以泥爲食，八月至九月，不復食泥，吐白脂，晶瑩塗上，比他月出者佳。」

《福州府志》：「吐鐵，爲海錯上品，色青，外殼亦軟，肉黑如鐵，吐露殼外。人以腌藏糟浸，貨之四方。别有小如緑豆者，桃花時方有，名桃花吐鐵。産泉州者，曰麥螺。」

《譜》曰：「鹹，寒。補腎，明目，析酲。以大而肉嫩無泥、拖脂如凝膏、大如本身者佳。産南洋腌者味勝，更以葱、酒醉食，味尤佳。」

犀曰：吐蚨易壞，以溺浸之，可保。故賣者輒於無人處私焉。

海　蜇

用嫩海蜇，甜酒浸之，頗有風味。其光者名爲白皮，作絲，酒醋同拌。

《博物志》：「東海有物，狀如凝血，縱廣數尺，方圓，名曰鮓魚。無頭目，腹内無腸藏，其所處，衆蝦附之，隨其東西，越人煮食之。」

《嶺表録異》：「鮀有淡紫色者，有白色者，大如覆帽，小者如碗。腸下有物如懸絮，俗謂之足，而無口眼。常有數十蝦寄腹下，咂食其涎。浮泛水上，捕者或遇之，即欻然而没，乃是蝦有所見耳。」又云：「甚腥，須以草木灰點生油，再三洗之，瑩淨如水晶紫玉。肉厚可二寸，薄處亦寸餘。先煮椒、桂，或豆蔻、生薑，縷切而炸之，或以五辣肉醋，或以蝦醋，如鱠食之，最宜。」

《蟫史》：「蛇，生南海，四五月初生如帶，至六月漸大如盤，形似白緑絮，而無耳目、口鼻、鱗骨。一段赤色破碎者，謂之蛇頭，其肉如水晶，以明礬腌之，吴人呼爲水母鮮，久則漸薄如紙，故呼爲白皮紙。」

《柑園小識》：「海蛇上有白皮，潔白脆美，過於海蛇，謂之白皮子。」

《本草綱目拾遺》：「一名秋風子。其物確係海水所結。東南海俱鹹，過春夏天，雨在海中者，一滴雨水入海，輒有一小泡凝聚海面，初則大如豆，隨波逐蕩，受日烘染，漸長大成形如笠，上頭下脚，塊然隨潮而行。土人撈蛇者，每於海塗間插竹爲小城，以稻草作網圍之，潮長，蛇隨潮而至，入竹城爲網所絡，不得去。然後取之，以刃劈其中段，砉然而開，有似腸胃穢積者，落落交下，名蜇花，食之亦最美。」

《江賦》「水母目蝦」，李善注引《南越志》云：「海岸間頗有水母，東海謂之蛇，正白，濛濛如沫。生物有智識，無耳目，故不知避人。常有蝦依隨之，蝦見人則驚，此物亦隨之而没。」《北户録》：「一名石鏡。」《廣韻》：「一名蟦，形如羊胃，無目，一名海䩞。」《農田餘話》：「俗稱海蜇，或涉聲。」

《雨航雜録》：「蛇魚，俗所謂海蜇也。雨水多則是物盛，其形如覆笠。」《異物疏》：「俗名海舌。」《本草》：「一名樗蒲魚，大者如床，小者如斗。」《山堂肆考》：「四五月初生如帶，至六月大如盤形，似白綿絮，而無耳目、口鼻、鱗骨，一段赤色破碎者謂之頭，其肉如水晶，以明礬腌之，吴人呼爲水母鮮，久則漸薄如紙。俗呼爲白皮紙。」

《譜》曰：「鹹，平。清熱消痰，行瘀化積，殺蟲止痛，開胃潤腸，治哮喘、疳黄、症瘕、瀉痢、崩中、帶濁、丹毒、顛癇、痞脹、脚氣等病。諸無所忌，陳久愈佳。」

犀曰：取白皮切塊，再縷其半，連其半以沸湯沃之，則縷處皆拳曲如佛手狀，名曰「佛手卷」，以糖醋拌食，甚佳。

蝦子魚

子魚出蘇州，小魚生而有子，生時烹食之，較蝦子鯗尤佳〔二〕。

犀曰：孫春陽賣者，以魚焙乾，蝦子皆附魚身，每包大小二枚，味頗不惡。今則雖有效顰者，而味迥不侔矣。蝦子魚，今名「子鱭魚」，實蝦子鱭魚之省文也。若云小魚生而有子，則與蝦子何干，何必名之蝦子魚？隨園此條自相矛盾。

醬　薑

生薑取嫩者微腌，先用粗醬套之，再用細醬套之，凡三套而始成。古法用蟬退一入醬，則薑不老矣〔三〕。

《齊民要術》有蜜薑法：「用生薑，淨洗，削治，十月酒糟中藏之。泥頭十日，熟。

出，水洗，納蜜中。大者中解，小者渾用。豎奠四。」又云：「卒作：削治，蜜中煮之，亦可用。」

《春秋運斗樞》：「璇星散爲薑，失德逆時，即薑有異辛而不臭。」《史記索隱》：「茈薑，子薑也。案《四民月令》：『生薑謂之茈薑，音紫。』」《漢書注》：「如淳曰：『茈薑，薑上齊也。』」顔注：『薑之息生者，連其株本，則紫色也。』」《説文》：「薑，禦濕之菜也。」《急就篇》：「款冬、貝母、薑、狼牙。」顔注：「薑謂生薑、乾薑也。」王安石《字説》：「薑能彊禦百邪，故謂之薑初。」

《本草》李時珍曰：「薑宜原隰沙地，四月取母薑種之，五月生苗，如初生嫩蘆，而葉稍闊，似竹葉，對生，葉亦辛香。秋社前後新芽頓長，如列指狀，采食無筋，謂之子薑。秋分後者次之，霜後則老矣。性惡濕洳而畏日，故秋熱則無薑。」《清異録》：「生薑，名百辣云。又釋鑒興《與天台山居頌》『糟雲上箸』，謂糟薑也。」

《物類相感志》：「糟薑瓶内入蟬蛻，雖老薑無筋。」《彙苑》：「一名番韭。」《方言》：「薑之小者謂之穰菜。」《格物論》：「薑葉似箭竹葉而長，兩兩相對，苗青根黃，無花實。」《異物志》：「廉薑生沙石中，南人以爲薑。」鄭樵曰：「似山薑而根大。」

《清異録》：「侯寧《藥譜》名百辣云。」

《譜》曰：「辛，熱。散風寒，温中，去痰濕，止嘔定痛，消脹殺蟲，治陰冷諸疴，殺鳥獸、鱗介穢惡之毒。可醬漬，可糖腌。多食久食，耗液傷營。病非風寒外感、寒濕内蓄而内熱、陰虚、目疾喉患、血證瘡瘍、嘔瀉有火、暑熱時瘧、熱哮火喘、胎産、痧脹及時病後、痧痘後均忌之。」

醬瓜

將瓜腌後，風乾入醬，如醬薑之法。不難其甜，而難其脆。杭州施魯箴家製之最佳。據云，醬後曬乾，又醬，故皮薄而皺，上口脆。

《學圃雜疏》：「瓜之不堪生食，而堪醬食者，曰菜瓜。以甜醬漬之，爲蔬中佳品。」

《本草》：「越瓜，一名梢瓜，一名菜瓜。」陳藏器曰：「越瓜生越中，大者色正白，越人當果食之，亦可糟藏。」李時珍曰：「越瓜，南北皆有。二三月下種生苗，就地引蔓，青葉黄花，并如冬瓜花葉而小。夏秋之間結瓜，有青、白二色，大如瓠子。一種長者至二尺許，俗呼羊角瓜。其子狀如胡瓜子，大如麥粒。其瓜生食，可充果蔬，醬、豉、糖、醋藏浸皆宜，亦可作菹。」

《齊民要術》瓜菹法：「采越瓜，刀子割。摘取，勿令傷皮。鹽指數遍，日曝令皺。先取四月白酒糟鹽和，藏之。數日，又過著大酒糟中，鹽、蜜、女麴和糟，又藏泥缸中，唯久佳。」

《譜》曰：「生食甘寒。醒酒滌熱。糖腌充果，醯醬爲菹，皆可久藏。病目者忌。」

新蠶豆

新蠶豆之嫩者，以腌芥菜炒之甚妙。隨采隨食方佳。

《學圃雜蔬》：「初熟甘香，其種自雲南來者，絶大而佳。」《本草》李時珍曰：「豆莢狀如老蠶，故名。王禎《農書》謂其蠶時始熟，故名，亦通。《太平御覽》云張騫使外國，得胡豆種歸，指此也。南土種之，蜀中尤多。八月下種，冬生嫩苗可茹。方莖中空，葉狀如匙頭，本圓末尖，面緑背白，柔厚，一枝三葉。二月開花如蛾狀，紫白色，又如豇豆花。結角連綴如大豆，頗似蠶形。」

《譜》曰：「一名佛豆，甘，平。嫩時剥爲蔬饌，味甚鮮美。性主健脾快胃。」

腌蛋

腌蛋以高郵爲佳，顔色紅而油多。高文端公最喜食之。席間先夾取以敬客。放盤中，總宜切開帶殼，黄白兼用。不可存黄去白，使味不全，油亦走散。

《齊民要術》作杬子法：「純取雌鴨，無令雜雄，足其粟豆，常令肥飽，一鴨便生百卵。取杬木皮，浄洗細莖，銼，煮其汁。率二斗，及熱下鹽一升和之。汁極冷，内瓮中，浸鴨子。一月任食。煮而食之，酒食俱用。鹹徹則卵浮。」

《譜》曰：「鴨蛋腌透者，煮食可口，且能愈瀉痢。」

犀曰：生腌蛋打開，盛碗中，用冰糖、好酒蒸至蛋白蜂巢爲度，味極佳，杭人名之「一顆星」。

混套

將雞蛋外殼微敲一小洞，將清黄倒出，去黄用清，加濃雞滷煨就者拌入，用箸打

良久，使之融化，仍裝入蛋殼中，上用紙封好，飯鍋蒸熟，剥去外殼，仍渾然一雞卵，此味極鮮。裝時須有分寸，太滿則蒸時溢出，若紙堅不溢，則殼且裂矣。

茭瓜脯

茭瓜入醬，取起風乾，切片成脯，與筍脯相似。

牛首腐乾

豆腐乾以牛首僧製者爲佳。但山下賣此物者有七家惟曉堂和尚家所製方妙。

犀曰：腐乾得名者，如杭之天竺、紹之戈橋〔四〕、蘇之滸關、湖之菱湖并佳。若徽人所製火腿腐乾，則徒有其名耳。

醬王瓜

王瓜初生時，擇者腌之入醬，脆而鮮。

○虎爪筍以下補入

虎爪出餘杭，上帶毛，衣下肉只寸許，形似虎爪，味極美。

○八寶菜

用腌芥菜，加白果、花生、紅蘿蔔之屬炒之，曰「八寶菜」，新年用之。見吴穀人祭酒《新年雜詠詩》。〔五〕

○潼關小菜

用小瓶裝賣，其中杏仁、白果、瓜薑、蘿蔔、白菜之屬，無所不有，與吴中之十景醬菜相類。行旅往來，往往購此，以充方物。

○糟鵝蛋

平湖、海寧皆有之，殼軟如棉，黄白皆如漿汁，酒味甚重，不飲酒者可以致醉。《譜》曰：「鵝卵，補中滯氣，更甚於雞。」

○皮　蛋

皮蛋，北人謂之扁蛋，又曰松花彩蛋。大約以嫩爲貴，或以醋蘸尤佳。金彦翹嘗夜半飢渴，索酒食不得，乃食皮蛋七枚而寢，豈非奇事哉。余則素未入口，無從問津。

《譜》曰：「有造爲皮蛋、糟蛋者，味雖香美，皆非病從所宜。」

○臭　菜

紹興人喜食臭，吾杭亦相率而效之，以莧菜根腌之使潰，乃取而霉之，澆以麻油。又若千層豆腐，并取而霉之，乃加花椒、麻油拌之。閨閣中嗜者，尤有海濱逐臭之風。

○香椿乾

山西平定州方物也。鮮者拌豆腐，到處有之，嗜者尤衆。

《本草》蘇頌曰：「椿木實而葉香，可啖。樗木疏而氣臭，膳夫亦能熬去其氣，并采無時。」《群芳譜》：「葉自發芽及嫩時皆香甘，生熟鹽腌皆可食。」《五雜組》：「燕齊人采椿芽以當蔬，既老則菹而蓄之。有香臭二種，臭者土人以湯瀹而鹵之，亦可食也。考之《圖經》，疏而臭者乃樗耳。」椿，一作櫄，一作杶，一作枸。

《譜》曰：「甘，辛，温。祛風解毒。入饌甚香，亦可瀹熟、腌焙爲脯，耐久藏。多食壅氣動風，有宿疾者勿食。」

○脂麻

脂麻，吾杭有用以煨羊肉者，甚佳。若炒黄，鹽拌，則侑粥之清品也。

《廣雅》：「狗虱、苣勝、藤弘，胡麻也。」《夢溪筆談》：「胡麻，即今油麻。」《事物原始》：「張騫得其種，植於中國，名胡麻。石勒時改爲芝麻。隋大業四年改曰交麻。」《穀譜》：「脂麻以多油名。俗作芝麻者非。」《爾雅翼》：「巨勝，胡麻之黑者。」《太上秘要》云：「草玄液者，黑巨勝是也。一名玄清。」《抱朴子》：「一名方莖。服餌不老，耐風濕。其葉名青蘘。」《本草》李時珍曰：「胡麻，即脂麻也。有遲、早二種，黑、白、赤三色。其莖皆方，秋開白花，亦有帶紫艷者。節節結角，長者寸許。有四棱、六棱者，房小而子少；七棱、八棱者，房大而子多。皆隨土地肥瘠而然。蘇恭以四棱爲胡麻，八棱爲巨勝，正謂其房勝巨大也。其莖高者三四尺。有一莖獨上者，角纏而子少；有開枝四散者，角繁而子多，皆因苗之稀稠而然也。其葉有本團而末鋭者，有本團而末分三丫如鴨掌形者，葛洪謂一葉兩尖爲巨勝者，指此。蓋不知烏麻、白麻皆有二種葉也。按《本經》，胡麻，一名巨勝。吴普《本草》，一名方莖。《抱朴子》及《五符經》并云巨勝，一名胡麻。其說甚明。至弘景始分莖之方圓。雷斅又以赤麻爲巨勝，謂烏麻非胡麻。嘉祐《本草》復出白油麻，以别胡麻。并不知巨勝即胡麻中丫葉巨勝而子肥者，故承誤啟疑如此。惟孟詵謂四棱、八棱爲土地肥瘠，寇宗奭據沈存中說，斷然以脂麻爲胡麻，足以證諸家之誤矣。又賈思勰《齊民要術》種收胡麻法，即今種收脂麻之法，則其爲一物尤爲可據。今市肆間，因莖有方圓之説，遂以茺蔚子僞爲巨勝，以黄麻子及大藜子僞爲胡麻，誤而又誤矣。梁簡文帝《勸醫文》有云：『世誤以灰滌菜子爲胡麻。』則胡麻之訛，其來久矣。」

《譜》曰：「甘，平。補五内，填髓腦，長肌肉，充胃津，明目息風，催生化毒。大便滑瀉者勿食。」

○麻　醬

脂麻磨爲稀糊，入鹽少許，以冷清茶攪之，則漸稠，香潤可口。或以拌海參，夏日之饌也。拌碎蝦亦佳。

《譜》曰：「香能醒胃，潤可澤枯，羸老、孕婦、乳媼、嬰兒、臟燥、瘡家及茹素者，藉以滋濡化毒。不僅爲肴中美味也。」

〇醋大蒜

醋大蒜，以好醋生腌，陳數年者爲佳。入口如泥，全無熏辛之味。若市肆之現做現吃者，不可同年而語矣。

《說文》：「蒜，葷菜也。」《夏小正》：「十有二月納卵蒜。」《古今注》：「蒜，卵蒜也，俗謂之小蒜。胡國有蒜，十許子共爲一株，籜幕裹之，名爲胡蒜，尤辛於小蒜，俗亦呼之爲大蒜。」《博物志》：「張騫使西域得大蒜、胡荽。」《清異録》：「五代宮中呼蒜爲麝香草。」《急就篇》顔注：「蒜，大小蒜也，皆辛而葷。」《本草》陶弘景曰：「今人謂葫爲大蒜，蒜爲小蒜，以其氣類相似也。」李時珍曰：「大小二蒜皆八月種，春食苗，夏初食薹，五月食根，秋月收種。北人不可一日無此者也。」又曰：「家蒜有二種。根莖俱小而瓣少，辣甚者，蒜也，小蒜也。根莖俱大而瓣多，辛而帶甘者，葫也，大蒜也。按孫炎《爾雅正義》云：『帝登蒿山，遭蕕芋毒，將死，得蒜嚙食乃解，遂收植之，能殺腥膻蟲魚之毒。』又孫愐《唐韻》云：『張騫使西域，始得大蒜種歸。』據此則小蒜之種，自蒚移栽，從古已有。故《爾雅》以蒚爲山蒜，所以别於家蒜也。大蒜之種，自胡地來，至漢始有。故《别録》以葫爲大蒜，所以見中國之蒜小也。又王禎《農書》云：『一種澤蒜，最易滋蔓，隨斸隨合，熟時采子，漫散種之。吴人調鼎多用此根作菹，更勝葱韭也。』按此正《别録》所謂小蒜是也。其始自野澤移來，故有澤名，而寇氏誤作『宅』字矣。」《抱朴子》：「薺、麥、大蒜，仲夏而枯。」《四民月令》：「布穀鳴，收小蒜。六月、七月可種小蒜，八月可種大蒜。」《攝生月令》：「四月勿食大蒜。」《養生要訣》云：「大蒜毋食，葷辛害目。」

《譜》曰：「大蒜，生辛，熱，熟甘，温。除寒濕，辟陰邪，下氣暖中，消穀化肉。破惡血，攻積冷，治暴瀉腹痛，通關格便秘。清痞殺蟲，外灸癰疽，行水止衄，制腥臊、鱗介諸毒。昏目損神，不宜多食。陰虚内熱、胎産、痧痘、時病、瘡瘧、血證、且疾，口齒、喉舌諸患咸忌之。子苗皆可鹽藏，葉亦可茹，性味相似。小蒜辛。」

校勘記

〔一〕「簍」，隨園食單作「筍」。

〔二〕「較蝦子鮝尤佳」，隨園食單作「較美於鮝」。

〔三〕「不老矣」，隨園食單作「久而不老」。

〔四〕「紹之戈橋」，紹興未有「戈橋」之地，當是「柯橋」。柯橋豆腐乾，又名五香茶乾，舊爲越中特産。

〔五〕《武林風俗記》引吴穀人《武林新年雜詠》題記：「雜炒菜品，糁以芝麻，味殊八珍，數溢七寶，新正點十廟香，吃三官素者尚之。」

點心單

梁昭明以點心爲小食，鄭傪嫂勸叔且點心，由來舊矣。作《點心單》。

鰻麵

大鰻一條，蒸爛，拆肉去骨，和入麵中，入雞湯清揉之，擀成麵皮，小刀劃成小絲〔一〕，入雞汁、火腿汁、蘑菇汁滚。

《齊民要術》：「餺飥：挼如大指許，二寸一斷，著水盆中浸，宜以手向盆旁挼使極薄，皆急火逐沸熟煮。非直光白可愛，亦自滑美殊常。」《名義考》：「凡以麵爲食具者，皆謂之餅，以水瀹曰湯餅，即今切麵。」《演繁露》：「湯餅，一名餺飥，亦名不托。李正文《刊誤》曰：『舊未就刀砧，皆以手托烹之。刀砧既具，乃云不托，言不以掌托也。』其謂湯餅者，皆手搏而擘置湯中煮之，未用刀几也。又庾闡賦之曰：『當用輕羽，拂取飛麵，剛軟適中，然後水引，細如委綖，白如秋練。』則其時之謂湯餅，皆齊高帝所嗜水引麵也。水引今世猶或呼之，俚俗又遂名蝴蝶麵也。水引、蝴蝶，皆臨鼎手托爲之，特精粗不同耳。不知何世改用刀几而名不托耳。」《四民月令》：「五月距立秋，無食煮餅及水溲餅。」

犀曰：湖北有賣魚麵者，不知其制。玉色而方形如粉乾，可以經久，發而煮之，味鮮微腥，殆亦鰻麵之類。或用雞肉和麵，即以原汁和麵成條，食時只須白水一煮，便佳。此法於闈中及行路皆宜，如隨園所云，毋乃疊床架屋，況滚時仍用雞火湯，則鰻魚之味且爲所奪，不復可辨，譬之内蛇與外蛇鬥，内蛇必死也。

温　麵

將細麵下湯瀝乾，放碗中，用雞肉、香蕈濃滷，臨吃各自取瓢加上。

鱔　麵

熬鱔成滷，加麵再滚。此杭州法。

《齊民要術》切麵粥、一名棋子麵。䴵䴵粥法：「剛溲麵，揉令熱，大作劑，挼餅粗細如小指大。重縈於乾麵中，更挼如粗箸大。截斷，切作方棋。簸去勃，甑裏蒸之。

氣餾，勃盡，下著陰地浄席上，薄攤令冷，挼散，勿令相黏。袋盛，舉置。須即湯煮，雖作臛澆，堅而不泥。冬天一作得十日。」𪍿𪎊：「以粟飯饙，水浸，即漉著麵中，以手向簸箕痛挼，令均如胡豆。揀取均者，熟蒸，曝乾。須即湯煮，笊籬漉出，別作臛澆，甚滑美。得一月日停。」

《清異録》韋巨源上燒尾食，有生進鴨花湯餅。今廣東、揚州皆有鴨麵，即其製也。謝諷《食經》有湯裝浮萍麵、楊花泛湯糝餅。《清異録》金陵鼎鐺有七妙，濕麵可穿結帶。

犀曰：杭州製麵，皆與鹵同滚，較現澆者爲入味。北人有滚至極爛者，曰「糊塗麵」，亦頗有別致。

裙帶麵

以小刀截麵成條，微寛，則號「裙帶麵」。大概作麵，總以湯多鹵重[二]，在碗中望不見麵爲妙。寧使食畢再加，以便引人入勝。此法揚州盛行，恰甚有道理。

犀曰：揚州之麵，碗大如缸，望而可駭，湯之濃鬱，他處所不及也。襄陽之麵，重用蛋清，故入口滑利，不咽而入喉，頗有妙處。京師則有所謂「一窩絲」者，麵長而細，以不斷爲貴。至若吴門下麵，無論魚肉皆先起鍋而後加，故魚肉之味與麵有如胡越，甚無謂也。徽州麵類揚式，而澆頭倍之。

素麵

先一日將蘑菇蓬熬汁，定清。次日將筍熬汁，加麵滚上。此法揚州定慧庵僧人製之極精，不肯傳人。然其大概亦可仿求。其純黑色的或云暗用蝦汁、蘑菇原汁，只宜澄去泥沙，不可换水，則厚味薄矣。〔三〕

犀曰：外祖吴尚書嘗語先大夫曰：「下麵何必定要雞鴨火腿，我常吃白菜下麵，亦頗有味。」比公南歸後，節省庖厨之費，當時庖人稍稍引去，而麵亦不堪下咽矣。觀此可知素麵之法不肯傳人，其情已可概見。因思吾鄉某公奉佛，惟謹長齋數十年，家故豐於財，其食品居恒以六簋爲率，庖人開賬過於葷菜，而家人輩亦以菜爲葷菜所不及。但不知其法肯傳人否。

蓑衣餅

乾麵用冷水調，不可多，揉擀薄後，捲攏再擀薄了，用豬油、白糖鋪勻，再捲攏擀成薄餅，用豬油熯黄。如要鹽的，用葱椒鹽亦可。

《潛確類書》：「見風消，油浴餅也。」《酉陽雜俎》同。《説文》：「餅，麵餈也。」《方言》：「餅謂之飥，或謂之飥餛。」

犀曰：蓑衣餅與酥油餅音相近，當即一物。然吴山之酥油餅，純用麻油起酥，兩面松脆，如有千層，惟近心處，稍軟膩。餘則觸手紛落。摻以白糖，食之頗妙。亦有作椒鹽者。

蝦餅

生蝦肉，葱鹽、花椒、甜酒脚少許，加水和麪，香油灼透。

《清異録》韋巨源上燒尾食，有光明蝦炙，生蝦則可用。所製未詳，姑録於此。

犀曰：杭州市肆之烏龜殻，蘇州之蝦團，皆帶殻爲之，殊劣。

薄餅

山東孔藩臺家製薄餅，薄若蟬翼，大若茶盤，柔膩絶倫。家人如其法爲之，卒不能及，不知何故。秦人製小錫罐，裝餅三十張。每客一罐，餅小而精〔四〕。罐有蓋，可以貯。餡用炒肉絲，其細如髮。葱亦如之。豬羊并用，號曰「西餅」。

《六書故》：「今人以薄餅肉卷，切而薦之，曰餤。」《正字通》：「唐賜進士有紅綾餤，南唐有玲瓏餤、駐蹄餤、鷺鷥餤，皆餅也。」《北户録》：「廣州南當米餅，合生熟粉爲之，白薄而軟。按劉孝威《謝官賜交州米餅四百屈》，詳其言，屈豈今之數乎！」

犀曰：北人食薄餅，南人食春餅。然春餅不及薄餅也。

鬆餅

南京蓮花橋教門方店最精。

麵老鼠

以熱水和麵，俟雞汁滚時，以箸夾入，不分大小，加活菜心，别有風味。

《事物紺珠》：「山藥撥魚麵：豆粉、山藥擩勻，匙撥入湯煮。」杭俗呼麵疙瘩，北人呼麵魚。撥魚麵之名，治其所祖。

顛不稜 即肉餃也

糊麵攤開，裹肉爲餡蒸之。其討好處全在作餡得法，不過肉嫩去筋作料而已。余到廣東，吃官司鎮臺顛不稜，甚佳。中用肉皮煨膏爲餡，故覺軟美。

《正字通》：「今俗餃餌，屑米麵和飴爲之，乾濕大小不一。水餃餌，即段成式《食品》中湯中牢丸，或謂之粉角。北人讀角如矯，因呼餃餌，訛爲餃兒。」《食品》又有籠上牢丸，其爲顛不稜可知。

犀曰：餃之討好，非惟作餡也。擀皮以燙麵爲之，故薄而不破。燙麵者，以熱水和麵者也。破則鹵走味失，雖有佳餡，亦無益矣。俗謂之燙麵餃。

肉餛飩

作餛飩與餃同。

作餛飩法全在皮，其薄如紙方妙。或即以其皮用雞湯下之，亦佳。

《酉陽雜俎》：「今衣冠家名食，有蕭家餛飩，漉去湯肥，可以瀹茗。」《清異録》韋巨源上燒尾食，有二十四氣餛飩，花形、餡料各異，有二十四種。又金陵鼎鐺有七妙，餛飩湯可注研。今蘇俗賣餛飩家，動稱白湯餛飩，殆有古之遺意。《演繁露》：「世言是虜中混氏、沌氏爲之。」《南粵志》：「閩人十月一日作京飩，祀祖告冬。」

犀曰：餛飩用湯，到處有之。吾杭蒸食之，尤佳。中元祀先，必用之。又喪家六七之期，必供蒸餛飩，其數以死者之年爲率，并須親人食盡。此習俗之不可解者。海鹽餛飩小如指，一餐可食一二百枚，食時去湯，以甜酒燒之。

韭　合

韭菜切末拌肉，加作料，麵皮包之，入油灼之。麵内加酥更妙。

犀曰：一名「兩手和」，不加酥，以乾鍋熯之亦可。

麵　衣〔五〕

糖水糊麵〔六〕，起油鍋令熱，用箸夾入，其作成餅形者，號「軟鍋餅」，杭州法也。

犀曰：蘇俗麵衣，以葱油揉麵成餅形，而後入熯盤熯之，與杭之軟鍋餅絶不相類。

燒餅

用松子、胡桃仁敲碎，加糖屑、豬油〔七〕和麵炙之，以兩面熯黃爲度，而加芝麻。扣兒會做，麵羅至四五次，則白如雪矣。須用兩面鍋，上下加火，得奶酥更佳。

《齊民要術》作白餅法：「麵一石。白米七八升，作粥，以白酒六七升酵中，著火上。酒魚眼沸，絞去滓，以和麵。麵起可作。」作燒餅法：「麵一斗。羊肉二斤，葱白一合，豉汁及鹽，熬令熟，炙之。麵當令起。」髓餅法：「以髓脂、蜜合，和麵。厚四五分，廣六七寸。便著胡餅爐中，令熟。勿令反複。餅肥美，可經久。」

《名義考》：「以火炕曰爐餅，有巨勝曰胡餅，即今燒餅。」崔鴻《後趙録》：「石季龍改爲麻餅。」盧諶《祭法》：「夏祠別用乳餅。」《清異録》韋巨源上燒尾食，有曼陀樣夾餅。公廳爐。謝諷《食經》有雲頭對爐餅。

犀曰：此北方之挂爐餅也，南方燒餅法小異。吾杭之空殼燒餹，薄脆中空，夾肉最佳，今則幾成《廣陵散》矣。

千層饅頭

楊參戎家製饅頭，其白如雪，揭之如有千層，金陵人不能也。其法揚州得半，常州、無錫亦得其半。

盧諶《祭法》：「四時祠，用饅頭餅。」荀氏《四時列饌傳》：「春祠以饅頭。」徐暢《祭記》：「五月麥熟薦，作起溲白餅。」《齊書》：「永明九年正月，詔太廟四時祭薦宣皇帝，起麵餅。」注云：「發酵也。」《七修類稿》：「諸葛之征孟獲，命以麵包肉爲人頭以祭，謂之蠻頭。」《彙苑詳注》：「玉柱、灌漿，皆饅頭之別稱也。」《都城紀勝》：「市食點心，涼暖之月，大概多賣豬羊雞煎炸、鍬刴子、四色饅頭。」《清異録》：「張手美家伏日賣緑荷包子。」《名義考》：「蒸而食者曰蒸餅，又曰籠餅，即今饅頭。」《正字通》：「餢飳，起麵也，發酵使麵輕高浮起，炊之爲餅。賈公彥以酏食爲起膠。膠，即酵也。涪翁説起膠餅，今之炊餅也。又曰饅開首，曰橐駝臍。吴人呼餖䬦，音埳詐。長曰繭，斜曰桃。」《歲時雜記》：「麵繭，以肉或素餡其實，厚皮饅頭也。」此即京師方餺之類。

犀曰：饅頭以發酵爲第一義，山東之無餡者，擅長在發酵也。有餡者，有緊酵、鬆酵二種，大抵鬆酵貴鬆，緊酵貴薄，肉餡貴滷多。無錫饅頭亦頗有名，惟作餡稍甜耳。吾杭賣蟹饅頭，作僞可笑，惟自製者乃佳。

麪茶

熬粗茶汁，炒麪兑入，加芝麻醬亦可，加牛乳亦可，微加一撮鹽。無乳則加奶酥、奶皮亦可。

犀曰：麪茶可不必用茶，且牛、羊、豬油皆可爲之，牛羊骨髓亦佳。

杏酪

捶杏仁作漿，挍去渣，拌米粉，加緊糖熬之。

《齊民要術》煮杏酪粥法：「用宿穬麥，其春種者則不中。預前一月，事麥折令精，細簸，揀作五六等，必使别均調，勿令粗細相雜。其大如胡豆者，粗細正得所。曝令極乾。如上治釜訖，先煮一釜粗粥，然後净洗用之。打取杏仁，以湯脱去黄皮，熟研，以水和之，絹濾取汁。汁唯淳濃便美，水多則味薄。用乾牛糞燃火，先煮杏仁汁，數沸，上作豚腦皺，然後下穬麥米。唯須緩火，以匕徐徐攪之，勿令住。煮令極熟，則漳得所，然後出之。預前多買新瓦盆子容受二斗者，抒粥著盆子中，仰頭勿蓋。粥色白如凝脂，米粒有類青玉。停至四月八日亦不動。渝釜令粥黑，火忽則焦苦，舊盆則不滲水，覆蓋則解離。其大盆盛者，數卷亦生水也。」

犀曰：杏酪自以純杏仁爲佳，何必用粉。且去渣存酪，略温即可，近火久則成塊矣。拌粉熬之尤不解，庖人作僞，往往用粉。今乃自作僞，何耶？

粉衣

如作麪衣之法，加糖加鹽俱可，取其便也。

竹葉粽

取竹葉裹白糯米煮之，尖小如初生菱角。

《説文》：「糯，沛國謂稻曰糯。」《字林》：「糯，粘稻也。」黄省曾《稻品》：「其粒長而釀酒倍多者，謂之金釵糯。其色白而性軟，五月而種，十月而熟者，曰羊脂糯。其芒長而穀多白稃，四月而種，九月而熟，謂之臙脂糯，太平謂之硃砂糯。其厚稃紅黑斑而芒，謂之虎皮糯。其粒最長，白稃而有芒，四月而種，七月而熟，謂之趕陳糯，亦曰秈糯。其粒大而色白芒長，而熟最晚，其色易變，其釀酒最佳，謂之蘆黄糯，湖州謂之泥裏變，言不待日之曬也。其粒圓白而稃黄，大暑可刈，其色難變，不宜於釀酒，謂之秋風糯。其不耐風水，四月而種，八月而熟，謂之小娘糯，譬閨女然也。其在湖州，色烏而香者，謂之烏香糯。芒如馬鬃而色赭者，謂之馬鬃糯。」《真珠船》：「《爾雅》：『衆，秫。』注云：『謂黏粟也。』」《説文》云：「秫，稻之黏者也。」《氾勝之書》：「粱是秫、粟。」《本草圖經》云：「丹黍米，黏者爲秫，可以釀酒。北人謂秫爲黄米，亦謂之黄糯。」觀此，則黍、稷、稻、粱之黏者，皆謂之秫。而《本草》别出秫米一條，云似黍而粒小，誤矣。《錦繡萬花谷》：「粳米味少稻味，苦。」《字林》解秫字云「稻也」，粳字云「稻屬也，不黏者」，解粢云「稻餅也，明稻米作粢，蓋糯米也」。今通呼粳、糯、穀爲稻，所以惑之矣。今此稻米即是糯米也。《本草》李時珍曰：「糯稻，其性黏，可以釀酒，可以爲粢，可以蒸糕，可以熬餳，可以炒食。其類亦多，《齊民要術》糯有九格、雉木、大黄、馬首、虎皮等名是矣。」

《譜》曰：「一名元米，一名占米。甘，温。補肺氣，充胃津，助痘漿，暖水藏。釀酒熬餳，造作餅餌。若煮粥飯，不可頻餐，以性太黏滯，難化也。小兒病人尤忌之。」

蘿蔔湯圓

蘿蔔刨絲滾熟，去臭氣，微乾，加葱醬拌之，放粉團中作餡，再用麻油灼之。湯滾亦可。春圃方伯家製蘿蔔餅，叩兒學會，可照此法作韭菜餅、野雞餅試之。

水粉湯圓

用水粉和作湯圓，滑膩異常，中用松仁、核桃、豬油、糖作餡，或嫩肉去筋絲捶爛，加葱末、秋油作餡亦可。作水粉法，以糯米浸水中一日夜，帶水磨之，用布盛接，布下加灰，以去其渣，取細粉曬乾用。

《事物原始》：「湯團，周公製。」

犀曰：水粉，即挂粉也。南方所在有之，山西則無。惟冬日有一家賣之，七文一枚，以爲珍品。湯團又有油灼者，又有無餡，而以豆末拌糖者。有人工醫而性吝，嘗宴客，未入席先以湯團餉客，客啖而飽，菜至不得大嚼，朵頤而已，其人喜，以爲得計。他日宴客亦如之。客伺主人入，相約以湯團貼桌底。主人出，以爲食盡也，大喜。入席，諸客縱啖，看至輒盡。主人大駭，入告其妻曰：「我行醫數十年，今日始知湯團爲消食之品也。」可爲絶倒。

脂油糕

用純糯粉拌脂油，放盤中蒸熟，加冰糖捶碎，入粉中蒸好，用刀切開。

《説文》：「餈，稻餅也。」《方言》：「餌，或謂之餈。」《廣雅》：「餚，餌也。」《玉篇》：「餈，糕也。」《釋名》：「餈，漬也。蒸燥屑，使相潤，漬餅之也。」《周禮·籩人》：「羞籩之實，糗、餌、粉、餈。」鄭注：「故書餈作茨。玄謂此二物皆粉稻米、黍米所爲也。合蒸曰餌，餅之曰餈。餌言糗，餈言粉，互相足。」今之糕，古之餈也，凡以糯造者并是。

雪花糕

蒸糯飯擣爛，用芝麻屑加糖爲餡，打成一餅，再切方塊。

犀曰：吴門擔賣者，隨手捏團，隨賣隨捏，其味頗佳，名曰「糍團」，亦曰「雪團」，即此。

軟香糕

軟香糕，以蘇州都林橋爲第一。其次虎丘糕，西施家爲第二。南京南門外報恩寺則第三矣。

百果糕

杭州北關外賣者最佳。以粉糯多松仁、胡桃而不放橙丁者爲妙。其甜處非蜜非糖，可暫可久，家中不能得其法。

《金志》：「金俗，酒三行，進蜜糕，人各一盤，曰茶食。」《松漠紀聞》：「蜜糕以松實、胡桃肉漬蜜，和糯粉爲之，形或圓或方或爲柿蒂花，大略類浙中寶階糕。」犀曰：蜜糕，今蘇州猶呼之。締姻者以爲聘禮，富家多至數十百匣。匣以紅紙爲之，與小瓶茶葉相稱。女家受之，則以分贈戚族，以爲喜意。

栗糕

煮栗極爛，以純糯粉加糖爲糕蒸之，上加瓜仁、松子。此重陽小食也。

《歲時雜記》：「二社重陽尚食糕，而重陽爲盛，率以棗爲之，或加以栗，亦有用肉者。」《夢華録》：「都人重九，各以粉麵蒸糕相遺，上插翦彩小旗，糝飣果實，如石榴子、栗黄、銀杏、松子肉之類。」《清異録》：「張手美家重九糕名米錦。」

陸璣《詩疏》：「栗，五方皆有之，周、秦、吴、揚特饒。惟濮陽及范陽栗甜美，他方者不及也。」《事類合璧》：「栗木高二三丈，苞生多刺如猬毛，每枝不下四五個，苞有青、黄、赤三色。中子或單或雙，或三或四。其殼生黄熟紫，殼内有膜裹仁，九月霜降乃熟。其苞自裂而子墜者，乃可久藏，苞未裂者易腐也。」《本草》李時珍曰：「古文作㮚，从鹵，音條，象花實下垂之狀也。梵書名篤迦。」寇宗奭曰：「栗欲乾收，莫如曝之。欲生收，莫如潤沙藏之，至夏初尚如新也。」

犀曰：杭俗至今尚插小旗，然市賣之糕栗煮不爛，殊無味耳。曩在京師作登高之會，庖人製栗糕，以生栗帶水磨如糊，乃和粉蒸之，上加白糖，入口香嫩無質。其色如上上蜜蠟。斯真色香味三者俱絶矣。甲子赴京兆，試作重九之會，會者七人，時皆報罷，杭諺所謂「長歎一聲吃栗糕」也。其後，族舅吴子英捷於乙亥，表弟吴子修捷於丙子，惟有弟吴子可已歸道山。比書此條，不禁升沈生死之感矣。

青糕青團

搗青草爲汁，和粉作粉團，色如碧玉。

犀曰：杭俗，清明前賣青白湯團、開口餅，即此。又有以五色粉捏成狗者，加以紙花彩飾，製極工巧，謂之「清明狗」。小兒以爲玩具，相傳藏之，立夏令小兒食之，夏日可以不蛀夏。凡小兒夏日多病者，謂之蛀夏。

合歡餅

蒸糕爲餅，以木印印之，如小珙璧狀，入鐵架熯之，微用油，方不黏架。

《清異録》韋巨源上燒尾食，有八方寒食餅，用木範。

犀曰：此類名目甚多，如杭之壽字糕、炙糕餅皆相仿佛。

雞頭糕

研碎雞頭，用微粉爲糕，放盤中蒸之。臨食用小刀片開。末句無謂。

《莊子·徐無鬼篇》「雞雝」，注：「即雞頭也。」《管子·五行篇》「卵菱」，注：「雞頭也。」《淮南子》「貍頭愈瘋，雞頭已瘻」，注：「即芡實也。」《方言》：「芡，南楚謂之雞頭，幽燕謂之雁頭，徐青淮泗謂之芡子。其莖謂之蔿，亦曰蓌。」《廣雅》：「雞頭，謂之蓌芡，一名雁喙。」孫升《談圃》：「芡本不益人，而俗謂水流黄，何也？蓋人之食芡，必咀嚼之，終日囁囁。而芡味甘平，腴而不膩，食之者能使華液流通，轉相灌溉，其功勝於乳石也。」

《本草》陶弘景曰：「芡實，即今茩子也。莖上花似雞冠，故名雞頭。」李時珍曰：「芡莖三月生葉貼水，大於荷葉，皺文如縠，蹙衄如沸，面青背紫，莖葉皆有刺。其莖長至丈餘，中亦有孔有絲，嫩者剥皮可食。五六月生紫花，花開向日結苞，外有青刺如猬刺及栗毬之形。花在苞頂，亦如雞喙及猬喙，剥開内有斑駁軟肉裹子，累累如珠璣。殼内白米，狀如魚目。」

《譜》曰：「甘，平。補氣，益腎固精，耐飢渴。治二便不禁，强腰膝，止崩淋、帶濁。必蒸煮極熟，枚齒細嚼，使津液流通，始爲得法。鮮者鹽水帶殼煮，而剥食亦食。乾者可作粉爲糕。惟能滯氣，多食難消。禁忌與蓮子同。」

犀曰：鮮雞頭自剥自吃，與持螯同趣，若以纖纖之手剥而煮之，尤妙。至就擔夫剥好者煮之，是食其唾餘矣。

雞頭粥

磨碎雞頭爲粥，鮮者最佳，陳者亦可。加山藥、茯苓尤妙。

《博物志》：「松脂入地，千年化爲茯苓。」《本草》：「多年樵斫之松根之氣味，抑鬱未絶，精英未淪。其精氣盛者，發泄於外，結爲茯苓，故不抱根，離其本體，有零之義也。」《清異録》：「侯寧《藥譜》名不死麵。」

金　團

杭州金團，鑿木爲桃、杏、元寶之狀，和粉捏成，入木印中便成。其餡不拘葷素。

《歲時雜記》：「端午作水團，又曰白團。或雜五色人獸花果之狀。其精者名滴粉團，或加麝香，又有乾團，不入水者。」

藕粉　百合粉

藕粉非自磨者，信之不真。百合粉亦然。

《玉篇》：「䕶，百合蒜也。」徐鍇《歲時廣記》：「二月種百合，法宜雞糞。」《清異録》：「侯寧呼爲蒜腦藷。」《戒庵漫筆》：「百合有麝香珠子一種。」

《本草别録》：「一名摩羅，一名重箱，一名中逢花。」陶弘景曰：「俗人呼爲强仇，仇即瞿也。」吴普曰：「一名重邁，一名中庭，一名重匡。生宛朐及荆山。」陶弘景曰：「根如大蒜，數十斤相累，人亦蒸煮食之，乃云是蚯蚓相纏結變作之，亦堪服食。」李時珍曰：「百合，一莖直上，四向生葉。葉似短竹葉，不似柳葉。五六月莖端開大白花，長五寸，六出，紅芯四垂向下，色亦不紅。紅者葉似柳，乃山丹也。」

《譜》曰：「甘，平。潤肺，補胃，清心，定魄息驚，澤膚通乳，祛風滌熱，化濕散臃，治急黄，止虚嗽，殺蠱毒，療悲哀，辟諸邪，利二便，下平脚氣，上理咽喉。以肥大純白味甘而作檀香氣者良。或蒸或煮，而淡食之，專治虚火勞嗽。亦可煮粥、煨肉、澄粉食。并補虚羸，不僅充飢也。」

犀曰：西湖藕粉，白蓮爲佳，市賣不可信，誠有隨園所云者。藕粉和糯粉作餃絶佳，拌肉圓亦可。百合粉，閩中有賣者。

麻　團

蒸糯米搗爛爲團，用芝麻屑拌糖作餡。此與雪香糕似是一類。

《事物紺珠》：「麻團，公劉製。」

芋粉團

磨芋粉曬乾，和米粉用之。朝天宫道士製芋粉團，野雞餡，極佳。

熟　藕

藕須貫米加糖自煮，并湯極佳。外賣者多用灰水，味變，不可食也。余性愛食嫩藕，雖軟熟而以齒决，故味在也。如老藕一煮成泥，便無味矣。

《齊民要術》蒸藕法：「水和稻穰糠，揩令浄，斫去節，與蜜灌孔裏，使滿，溲蘇面，封下頭，蒸熟，除面，寫去蜜，削去皮，以刀截，奠之。」

新栗　新菱

新出之栗，爛煮之，有松子仁香。厨人不肯煨爛，故金陵人有終身不知其味者。新菱亦然，金陵人待其老方食故也。

羼曰：杭之滿覺隴多栗與桂，故新栗亦有桂花香，以冰糖煮食最宜。菱有數種，刺菱小如指，僅能生食。水紅菱亦可煮食。吴門之餛飩菱角團無刺，以銅鍋煮熟，殼青不變，香糯異常，八九月茶肆有之。

蓮子

建蓮雖貴，不如湖蓮之易煮也。大概小熟抽心去皮後，下湯，用文火煨之，悶住合蓋，不可開視，不可停火。如此兩炷香，則蓮子熟時，不生骨矣。

犀曰：夏日剥鮮蓮子，細細咀嚼，頗足以消除溽暑，若手自剥之，則先去其殼，後去其衣，細細剥盡，剥一粒吃一粒，便是安心養性法也。

芋

十月天晴時，取芋子、芋頭，曬之極乾，放草中，勿使凍傷。春間煮食，有自然之甘，俗人不知。

犀曰：芋子，杭俗謂毛芋艿，以腌菜鹵煮最佳，芋頭則大如香櫞，粗劣無味矣。

蕭美人點心

儀徵南門外，蕭美人善製點心，凡饅頭、糕、餃之類，小巧可愛，潔白如雪。

劉方伯月餅

用山東飛麪，作酥爲皮，中用松仁、核桃仁、瓜子仁爲細末，微加冰糖和豬油兒餡，食之不覺甚甜，而香松柔膩，迥異尋常。

《熙朝樂事》：「八月十五，民間以月餅相遺，取團圓之義。」《酉陽雜俎》有作細麪法、飛麪法。

陶方伯十景點心

每至年節，陶方伯夫人手製點心十種，皆山東飛麪所爲，奇形詭狀，五色紛披，食之皆甘，令人應接不暇。薩制軍云：「吃孔方伯薄餅，而天下之薄餅可廢。吃陶方伯十景點心，而天下之點心可廢。」自陶方伯亡，而此點心亦成《廣陵散》矣，嗚呼！

《夢華録》：「以油麪、糖蜜造爲笑靨兒，謂之果食，花樣奇巧百端，如撩香、方勝之屬。若買一斤數，内有一對被介冑如門神之像，蓋自來風流，不知其從，謂之果食將軍。」

《升庵外集》：「《食經》：五色小餅，作花卉、禽獸、珍寶形，按抑成之，盒中累積，名曰鬬釘。今人猶曰釘果盒、釘春盒是也。今謂之飣餖。」即今巧果之類。

犀曰：點心之名，不下百餘種。吾杭葉受和茶食肆之巨擘，刻有名單，所列百數十種，大半雷同，未能色色盡善也。又有所謂大八件者，其形各異，以八件爲一匣，饋送用之，取其冠冕堂皇，而實皆一味也。

楊中丞西洋餅

用雞蛋清和飛麪作稠水，放碗中。打銅夾剪一把，頭上作餅形，如蝶大，上下兩面，銅合縫處不到一分。生烈火撩稠水，撩稠水，一糊，一夾，一熯，頃刻成餅。白如雪，明如綿紙，微加冰糖、松仁屑子。

白雲片

白米鍋巴，薄如雲片〔八〕，以油炙之，微加白糖，上口極脆。金陵人製之最精，號「白雲片」。

風　枵〔九〕

以白粉浸透製小片，入豬油灼之，起鍋時加糖糝之，色白如霜，上口而化。杭人號曰「風楞」。今則謂之貓耳朵矣。

三層玉帶糕

以純糯粉作糕，分作三層。一層粉，一層豬油，白糖夾好蒸之，蒸熟切開。蘇州人法也。

犀曰：杭州夏季則賣松粉糕者出，其名有松子、茯苓、玉帶、濕化、薄荷、洗沙諸名目，而味均相似，於病者最宜。

運司糕

盧雅雨作運司，年已老矣，揚州店中作糕獻之，大加稱賞。從此遂有「運司糕」之名。色白如雪，點胭脂，紅如桃花，微糖作餡，淡而彌旨。以運司衙門前店作爲佳。他店粉粗色劣。

沙糕

糯粉蒸糕，中夾芝麻、糖屑。

小饅頭　小餛飩

作饅頭如胡桃大，就蒸籠食之。每箸可夾一雙。揚州物也。揚州發酵最佳。手捺之不盈半寸，放鬆仍隆然而高。小餛飩小如龍眼，用雞湯下之。

犀曰：既云核桃大，一箸便夾不得一雙，此老下筆大約不甚思索。餛飩本未嘗大於龍眼，此老小之亦爲未當，若以去殼龍眼比之，差覺其小，但胡桃亦是能去殼論耶！

小饅頭，俗謂之「湯包」，杭人謂之「松毛包子」，以墊松毛而蒸也。食時必以湯侑之。

雪蒸糕法

每磨細粉，用糯米二分，粳米二分〔一〇〕爲則，一拌粉，將置盤中，用涼水細細灑之，以捏則如團、撒則如砂爲度。將粗麻篩篩出，其剩下塊搓碎，仍於篩上盡出之，前後和勻，使乾濕不偏枯，以巾覆之，勿令風乾日燥，聽用。水中酌加上洋糖則更有味，與市中枕兒糕法同。一錫圈及錫錢，俱宜洗剔極淨，臨時略將香油和水，布蘸拭之。每一蒸後，必一洗一拭。一錫圈內，將錫錢置妥，先鬆裝粉一小半，將果餡輕置當中，後將粉鬆裝滿圈，輕輕攩平，套湯瓶上蓋之，視蓋口氣直沖爲度。取出覆之，先去圈，後去錢，飾以胭脂，兩圈更遞爲用。一湯瓶宜洗净，置湯分寸以及肩爲度。然多滚則湯易涸，宜留心看視，備熱水頻添。

作酥餅法

冷定脂油一碗，開水一碗，先將油同水攪勻，入生麵，盡揉要軟，如擀餅一樣，外用蒸熟麵入脂油，合作一處，不要硬了。然後將生麵做團子，如核桃大，將熟麵亦作團子，略小一暈，再將熟麵團子包在生麵團子中，擀成長餅，長可八寸，寬二三寸許，然後摺疊如碗樣，包上穰子。

《西陽雜俎》「蒸餅法：用大例麵一升，煉豬膏三合。」

天然餅

涇陽張荷塘明府家製天然餅，用上白飛麵，加微糖及脂油爲酥，隨意搦成餅樣，如碗大，不論方圓，厚二分許。用潔净小鵝子石襯而熯之，隨其自爲凹凸，色半黄便起，鬆美異常。或用鹽亦可。

花邊月餅

明府家製花邊月餅，不在山東劉方伯之下。余常以轎迎其女廚來園製造，看用飛麵拌生豬油子團，百搦才用棗肉嵌入爲餡，裁如碗大，以手搦其四邊菱花樣。用火盆兩個，上下覆而炙之。棗不去皮，取其鮮也；油不先熬，取其生也。含之上口而化，甘而不膩，鬆而不滯，其工夫全在搦中，愈多愈妙。

製饅頭法

偶食新明府饅頭，白細如雪，面有銀光，以爲是北麵之故。龍云不然。麵不分南北，只要羅得極細。羅篩至五次，則自然白細，不必北麵也。惟做酵最難。請其庖人來教，學之卒不能鬆散。

《齊民要術》：「《食經》曰：作餅酵法：酸漿一斗，煎取七升，用粳米一升，著漿，遲下火，如作粥。作白餅法：麵一石。白米七八升，作粥，以白酒六七升酵中，著火上。酒魚眼沸，絞去滓，以和麵。麵起可作。」

《清異録》：「趙宗儒在翰林時，聞中使言：今日早饌玉尖麵，用消熊棧鹿爲内肉，上甚嗜之。』問其形制，蓋人間出尖饅頭也。又問消之説，曰：熊之極肥者曰消。鹿以倍料精養者曰棧。又韋巨源上燒尾食，有婆羅門輕高麵籠蒸。」

揚州洪府粽子

洪府製粽，取頂高糯米，撿其完善長白者，去其半顆散碎者，淘之極熟，用大箬葉裹之，中放好火腿一大塊，封鍋悶煨一日一夜，柴薪不斷。食之滑膩温柔，肉與米化。或云：即用火腿肥者斬碎，散置米中。

《續齊諧記》：「屈原五月五日投汨羅江死，楚人哀之，每貯米竹筒投祭。漢建武中，長沙歐迴見一人自稱三閭大夫，曰：『聞君當見祭，可以楝葉塞筒，以彩絲纏之，蛟龍所憚也。』今人作粽并戴楝葉、五色絲，皆汨羅遺俗。」《酉陽雜俎》：「庾家粽子白瑩如玉。」《荆楚歲時記》：「夏至節日食粽，周處《風土記》謂之角黍。人并以新竹爲筒粽。士女取楝葉插，五彩絲系臂，謂爲長命縷。」

《齊民要術》：「《食經》云粟黍法：先取稻，漬之使釋，計二升米，以成粟一斗，著竹篡内，米一行，粟一行，裹以繩縛。其繩相去寸所一行。須釜中煮，可炊十石米間，黍熟。」

《陽羨風土記》：「端午進筒，一名角黍。以菰葉裹粘米，以灰煮，令熟。蓋取陰陽包裹未散之象。」

《事物原始》：「粽子其制不一，有角粽、粒粽、茭粽、錐粽、筒粽、九子粽、秤錘粽，宋時有楊梅粽。」《文昌雜録》：「唐歲時節物，五月五日有百索粽子。」《清異録》韋巨源上燒尾食，有賜緋含香粽子蜜淋。《戒庵漫筆》：「鎮江醫官張天民，在湖廣榮王府，端午賜食不落筴，云即今粽子。」《廣東新語》：「五月朔至五日，以粽心草系黍，卷以柊葉，以象陰陽包裹。」

犀曰：裹粽須肉肥，肥則米潤，裹時手勢尤須輕重得宜，重則尤劣。未煮時落地則煮不爛，此物理之奇也。杭俗又有以火腿丁、肉丁散米中，箬裹如筒，長尺許，煮熟切之，名曰「膨粽」。蘇俗以小布袋裝而煮之，曰「袋粽」。又有灰湯粽，以青箬裹之，形如芋頭，灰湯煮之，紅糖水塗之，見之作惡，粽中之魔也。《風土記》所云灰煮之説，恰與此合。

油餅并行。

〇卷　餅以下補入

卷餅，擀麵極薄，熯熟卷攏，糝以糖，或用椒、鹽均可。此惟杭之吴山有之，與酥油餅并行。

〇春　餅

春餅，南方冬季爲之，至春而止。麵調薄糊，以手捻塗之，隨手攤成餅樣，翻身即熟。亦有擀成者，北人惡之，以爲不熟也。每除夕祀先，必用此物。包以肉絲爲宜，若包而油灼者，謂之春卷。建寧則春夏有之，中秋後即無。

《關中記》：「唐人於立春日作春餅，以青蒿、黄韭、蓼芽包之。」

〇油　餅

油餅，西北人常餌也。無油者謂之家常餅。又有大如盆碗，厚至寸許者，車夫販豎之食也。又山西人作羊肉餅絶佳，昔舊僕王姓作最佳。

《清異録》：「吴門蕭璉，作卷子生，止用肥羜包卷，成雲樣，然美觀而已。」

○韭菜餅

吴山韭菜餅出名，正、二月尤佳。山下者不及也。余少時曾食十五枚，歸而齒痛甚劇，蓋現做者火氣烈也。

《事物原始》：「郭林宗家有友冒雨夜來，煎韭作餅食之，即今之麵餅，以韭爲餡也。」

○饊　子

揉麵成絲，連其兩端，以油灼之，入口松脆。

《庶物異名疏》：「干寶《周禮注》：祭用麰𪎊，晉呼爲環餅。」林洪《清供》：「寒具，捻頭也。」《齊民要術》：「粔粉，一名環餅，粉和麵牽率捏成，象環釧形。膏環，一名粔籹。用秫稻米屑，水、蜜溲之，强澤如湯餅麵。手搦團，可長八寸許，屈令兩頭相就，膏油煮之。環餅，一名寒具。皆須以蜜調水溲麵，若無蜜，煮棗取汁，牛羊脂膏亦得，用牛羊乳亦好，令餅美脆。」《名義考》：「繩而食曰環餅，曰寒具，即今饊子。」《説文》：「粔籹，膏粻也。」《廣雅》謂之「粰梳」，今通名饊子。《楚辭》：「粔籹蜜餌，有餦餭些。」注：「吴謂之膏環，亦曰寒具。」盧諶《祭法》：「冬祠用白環餅。」荀氏

《祭法》：「夏祠以薄夜代饅頭，無能，作以白環餅。」

○擦　酥

擦酥，以芝麻擦碎，加糖和麵作心，而以酥麵作皮，故曰「包皮擦酥」。吾杭亂前惟一家有之，今則梁君雲楣家能爲之。

○姑嫂餅

平湖出産也。相傳以姑嫂二人創始，故名。製與擦酥相似。

○松陽餅

松陽出産也，以於菜爲餡。昔趙芸亭先生秉鐸松陽時，以此見餉，味頗不惡。

○夏　餅

夏餅似月餅而小，製作相似。月餅中秋爲之，夏餅立夏爲之。

○銀光餅

以果餡和糖爲餅，上下以飛麵一層爲衣，其薄如紙，其殼如銀，上印龍鳳花紋，極工細。在山西時，鍾方伯贈外祖者，聞爲入貢之品云。

○酒釀餅　酒釀糕

吴人以酒釀發麵成餅，煠之。又有以米粉作糕者，鬆若無物。

○榆錢餅

北方多榆錢，取其錢洗浄，和麵加糖，蒸餅頗香。嫩榆錢之肥厚者，中有漿汁，最妙，麵不可多，多則無味。

《廣群芳譜》：「榆錢可羹，又可蒸糕餌，收至冬可釀酒。瀹過曬乾，搗羅爲末，鹽水調匀，日中曝曬，可作醬，即榆仁醬也。」《齊民要術》作榆子醬法：「治榆子仁一升，搗末，篩之。清酒一升，醬五升，合和。一月可食之。」

《本草》寇宗奭曰：「榆皮，初春先生莢者是也，嫩時收貯爲羹茹。」李時珍曰：「白者名枌，其木甚高大。未生葉時，枝條間先生榆莢，形狀似錢而小，色白成串，俗呼榆錢。故《内則》云：『堇、荁、枌、榆、兔、薧，滫瀡以滑之。』三月采榆錢可作羹。」

○椒鹽卷　荷葉卷　雞絲卷

北人以麵爲飯，故製麵食極精。其最著饅頭之外，有：椒鹽卷，以麵揉成豬腦形，入以椒鹽；荷葉卷，如荷葉，三層折疊，可以夾肉；雞絲卷，則以麵揉成細絲，外以麵作包皮，蒸熟時去皮食其心，頗鬆口。北厨亦不盡能之。

○餺餺

餺餺，所以夾燒烤者也，大不過二寸，白而薄，隆起如鼓，中空夾燒鴨、燒肉。食之殊美，冷即不佳。

《集韻》：「畢羅，餅屬。一作饆饠，或曰波波，或曰磨磨。」《酉陽雜俎》：「韓約能作櫻桃饆饠，其色不變。」《資暇録》：「蕃中畢氏、羅氏喜食之，故名。」餺餺之名，不專屬此種，今姑録於此。至磨磨[一二]之稱，北人專屬之饅頭矣。

○水餃

包肉爲餅，以水煮之，京師謂之「扁食」，元旦則曰「子孫餺餺」。或用雞湯、紫菜、蝦米煮之，則杭法也。

段成式《食品》有「湯中牢丸」。見前「顛不稜」下。

○燒　賣

燒賣，皮不掩口，一捻即成。用蟹肉爲餡最佳，南京教門有之。

○文　餃

蘇州式也，以油酥和麵，包肉爲餃，熯熟之。杭俗則曰「蛾眉餃」。

○珍珠肉圓

以糯米浸透，瀝乾鋪盤中，上用精肥相稱肉丁加筍丁、木耳丁，秋油熨過，堆成小圓，放米上。再以米四周覆之，蒸時頻頻灑之，熟食甚妙。或以肉圓累米爲之，則肉多米少，各有取焉。

○蛋　糕

雞蛋打勻，入糯粉調透，加生豬油、白糖、酒蒸熟，切開以粉鬆而油不浮於麵爲佳。若茶食店之蛋糕、蛋卷，則蛋之魂魄矣。

《事物紺珠》：「金銀卷煎餅，雞卵和水調麵作。」此疑即今雞蛋卷之類。

○棗　糕

用紅棗剥肉搗爛揉麵，以豬油、白糖作餡，用小印印成各式，剪箬爲襯，上籠蒸之。吾杭歲朝餉客所必備用。

《清異録》韋巨源上燒尾食，有水晶龍鳳糕，棗、米蒸破見花乃進。又花糕，員外家有木蜜、金毛、麵棗、獅子也。《藝苑雌黄》：「以麵爲蒸餅樣，團棗附之，曰棗糕。」

○烏飯糕

以糯米浸烏飯葉煮之，色青黑而香。吾杭立夏前有之，吴人則四月八日所賣，謂之「阿彌飯」。

《本草》：「青精飯，一名青粈飯。青精，一名南天燭，即黑飯草也。采枝葉搗汁，浸米蒸飯，曬乾，堅而碧也，久服駐顔益壽。」《瑣碎録》：「蜀人遇寒食日，采楊桐葉染飯，色青而有光，食之資陽氣，謂之楊桐飯，道家曰青粈飯。」

○松花藏糕

用糯粉以澄沙爲餡，拌松花蒸之，色嫩黄而香甘可愛。一名「鵝頭頸」。

用寄遠。」李時珍曰：「今人收黄，和白沙糖，印爲餅膏，充果餅食之，且難久收。」

《本草》蘇頌曰：「花上黄粉，山人及時拂取，作湯點之甚佳。但不堪停久，故鮮

○青蒿團

紹興人挼青蒿作團，頗有香氣。余幼時曾食之。又有膏粱小米團，味亦佳。

《事物紺珠》：「蒿餅，白蒿和米粉作。」

○年　糕

年糕，歲暮所需，種類不一。杭之青年糕，别有香味。上虞之粳粉年糕，狹長如圭，無糖，切小片，以筍絲、肉絲炒之頗佳。蘇之豬油年糕，油多粉膩，又加以玫瑰、桂花，尤香美。此皆年糕之傑出者也。

○麥　糕

以麵和烏豇爲之，豬油、糖爲餡。吾杭夏日有之。

○巧　果

以麵和糖，捻成卍字，方勝花果形，油灼之，極可玩。見前「十景點心」下。

校勘記

〔一〕「小絲」，隨園食單作「細條」。
〔二〕「鹵重」，隨園食單作「爲佳」。
〔三〕「不可换水，则厚味薄矣」，随园食单作「不可换水，则原味薄矣」。
〔四〕「餅小而精」，隨園食單作「餅小如柑」。
〔五〕「麵衣」，隨園食單作「糖餅」。
〔六〕「糖水糊麵」，隨園食單作「糖水溲麵」。
〔七〕「豬油」，隨園食單作「脂油」。
〔八〕「薄如雲片」，隨園食單作「薄如綿紙」。
〔九〕「風楞」，隨園食單作「風枵」，下同。
〔一〇〕「粳米二分」，隨園食單作「粳米八分」。
〔一一〕「磨磨」，即「饃饃」。

飯粥單

粥飯本也，餘菜末也，本立而道生。作《飯粥單》。

飯

王莽云：「鹽者，百肴之將。」余則曰：「飯者，百味之本。」《詩》稱：「釋之溲溲，蒸之浮浮。」是古人亦吃蒸飯，然終嫌米汁不在飯中。善煮飯者，雖煮如蒸，依舊顆粒分明，入口軟糯。其訣有四：一要米好，或「香稻」，或「冬霜」，或「晚米」，或「觀音秈」，或「桃花秈」，舂之極熟，霉天風攤播之，不使惹黴發疹。一要善淘，淘米時不惜工夫，用手揉擦，使水從籮中淋出，竟成清水，無復米色。一要用火先武後文，悶起得宜。一要相米放水，不多不少，燥濕得宜。往往見富貴人家，講菜不講飯，逐末忘本，真爲可笑。余不喜湯澆飯，惡失飯之本味故也。湯果佳，寧一口吃湯，一口吃飯，分前後食之，方兩全其美。不得已，則用茶、用開水淘之，猶不奪飯之正味。飯

之甘，在百味之上，知味者，遇好飯不必用菜。

《說文》：「飯，食也。餴，滫飯也，或作饙。餾，飯氣蒸也。飪，大熟也。」《爾雅》：「饙、餾，稔也。」孫炎曰：「蒸之曰饙，均之曰餾。」郭璞曰：「今呼餈飯爲饙，饙熟爲餾。」《釋名》：「饙，分也，衆粒各自分也。」《玉篇》：「饙，半蒸飯。」《廣韻》：「饙，一蒸飯也。」《廣雅》：「饙謂之餈。」《蒼頡篇》：「餈，饙也。」《詩・泂酌》：「可以餴饎。」《釋文》：「餴，餾也。」

《一切經音義》十一：「黃帝始炊穀爲飯。」《說文》：「饡，以羹澆飯也。湌，水澆飯也。」《楚辭》：「時混混兮澆饡。」注：「言如澆饡之亂也。」《集韻》：「饡，以膏煎稻爲酏。」《飲膳閑談》：「飯，炊穀爲之，亦曰饌，曰食，又曰滫食。半蒸曰饙，雜飯曰粈，乾飯曰餱，熬稻曰饊飯。 湌，以水和飯也。 饡，以羹澆飯也。 蒸飯氣謂之餾，飯壞謂之餀。」

《本草》寇宗奭曰：「粳米以白晚米爲第一，早熟米不能及也。」李時珍曰：「粳米，即今人常食之米，但有白赤小大異族四五種，猶同一類也。」《字林》：「粳，稻不粘者。 粳、糯甚相類，粘不粘爲異耳。」《稻品》：「粳米，小者謂之秈，秈之熟也早，故曰早稻。粳之熟也晚，故曰晚稻。京口大稻謂之粳，小稻謂之秈。稻之上品曰箭子，湖州有一穗而三百餘粒者，謂之三箭子。」王象晉《穀譜》：「香櫑，一名香子，粒小色斑，以三十五粒入他米數升，炊之芬芳香美。小香稻，赤芒白粒，其色如玉。雪裹揀，粒大色白，稈軟而有芒。胭脂赤，香柔而甘，舂煮作純赤色，晚稻上品。」

《譜》曰：「秈米，甘，平。宜煮飯食，補中養氣，益血生津，填髓充飢，生人至寶。量腹節受，過飽傷人。凡患病不飢，婦人初産，感症新愈，并勿食之。秈種甚多，有早中晚三收，赤白二色，以晚收色白者良。凡不種粳之處，皆呼秈爲粳。湖州蒸穀，或炒穀而藏之，作飯尤香。早收者性温，不耐久藏。」

犀曰：北方煮飯，以大銅鍋多放水煮，至六七分乃傾去米汁，復蒸乾之，閩中亦然，殆即古之半蒸飯也。一法，放煮粥時，盛出一碗悶乾，謂之勺飯，亦佳。山西無稻，惟洪洞有之。又晉祠有田數十畝，出米極佳，與南方之香稻米無異，晉人以爲珍品也。

粥

見水不見米，非粥也。見米不見水，非粥也。必使水米融洽，柔膩如一，而後謂之粥。尹文端公曰：「寧人等粥，毋粥等人。」此真名言，防停頓而味變湯乾故也。近有爲鴨粥者，入以葷腥，爲八寶粥者，入以果品，俱失粥之正味。不得已，則夏用緑豆，冬用黍米，以五穀入五穀，尚屬不妨。余常食於某觀察家，諸菜尚可，而飯粥粗糲，勉强咽下，歸而大病。嘗戲語人曰：此是五臟神暴落難，是故自禁受不得。

《說文》：「鬻，鍵也。鬻，鬻也。餰，鬻，或从食，衍聲。飦，或从干聲。鍵，或从建聲。饘，糜也，周謂之饘，宋謂之餬。」《廣雅》：「粥，厚曰饘，薄曰酏。」《廣韻》：「餰，厚粥也。饘同。」《玉篇》：「饘，糜也。」《字林》：「粥，淖糜也。」《爾雅》：「粥，糜也。」《釋名》：「粥，濯於糜，粥粥然也。」《太平御覽》引《周書》：「黄帝始烹穀爲粥。」《涼州異物志》：「高昌僻土，有異於華，寒服冷水，暑啜羅闍，郡人謂粥爲羅闍。」《說文》：「鬻，鬻也。鬻、鬻，或省作米。涼州謂鬻爲鬻、粖，鬻或省从末。」《内則》：「酏，粥也。又取稻米，舉糔溲之，小切狼臅膏，以與稻米爲酏。」《龍龕手鏡》：

「䊢，稀湌也。」《玉燭寶典》：「今人悉爲大麥粥，研杏仁爲酪，引餳沃之。」《金門歲節録》：「洛陽人家，寒食節食楊花粥。」《帝京景物略》：「十二月八日，豆果雜米爲粥，名臘八粥。」《陽羨風土記》：「天正日南，黄鐘踐長。是日始芽動，爲饘粥以養幼。俗尚以赤豆爲糜，所以象色也。」《禮・月令》：「仲秋之月，養衰老，行糜粥飲食。」《清異録》：「單公潔，恥言貧，嘗有所親訪之，留食糜，慚於正名，但云啜少許雙弓。」

《譜》曰：「粳米，甘，平。宜煮粥食，功與秈同。秈亦可粥，而粳較稠。粳亦可飯，而秈耐飢。粥飯爲世間第一補人之物，强食亦能致病戕生。《易》云『節飲食』，《論語》云『食無求飽』。尊生者能繹其義，不必别求他法也。惟患停飲者，不停啜粥。痧脹霍亂，雖米湯不可入口，以其性補，能閉塞隧絡也。故貧人患虚症，以濃米飲代參湯，每收奇績。若人衆之家，大鍋煮粥時，俟粥鍋滚起沫團，濃滑如膏者，名曰米油，亦曰粥油。撇取淡服，或加煉過食鹽少許服，亦可大能補液填精，有裨羸老。至病人産婦，粥養最宜，以其較秈爲柔，而較糯不粘也。又有一種香粳米，自然有香，亦名香珠米，煮粥時稍加入之，香美異常，尤能醒胃。凡煮粥，宜用井泉水，則味更佳也。」

○木樨飯以下補入

木樨飯，京師之名也。以雞蛋打勻，先起油鍋，將飯下鍋，然後下蛋，須與飯相稱，蛋飯相融，不使成塊爲妙。素油須煉透，葷油亦可起鍋，加葱花少許，味美而省事，急就法也。

○菜　飯

用油菜心最妙，否則霜後白菜心，用油鍋炒熟，乃以白米攙少許糯米，入鍋煮，以菜極爛爲妙，用葷油尤佳。古人云「白菜青鹽糙米飯」，雖指極清苦者而言，然以此法製之，則爲此詩者，又不免瞿然而驚矣。

○火腿飯

火腿丁，或佳香肉丁，煮飯頗佳，行路食之爲便。

《漢書》：「司馬苞爲太尉，嘗食漉飯。」《陽羨風土記》：「荆楚社日，以豬羊肉調和其飯，謂之社飯。以葫蘆盛之，相遺送。」《夢華録》：「秋社，貴戚宮院以豬、羊肉、腰子、奶房、肚肺、鴨餅、瓜薑之屬，切作棋子片樣，滋味調和，鋪於飯上，謂之社飯。」《仇池筆記》：「江南人好作盤游飯，鮓脯膾炙無不有，然皆埋在飯中。故里諺曰：『撅得窖子。』」又寶曆元年，内出清風飯制度賜御庖，令造進。法用水晶飯、龍睛粉、龍腦末、牛酪漿，調事畢，入金提缸，垂下冰池，待其冷透供進。惟大暑方作。」《清異録》韋巨源上燒尾食御皇王母飯、遍鏤印脂蓋飯麵，裝雜味。又張手美家，七夕賣羅睺飯。」《都城紀勝》：「食店及時，重者如頭羹石髓飯、大骨飯、泡飯、軟羊、淅米飯，輕者如煎事件、托胎、奶房、肚尖、肚胘、腰子之類。」

○魚生粥

魚生粥，粤東妙品也。法以生魚片加瓜薑、葱花、油條、麻醬油，置碗中，以不稀不乾，極滚之粥入焉，味極鮮美。又有肉粥、鴨粥、茯苓粥諸品，皆粤東法也。

茶酒單

七碗生風，一杯忘世，非飲用六清不可。作《茶酒單》。

茶

欲治好茶，先藏好水。水求中泠、惠泉，人家中何能置驛而辦？然天泉水、雪水，力能藏之。水新則味辣，陳則味甘。嘗盡天下之茶，以武夷山頂所生、沖開白色者爲第一。然入貢尚不能多，況民間乎？其次，莫如龍井。清明前者，號「蓮心」，太覺味淡，以多用爲妙，雨前最好，一旗一槍，緑如碧玉。收法須用小紙包，每包四兩，放石灰壇中，過十日則換石灰，上用紙蓋札住，否則氣出而色味又變矣。烹時用武火，用穿心罐，一滾便泡，滾久則水味變矣。停滾再泡，則葉浮矣。一泡便飲，用蓋掩之則味又變矣。此中消息，間不容髮也。山西裴中丞嘗謂人曰：「余昨日過隨園，才吃一杯好茶。」嗚呼，公山西人也，能爲此言。而我見士大夫生長杭州，一入宦

埸便吃熬茶，其苦如藥，其色如血。此不過腸肥腦滿之人吃檳榔法也，俗矣。除吾鄉龍井外，餘以爲可飲者，臚列於後。

《茶經》：「茶者，南方之嘉木也，一尺二尺乃至數十尺。其巴山峽川有兩人合抱者，伐而掇之。其樹如瓜蘆，葉如梔子，花如白薔薇，實如栟櫚，蒂如丁香，根如胡桃。其名一曰茶，二曰檟，三曰蔎，四曰茗，五曰荈。又藝茶，法如種瓜，三歲可采，野者上，園者次。陽崖陰林，紫者上，緑者次。」《説文》：「茶，苦茶也。即今之荼荈。」《爾雅》：「檟，苦茶。」注：「早采者爲茶，晚采者爲茗。一名荈，蜀人名爲苦茶。」《野客叢書》：「世謂古之荼，即今之茶，不知荼有數種，惟荼檟之荼，即今之茶也。」

《正字通》引《魏了翁集》曰：「茶之始，其字爲荼，如《春秋》齊荼、《漢志》荼陵之類。陸、顔諸人，雖已轉入茶音，未嘗輒改字文。惟陸羽、盧仝以後，則遂易荼爲茶，其字从艸、从人、从木。」《學林新編》：「茶之佳者，造在社前，其次火前，其下則雨前。火前，謂寒食前。」《煮泉小品》：「烹茶，以火作者爲次，曬者爲上。」《茶録》：「茶有真香，而入貢者微以龍腦和膏，欲助其香。建安民間試茶皆不入香，恐奪其真。若烹點之際，又雜珍果香草，其奪益甚。正不當用。」《煮泉小品》又曰：「唐人煎茶多用薑鹽。蘇子瞻以爲茶之中等，用薑煎信佳，鹽則不可。余則以爲二物皆水厄也。至於今人薦茶類下茶果此尤近俗。人有以梅花、菊花、茉莉花薦茶者，雖風韻可賞，亦損茶味，如有佳茶，亦無事此。」

《群芳譜》：「上好細芽茶，忌用花香，反奪真味。惟平等茶宜之。」《茶疏》：「茶性畏紙，紙於水中成，受水氣多也。紙裹一夕，隨紙作氣盡矣。」《清異録》：「蘇廙《仙芽傳》第九卷載『作湯十六法』，以謂湯者，茶之司命，若名茶而濫湯，則與凡末同調矣。煎以老嫩者，凡三品。以緩急言者，凡三品；以器類標者，共五品；以薪火論者，共三品。」《續博物志》：「陸羽造茶具：一風爐，二筥，三炭檛，四火筴，五鍑，六交床，七夾，八紙囊，九碾，十羅合，十一則，十二水方，十三漉水囊，十四瓢，十五竹夾，十六鹺簋，十七熟盂，十八碗，十九畚，二十札，廿一滌方，廿二滓方，廿三巾，廿四具列。」

《譜》曰：「微苦味甘而涼。清心神，醒睡除煩，涼肝膽，滌熱消痰，肅肺胃，明目解渴。不渴者勿飲。以春采色青、炒焙得法、收藏不泄氣者良。色紅者，已成蒸盦，失其清滌之性，不能解渴，易成停飲也。」

犀曰：山西人皆食磚茶，以刀切之，以火熬之，水復如鹵，碗能生暈。曩在侍宦河東，日至解州取水，僕馬告疲，若居民安可得哉？若杭州士大夫，入宦場而吃熬茶，有不如山西人者，則彼之所嗜，要不在石泉、榆火間也。

武夷茶

余向不喜武夷茶，嫌其濃苦如飲藥。然丙午秋，余游武夷到曼亭峰、天游寺諸處。僧道爭以茶獻。盃小如胡桃，壺小如香橼，每斟無一兩。上口不忍遽咽，先嗅其香，再試其味，徐徐咀嚼而體貼之。果然清芬撲鼻，舌有餘甘，一杯之後，再試一二杯，令人釋躁平矜，怡情悅性。始覺龍井雖清而味薄矣，陽羡雖佳而韻遜矣，頗有玉與水晶，品格不同之故。故武夷享天下盛名，真乃不忝。且可以瀹至三次，而其味猶未盡。

《武夷雜記》：「武夷茶，始嘗自蔡君謨，始謂其味過於北苑之龍團也。」《茶疏》：「武夷雨前最勝。」《茶考》：「元大德間，浙江行省平章高興，始采製充貢，創御茶園於四曲，建第一春殿、清神堂，焙芳、浮光、燕賓、宜客四亭，門曰仁風，井曰通仙，橋曰碧雲，國朝寢廢爲民居，惟喊山臺、泉亭故址猶存。喊山者，每當仲春驚蟄日，縣官詣茶場致祭畢，水遂渾涸，而茶户采造有先春、探春、次春三品，又有旗槍、石乳諸品。色香味不減北苑。九曲之内，不下數百家，皆以種茶爲業，所産數十萬觔，水浮陸轉，鬻之四方，而武夷之名，甲於海内矣。」《武夷山志》：「茶之産不一，崇、建、延、泉，隨地皆有，惟武夷爲最。他産性寒，此獨性温也。其品分岩茶、洲茶。附山爲岩，沿溪爲洲，岩爲上品，洲次之。又分山北、山南，山北爲佳，山南又次之。岩山之外，名爲外山，清濁不同也。采摘以清明後穀雨前爲頭春，立夏後爲二春，夏至後爲三春。頭春香濃味厚，二春無香味薄，三春頗香而味薄。種處宜日宜風，而畏多風，日多則茶不嫩。采時宜晴不宜雨，雨則香味減。各岩著名者，白雲、天游、接筍、金谷洞、玉華、東華等處。采摘烘焙，須得其宜，然後香味兩絶。第岩茶反不甚細，有小種、花香、清香、工夫、松蘿諸名，烹之有天然真味。其色不紅，崇境東南山谷平原無不有之。惟崇南曹墩乃武夷一脈，所産甲於東南。至於蓮子心、白毫、紫毫、雀香皆外山洲茶，初出嫩芽爲之，雖以細爲佳，而味實淺薄。若夫宋樹，尤爲希有。又有名三味茶，别是一種，能解腥消脹。岩山、外山各皆有之，然亦不多也。」

《歸田瑣記》：「余嘗再游武夷，信宿天游觀中，每與静參羽士夜談茶事，静參謂茶名有四等，茶品亦有四等。今城中州府官廨，及豪富人家，競尚武夷茶，最著曰花香。其由花香等而上者，曰小種而已，山中則以小種爲常品。其等而上者曰名種，此山以下所不可多得，即泉州、廈門人所講工夫茶，號稱名種者，實僅得小種也。又等而上之者，曰奇種，如雪梅、木瓜之類，即山中亦不可多得。大約茶樹與梅花相近者，即引得梅花之味；與木瓜相近者，即引得木瓜之味。他可類推。此亦必須山中之水，方能發其精英，閲時稍久，而其味亦即稍退。三十六峰中，不過數峰有之，各寺觀所藏，每種不能滿一斤，用極小之錫瓶貯之，裝在各種大瓶中，間遇貴客名流到山，始出少許，鄭重瀹之。其用小瓶裝贈者，亦題奇種，實皆名種，雜以木瓜、梅花等物，以助其香，非真奇種也。至茶品之四等，一曰香，花香、小種皆有之。今之品茶者，以此爲無上妙諦矣，不知等而上之則曰清，香而不清，猶凡品也。再等而上之則曰甘，香而不甘，則苦茗也。再等而上之則曰活，甘而不活，亦不過好茶而已。活之一字，須從舌本辨之，微乎微矣。然亦必瀹以山中之水，方能悟此消息。」

龍井茶

杭州山茶，處處皆清，不過以龍井爲最耳。每還鄉上冢，見管墳人家送一杯茶，水清茶緑，富貴人所不能吃者也。

《煮泉小品》：「武林茶，惟龍泓山爲最，其地產茶爲南北絶品。鴻漸第錢塘、天竺、靈隱爲下品，當未經此耳。」而《郡志》亦稱「寶雲、香林、白雲諸茶，皆未若龍井之清馥雋永也。」《茶疏》：「南山盡佳，北山稍劣。」犀曰：吾杭管墳人享茶筍之味，其樂無窮，乍向熱鬧場中來者，真如灌頂醍醐，頓覺心脾一沁也。

常州陽羨茶

陽羨茶，深碧色，形如雀舌，又如巨米，味較龍井略濃。

《國史補》：「東川獸目，陽羨春池，皆茶之極品也。」馮可賓《岕茶箋》：「產茶曰羅岕，曰白岩，曰烏瞻，曰青東，曰顧渚，曰筱浦。不可勝數，獨羅岕最勝，所稱廟後羅岕也。」熊明遇《羅岕茶記》：「產茶處，山之夕陽，勝於朝陽，廟後山西向，故稱佳。」

洞庭君山茶

洞庭君山出茶，色味與龍井相同。葉微寬而緑過之。采掇最少。方毓川撫軍曾惠兩瓶，果然佳絶。後有送者，俱非真君山物矣。此外如六安、銀針、毛尖、梅片、安化，概行黜落。

《升庵外集》：「小峴山在六安州，出茶名小峴春，即六安茶也。」

○洞庭山茶以下補入

太湖洞庭山之碧螺峰，出茶名「碧螺春」，味似龍井，而汁較濃。吴中歲以入貢，洵茶中上品也。

《吴郡圖經續記》：「洞庭山有美茶，舊入爲貢。《茶經》云：『長洲縣生洞庭山者，與金州、蘄州味同。』近年山僧尤善製茗，謂之水月茶，以院爲名也，頗爲吴人所貴。」

○徽州茶

徽州茶細者，色淡而味清，與龍井相似，而味各不同。近日西人互市，其商販出洋者，至揉成珠粒，加以青靛，狀似紺珠，味同嚼蠟。此則戕賊杞柳以爲杯棬者矣。《茶疏》：「歙之松蘿，吴之虎丘，錢唐之龍井，香氣濃鬱，并可雁行，與岕頡頏。黄山茶亦在歙，去松蘿遠甚。」

酒

余性不近酒，故律酒過嚴，轉能深知酒味。今海内動行紹興，然滄酒之清，潯酒之洌，川酒之鮮，豈在紹興下哉！大概酒似耆老宿儒，越陳越貴，以初開罈者爲佳，諺所謂「酒頭茶脚」是也。燉法不及則涼，太過則老，近火則味變。須隔水燉，而謹塞其出氣處才佳。取可飲者，開列於後。

《周禮》：「酒正掌酒之政令，辨五齊之名：一泛齊，二醴齊，三盎齊，四緹齊，五沈齊。」注：「泛者，成而滓浮泛泛然。醴，猶體也，成而汁滓相將，如今恬酒也。盎，葱白色也。緹，紅赤色也。沈者，滓沈於下也。」《禮記·月令》：「仲冬之月，乃命大酋，秫稻必齊，麴蘗必時，湛熾必潔，水泉必香，陶器必良，火齊必得，兼用六物，大酋監之，毋有差貸。」《春秋》：「麥陰也，黍陽也，陽德陰而沸，故以麯釀黍爲酒。」《説文》：「麴，一作酴，酒母也。醭，麴生衣。蘗，芽米也。醴，酒一宿熟也。醪，酒不去滓而飲也。酎，三重釀之酒也。醨，薄酒也。醑酋，酒至美者也。酒有清、濁、厚、薄之不同，故清者曰醥，而甘曰酏，濁者曰醆，而厚曰醇，紅曰醍，緑曰醁，白曰醝。」《酒史》：「酒之濁而微清者曰醆，厚曰醹，重釀曰酎，苦曰醋。」《酒經》：「空桑穢飯，醞以稷麥，以成醇醪，酒之始也。烏梅女𪍿，甜醹九投，澄清百品，酒之終也。」《譜》曰：「大寒凝海而不冰，其性熱也。甘、苦、辛、酸皆不是其味，異也。合歡成禮，祭祀宴賓，皆所必需。壯膽辟寒，和血養氣，老人所宜，行藥勢，劑諸肴，解鳥獸、鱗介諸腥，陳久者良。多飲必病。」

犀曰：酒在三年以上，便已不同。十年以上，便爲珍品。二三十年者，則開罈或壞，或淺，或生白沫，或絶無香氣。然不可以爲壞，開後數日，其氣通而味醒，美味如初矣。如太濃，以好新酒攙之亦可。否則粘膩不能上口，亦復不宜，如宿儒學問太深，竟無一點生趣，亦使人難近也。

金壇于酒

于文襄公家所造，有甜澀二種，以澀者爲佳。一清徹骨，色若松花。其味略似紹興，而清洌過之。

德州盧酒

盧雅雨轉運家所造，色如於酒，而味略厚。

四川郫筒酒

郫筒酒，清洌徹底，飲之如梨汁蔗漿，不知其爲酒也。但從四川萬里而來，鮮有不味變者。余七飲郫筒，惟楊笠湖刺史木簰上所帶爲佳。

《錦里新聞》：「郫縣人刳大竹，傾春釀於中，號郫筒酒。」

紹興酒

紹興酒，如清官廉吏，不參一毫假，而其味方真。又如名士耆英，長留人間，閱盡世故，而其質愈厚。故紹興酒，不過五年者不可飲，參水者亦不能過五年。余嘗稱紹興爲名士，燒酒爲光棍。

犀曰：紹興酒，以愈遠愈妙，京師勝於南方，山西尤勝於京師。聞有自烏魯木齊攜酒歸者，其味尤爲異常，蓋所販愈遠，酒品愈高，而陳亦不待言矣。余家向有藏酒，多一二十年，亂後蕩然無存，而白衣人往往憐而招之，亦前緣也。在山西時，英相國桂贈外王父酒四罌，味爲獨絶。其後金彦翹八年陳酒亦佳。昔吴人費君官於浙，寓予家，嘗會飲，知其爲豪士也。既而他徙，留酒四罌，聞爲佳釀，思與客竊發焉。法以旱煙炙罈，三筒而酥，以錐刺孔，取酒後，以豬肝搗爛封之，則如故。有客自命方正之士，固執不可，乃止。今酒已取去，大約已倒在尿溺矣，思之可發一笑。

湖州南潯酒

湖州南潯酒，味似紹酒，而清辣過之，亦以過三年者爲佳。

常州蘭陵酒

唐詩有「蘭陵美酒鬱金香，玉碗盛來琥珀光」之句。余過常州，相國劉文定公飲以八年陳酒，果有琥珀之光。然味太濃厚，不復有清遠之意矣。宜興有蜀山酒，亦復相似。至於無錫酒，用天下第二泉所作，本是佳品，而被市井人苟且爲之，遂至澆淳散樸，殊可惜也。據云有佳者，恰未曾飲過。

犀曰：常州之奔牛酒出名，諺云「不吃奔牛酒，枉在江湖走」是也。試之，殊不見佳。即滄酒，雖紀文達嘖嘖稱之，亦未見其妙，或其佳者，非市肆所有耳。惠泉酒，曩於夜半歸舟，無所得酒，惟惠泉一瓮在焉，强飲之，一壺未盡而已污茵矣，可發一笑。

溧陽烏飯酒

余素不飲。丙戌年，在溧水葉北部家，飲烏飯酒至十六杯，傍人大駭，來相勸止。而余猶頽然，未忍釋手。其色黑，其味甘鮮，口不能言其妙。據云溧水風俗：生一女，必造酒一罈，以青精飯爲之。俟嫁此女，才飲此酒。以故極早亦須十五六年。打甕時只剩半罈，質能膠口，香聞室外。

蘇州陳三白酒

乾隆三十年，余飲於蘇州周慕庵家。酒味鮮美，上口粘唇，在杯滿而不溢。飲至十四杯，而不知是何酒，問之，主人曰：「陳十餘年之三白酒也。」因余愛之，次日再送一罈來，則全然不是矣。甚矣，世間尤物之難多得也。按鄭康成《周官》注盎齊云：「盎者翁翁然，如今酇白。」疑即此酒。

《事物紺珠》：「赤壁清，吴中白酒，斗米得三十瓮瓻，置壁前，月餘出之鮮美。」

金華酒

金華酒，有紹興之清，無其澀；有女貞之甜，無其俗。亦以陳者爲佳。蓋金華一路水清之故也。

《酒史》：「金華酒，近時京師嘉尚。」

山西汾酒

既吃燒酒，以狠爲佳。汾酒，乃燒酒之至狠者。余謂燒酒者，人中之光棍，縣中之酷吏也。打擂臺，非光棍不可。除盜賊，非酷吏不可。驅風寒、消積滯，非燒酒不可。汾酒之下，山東膏粱燒次之，能藏至十年，則酒色變緑，上口轉甜，亦猶光棍做久，便無火氣，殊可交也。嘗見童二樹家泡燒酒十斤，用枸杞四兩、蒼朮二兩、巴戟

天一兩、布扎一月，開甕甚香。如喫豬頭、羊尾、跳神肉之類，非燒酒不可。亦各有所宜也。

《留青日札》：「乾和，一名乾酢。河東并汾以爲貴品，即今不入水者。」《事物紺珠》：「羊羔酒，出汾州，色瑩白，饒風味。」

《譜》曰：「性烈火熱，遇火即然。消冷積，禦風寒，辟陰濕之邪，解魚腥之氣。陰虚火體，切勿沾唇。孕婦飲之，能消胎氣。汾州造者最勝。凡大雨淋身，或久浸水中，皆宜飲此，寒濕自解。如陡患泄瀉而小溲清者，亦寒濕病也，飲之即愈。」

犀曰：汾酒出汾州之杏花村，一小鄉村耳，只數十家，皆以酒爲業。王羹梅翁親至其地買歸，殊不佳。而説者以爲過汾水便佳，或云一小杯可以致醉。此一種大約不可多得者也。抑羹梅之探訪未真也。山東高粱，好者絶佳。沭陽酒，近之泰興、興化一帶，價賤味劣，則無賴子耳。若山西虞鄉之柿子酒，則如酸措大强作光棍，尤可笑也。藥酒，有山東濟寧之金波，山西平陽之益元，皆佳。益元性熱，少年人不宜多食也。若粤東馮了性藥酒，冒昧飲之，竟有性命之慮。昔予家小婢，以痰痔飲之，不及五錢，而已汗出，幾至脱死，飲者可不慎哉。此外如蘇州之女貞、福貞無燥，宣州之豆酒，通州之棗兒紅，俱不入流品。至不堪者，揚州之木瓜也，上口便俗。

犀曰：粤東有大國黄者，土酒也。予叔居粤時，以價廉常飲之，既以濕疾歿，人皆歸咎於酒焉。近日西人互市，夷酒種類甚多，五色皆有，而味率酸澀，不知何物所釀，中國之嗜酒者，殊不足以解酲也。

補糖色單

宴會會場，盤碟所需，未可缺也。補作《糖色單》。

○山楂糕

山楂糕，以京師爲佳，楂多而粉少故也。蘇製嫩則嫩矣，而楂味太少。杭州楂糕，則色紫而堅，斯爲下矣。

○橙　糕

橙糕，製與楂糕同，惟橙味太甜，不若山楂之雋爽也。蘇州有之。

《埤雅》：「橙，柚屬也。可登而成之，故字从登。」《風土記》：「橙，柚屬也，而葉正圓。」《風俗通》：「橙皮可爲醬虀。」《淮南子》：「江南橘樹之江北而化爲橙。」《本草》李時珍曰：「案《事類合璧》云：橙樹高枝，葉不甚類橘，亦有刺。其實大者如碗，頗似朱欒，經霜早熟。色黃皮厚，蹙衄如沸，香氣馥鬱。其皮可以熏衣，可以芼鮮，可以和菹醢，可以爲醬齏，可以蜜煎，可以糖製爲橙丁，可以蜜製爲橙膏。嗅之則香，食之則美，誠佳果也。」

《譜》曰：甘，辛。利膈，辟惡化痰，消食析酲，止嘔醒胃，殺魚鱉毒。惟廣東産者，可與福橘争勝。

○風雨梅

風雨梅，光福、天平諸山寺妙品也。寺僧采梅腌之，色青而味脆，上口即碎，食盡無渣。其法非市肆所能及。游山客至，則出以供客，若買之，則名貴異常，不可多得。

《説文》：「某，酸果也。」《六書故》引李陽冰曰：「某，此正梅字也。」《夏小正》：「五月煮梅。」注：「爲豆實也。」陸璣《詩疏》：「梅，杏類也。樹葉皆略似杏葉，有長尖，先衆木而花。其實酢，曝乾爲脯，入羹臛齏中。又含之，可以香口。子赤者材堅，子白者材脆。」《齊民要術》引《詩義疏》云：「梅，杏類也。樹及葉皆如杏而黑耳，實赤於杏而酸，亦可生啖也。煮而曝乾，爲蘇，置羹、臛、齏中。又可含以香口，亦蜜藏而食。」范成大《梅譜》：「江梅，野生者不經栽接，花小而香，子小而硬。消梅，實圓鬆脆，多液無滓，惟可生啖，不入煎造。緑萼梅，枝跗皆緑。重葉梅，花葉重疊，結實多雙。紅梅，花色如杏。杏梅，色淡紅，實扁而斑，味全似杏。鴛鴦梅，即多葉紅梅也，一蒂雙實。」《化書》：「李接梅而本强者，其實毛。梅接杏而本强者，其實甘。梅實采半黄者，以煙熏之，爲烏梅。青者，鹽漬曝乾，爲白梅。亦可蜜煎、糖藏，以充果飣。熟者笮汁，曬收爲梅醬。」《本草》李時珍曰：「梅，古文作呆，象子在木上之形。梅乃杏類，故反杏爲呆，書家訛爲某。後作梅，从每，諧聲也。郭璞注《爾雅》，以柟爲梅，誤矣。柟，即柟木，荆人呼爲梅，見陸璣《草木疏》。」

《譜》曰：「酸，温。生時宜醮鹽食。孕婦多嗜之，以小滿前肥脆而不帶苦者佳。食梅齒齼，嚼胡桃肉解之。多食損齒。生痰助熱。凡痰嗽、疳膨、痞積、脹滿、外感未清、女子天癸未行及婦人汛期前後、産後、痧痘後并忌之。青者鹽腌曝乾爲白梅，亦可蜜漬糖收法製，以充方物。」

〇半　梅

杭法搿梅爲兩，以糖腌之，味澀而甜，不及風雨梅多矣。

〇玫瑰梅乾

製梅乾法：買店中現成鹽梅，以水泡去其鹽，復曬乾，以糖腌之。再用玫瑰花去蒂，以酸梅水浸半日，撈起則其色鮮。用入梅乾中，裝以蓋鉢，以夏布或紗罩面曬之，俟糖化成鹵，梅質酥軟，便佳。用桂花亦可。

〇盒　梅

蘇製盒梅法，與梅乾同。惟用整玫瑰花上下合之，故名。

〇梅　食

用青梅敲碎，鹽腌之，去水。再入紫蘇、茭白片同揉，使紫蘇汁出染成紅色。然後曬半乾，乃用糖相間墊之，墊好以紗罩面再曬，俟糖化爲度。此杭州尼庵中擅長，閨閣中亦多製以清閑，亦佳品也。

《爾雅》：「蘇，桂荏。」郭璞注：「蘇，荏類，故名桂荏。」《方言》：「蘇，芥草也。江淮、南楚之間曰蘇。」顔注《急救篇》：「蘇，一名桂荏。」《内則》：「雉薌，無蓼。」注云：「薌，蘇荏之屬。」《環宇記》：「夏州土産蘇。」《通志》：「蘇，桂荏。此紫蘇也，葉實俱良。」《本草》李時珍曰：「蘇，从穌，舒暢也。蘇性舒暢，行氣和血，故謂之蘇。蘇乃荏類，而味辛如桂。故《爾雅》謂之桂荏。」《清異録》侯寧《藥譜》名「水狀元」。《譜》曰：「辛，甘，温。下氣安胎，活血定痛，和中開胃，止嗽，消痰，化食，散風寒。治霍亂、脚氣，制一切魚、肉、蝦、蟹毒。氣弱多汗、脾虚易瀉者忌食。」

○薄荷半梅

半梅，或以薄荷葉浸之，味微辣而涼，尤有致。

《清異録》侯寧《藥譜》呼「冰荷尉」。《本草》：「薄荷莖葉似荏而長。」《譜》曰：「辛，甘，苦，温。散風熱，清利頭、目、咽喉、口齒諸病。和中下氣，消食化痰，開音聲，舒鬱懣，辟穢惡、邪氣，療霍亂、癧瘡。釀酒、蒸糕、熬糖、造露均妙。惟虚弱多汗者忌之。」

○玫瑰醬

玫瑰醬，吴人家製之品也，法以玫瑰花用酸水鈞取紅色，和鹽梅泡淡搗勻，色鮮紅，而味甘酸，醒酒之妙品也。如食藕粉、石花等，放少許優佳。此種風味，必須細膩熨貼，方見其妙，否則直似豬八戒吃人參果矣。

《留青日札》：「今富家有枸杞醬、玫瑰醬。」

○梅醬　桃醬

梅醬，以青梅蒸熟，去皮核，用糖拌勻即是。有生梅搗者，則不用蒸。惟不能久，久則泛沫，而味變矣。此物有能以下飯者。桃醬法同。

《禮·内則》：「桃諸、梅諸、卵鹽。」王肅云：「諸，菹也。謂桃菹、梅菹，即令之藏桃也，藏梅也。欲藏之時，必先稍乾之，故《周禮》謂之乾蓛。」鄭云：「桃諸、梅諸是也。」

《本草》李時珍曰：「桃有紅桃、緋桃、碧桃、緗桃、白桃、烏桃、金桃、銀桃、胭脂桃，皆以色名者也。有綿桃、油桃、御桃、方桃、匾桃、偏核桃，皆以形名者也。有五月早桃、十月冬桃、秋桃、霜桃，皆以時名者也。并可供食。生桃切片瀹過，曝乾爲脯，可充果實。又桃酢法，取爛熟桃納瓮中，蓋口七日，漉去皮、核，密封二七日酢成，香美可食。」《玉篇》：「桃，毛果也。」

《譜》曰：「甘，酸，温。熟透啖之，補心活血，解渴充飢，以晚熟大而甘鮮者勝。多食生熱以臃瘡、瘧、痢、蟲、疳諸患。可作脯，製醬，造酢。凡食桃不消，即以桃梟燒灰，白湯下二錢，吐出即愈。別有一種水蜜桃，熟時吸食，味如甘露，生津滌熱，洵是仙桃。北産者良，深州最勝，太倉、上海亦産，較遜。」

○桃脯　杏脯

桃脯，用小桃劈開，糖腌，味頗甜熟。杏脯，亦相類。北方成乾，可致遠。南式帶鹵。

《本草》蘇頌曰：「黄而圓者，名金杏，相傳種出自濟南郡之分流山，彼人謂之漢帝杏，言漢武帝上苑之種也。今近汴、洛皆種之，熟最早。其扁而青黄者，名木杏，味酢不及之。杏仁，今以從東來人家種者爲勝。」寇宗奭曰：「生杏，可曬脯作乾果食之。山杏輩，只可收仁用耳。」李時珍曰：「諸杏，葉皆圓而有尖，二月開紅花，亦有千葉者，不結實。甘而有沙者，爲沙杏。黄而帶酢者，爲梅杏。其金杏大如梨，黄如橘。」按王禎《農書》云：「北方肉杏甚佳，赤大而扁，謂之金剛拳。」《格物叢話》：「杏實味香於梅，而酸不及，核與肉自相離。」

《譜》曰：「甘，酸，温。須俟熟透食之。潤肺生津，以大而甜者勝。多食生痰熱，動宿疾，産婦、小兒、病人尤忌之。亦可糖腌蜜漬，收藏致遠，以充方物。」

〇李　乾

李乾法與前同。

《爾雅翼》：「李乃木之多子者，故字从木、子。」《素問》：「李，味酸，屬肝，東方之果也。」韋述《兩京記》：「東都嘉慶坊有美李，人稱爲嘉慶子，久之稱謂既熟，不復知其所自也。」《西京雜記》：「漢武初上林苑，群臣、遠方各獻名果樹，有朱李、黄李、緑李、青李、綺李、青房李、車下李、顔回李、合枝李、羌李、燕李、猴李。」《廣志》有黄蓮李、青皮李、馬肝李。《本草》李時珍曰：「李，緑葉白花，樹能耐久。其種近百，其子大者如杯如卵，小者如彈如櫻。其味有甘、酸、苦、澀數種。其色有青、緑、紫、朱、黄、赤、縹綺、胭脂、青皮、紫灰之殊。其形有牛心、馬肝、柰李、杏李、水李、離核、合核、無核、匾縫之異。其産有武陵、房陵諸李。早則麥李、御李，四月熟，遲則晚李、冬李，十月、十一月熟。又有季春李，冬花春實也。按《農書》云：北方一種御黄李，形大而肉厚核小，甘香而美。江南建寧一種均亭李，紫而肥大，味甘如蜜。有擘李，熟則自裂。有餻李，肥粘如餻。皆李之嘉美者也。今人用鹽曝、糖藏、蜜煎爲果，惟曝乾白李有益。其法，夏季色黄時摘之，以鹽挼去汁，合鹽曬萎，去核復曬乾，薦酒、作飣皆佳。」《爾雅》：「休，無實李。座，接慮李。駁，赤李。」郭注：「休，一名趙李。座，今之麥李。」

《譜》曰：「甘，酸，涼。熟透食之，清肝滌熱，活血生津。惟檇李爲勝，而不能多得。不論何種，以甘鮮無酸苦者佳。多食生痰助濕，發瘧痢，脾弱者尤忌之。亦可蜜漬、鹽曝、糖收爲脯。」

〇櫻桃脯

櫻桃脯法與前同。

《爾雅》：「楔，荊桃。」孫注：「即今櫻桃。最大而甘者謂之崖蜜。」《本草》李時珍曰：「其顆如瓔珠，故謂之櫻。而許慎作鶯桃，云鶯所含食，故又曰含桃。樹不甚高，春初開白花，繁英如雪。葉團，有尖及細齒。結子一枝數十顆，三月熟時須守護，否則鳥食無遺。鹽藏、蜜煎皆可，或同蜜搗作餻食，唐人以酪薦食之。」蘇頌曰：「深紅色者，謂之朱櫻。紫色皮裏有細黄點者，謂之紫櫻，味最珍重。又有正黄明者，謂之蠟櫻。小而紅者，謂之櫻珠，味皆不及。極大者，有若彈丸，核細而肉厚，尤難得。」

《譜》曰：「甘，熱。温中。不宜多食，諸病皆忌，小兒遠之，酸者尤甚。青蔗漿能解其毒。」

〇葡萄乾

葡萄乾，京師爲上。蓋其牛乳葡萄，本嘉果也。山西文水縣産者，亦佳。

《史記》：「大宛以葡萄釀酒，富人藏酒萬餘石，久者十餘年不敗。張騫使西域，得其種還，中國始有。」《酉陽雜俎》：「葡萄有黄、白、黑三種，成熟之時，子實逼側，星編珠聚。」《本草》蘇頌曰：「苗作藤蔓而極長大，盛者一二本，綿被山谷間，花極細而黄白色。七月、八月熟，取汁可釀酒。」李時珍曰：「其圓者如草龍珠，長者名馬乳葡萄，白者名水晶葡萄，黑者名紫葡萄。葉似栝樓葉，而有五尖，生鬚延蔓，引數十丈。西人及太原、平陽皆作葡萄乾，貨之四方。蜀中有緑葡萄，熟時色緑。雲南所出者，大如棗，味尤長。西邊有瑣瑣葡萄，大如五味子，而無核。」《魏文帝詔》：「葡萄當夏末涉秋，尚有餘暑，醉酒宿酲，掩露而食。甘而不飴，酸而不酢，冷而不寒，味長汁多，除煩解渴。又釀爲酒，甘於麴蘖，善醉而易醒。他方之果，寧有匹之者乎？」

《譜》曰：「甘，平。補氣，滋腎液，益肝陰，養胃耐飢，禦風寒，强筋骨，通淋逐水，止渴安胎。種類甚多，北産大而多液，味純甜者良，無核者更勝。可乾可釀，枸杞同功。」

○楊梅脯　燒酒楊梅

楊梅脯法，與桃杏脯同。然楊梅之鮮者，於諸果中最爲生辣之品，及製爲脯，則同歸甜熟矣。如後唐莊宗，其初何等英鋭，及即位以後，便成庸主矣。此理可喻燒酒浸者，以辣勝頗佳。

《齊民要術》引《食經》藏楊梅法：「擇佳完者一石，以鹽一升淹之。鹽入肉中，仍出曝，令乾熇。取杭皮二斤，煮取汁漬之，不加蜜漬。梅色如初，美好可堪數歲。」

《北户録》：「葉如龍眼，樹如冬青，一名杌子。潘州有白色者，甜而絶大。」《爾雅》：「杌，繫梅。」郭注：「杌樹，狀似梅，子如指頭，色赤似小柰，可食。」《林邑記》：「邑有楊梅，其大如杯碗，青時極酸，熟則如蜜。用以釀酒，號爲梅香酎，甚珍重之。」《相感志》：「桑上接楊梅則不酸。楊梅樹生癩，以甘草釘釘之則無。」《本草》馬志曰：「楊梅生江南、嶺南山谷，樹若荔枝，而葉細陰青。子形似水楊子，而生青熟紅，肉在核上，無皮殻。四月、五月采之，南人腌藏爲果，寄至北方。」李時珍曰：「楊梅樹葉如龍眼及紫瑞香，冬月不凋。二月開花結實，形如楮實子。五月熟，有紅、白、紫三種，紅勝於白，紫勝於紅，顆大而核細，鹽藏、蜜漬、糖收皆佳。」《異物志》：「楊梅，一名杌子。如彈丸，正赤，五月中熟，味甘酸。」《齊民要術》引此云：「其子大如彈子，正赤，五月熟，似梅，味甜酸。」

《譜》曰：「甘，酸，温。宜蘸鹽少許食，析酲止渴，活血消痰，滌腸胃，除煩瀆惡氣。鹽乾、蜜漬、酒浸、糖收爲脯爲乾，消食止痢，大而純甜者勝。多食動血，酸者尤甚，諸病挾熱者忌之。」

○蜜餞佛手

市肆之蜜餞佛手，多以蘿蔔爲之，直切至半，連其下以象佛手，用糖餞之，味甜而脆。亦有以真佛手漬者，味辣不能多食，用以治肝氣則宜。

《本草》李時珍曰：「枸櫞産閩廣間，木似朱欒，而葉尖長，枝間有刺，植之近水乃生。其實狀如人手，有指，俗呼爲佛手柑，有長一尺四五寸者。皮如橙柚而厚，皺而光澤。其色如瓜，生緑熟黃。其核細。其味不甚佳，而清香襲人。南人雕鏤花鳥，作蜜煎果食。置之几案，可供玩賞。若安芋片於蒂而以濕紙圍護，經久不癟。或搗蒜罨其蒂上，則香更充溢。」

《譜》曰：「辛，温。下氣醒胃，豁痰辟惡，解酲消食，止痛。多食耗氣，虚人忌之。金華産者勝，味不可口，而清香襲人。亦可蜜漬鹽藏。」

○藥橄欖

橄欖以甘草汁煮之，色黑而甜且酥，名曰「藥橄欖」。其鹽藏者曰「鹽橄」，食之清口濁，凡病、酒後咀含尤妙。

《齊民要術》引《南方草物狀》曰：「橄欖，子大如棗，大如雞子。二月華色，仍連著實。八月、九月熟。生食味酢，蜜藏乃甜。」《臨海異物志》曰：「餘甘子，如梭形。初入口，舌澀，後飲水，更甘。大於梅實，核兩頭鋭。東岳呼『餘甘』『柯欖』，同一果耳。」《南越志》曰：「博羅縣有合成樹，十圍，去地二丈，分爲三衢。東向一衢，木葉似楝，子如橄欖而硬，削去皮，南人以爲糁。南向一衢，橄欖。西向一衢，三丈。三丈樹，嶺北之候也。」

《北户録》：「八九月熟，其大如棗。」《廣志》云：「有大如雞子者，有野生者，高不可梯。但刻其根方數寸許，入鹽於中，子皆落矣。今高涼有銀坑橄欖，子細長，味美於諸郡産者，其價亦貴。」陳藏器云：「其木去鯢魚毒，此木作檝，水有鯢魚盡浮出。」

王禎《農書》：「其味苦澀，久之方回甘味。王元之作詩，比之忠言逆耳，世亂乃思之，故人名爲諫果。」《群芳譜》：「一名青果，一名諫果，一名忠果。」

《南州異物志》：「閩廣諸郡及緣海浦嶼間皆有之，樹高丈餘，葉似欅柳。二月開花，八月成實，狀如長棗，兩頭尖，青色。核赤，兩頭尖而有棱，核内有三竅，竅中有仁，可食。」

《嶺表録異》：「橄欖樹枝皆高聳。其子深秋方熟，南人重之，生咀嚼之，味雖苦澀，而芬香勝於含雞舌香也。」《本草》李時珍曰：「橄欖樹高，將熟時以木釘釘之，或納鹽少許於皮内，其實一夕自落，亦物理之妙也。其子生食甚佳，蜜漬、鹽藏皆可致遠。」

《譜》曰：「酸，甘，平。開胃生津，化痰滌濁，除煩止渴，涼膽息驚，清利咽喉，解魚、酒、野蕈毒。鹽藏、藥製功用良多。點茶亦佳，以香嫩多汁者勝。」

○桂花糖

桂花糖，用桂花、米，以酸水釣一過，搗爛，去汁，和糖，再搗至極膩如糯粉，乃用小木模，印成各式小塊，收石灰罈中收乾，食時香甜可愛。其製爲五色者，紅用玫瑰，緑用薄荷，黑用烏梅，白用薑汁，法均并同。

《本草》李時珍曰：「今人所栽岩桂，亦是菌桂之類而稍異。其葉不似柹葉，亦有鋸齒如枇杷葉而粗澀者，有無鋸齒如梔子葉而光潔者。叢生岩嶺間，謂之岩桂，俗呼爲木犀。其花有白者名銀桂，黄者名金桂，紅者名丹桂。有秋花者，春花者，四季花者，逐月花者。惟花可收茗、浸酒、鹽漬，及作香搽、髮澤之類耳。」《事物紺珠》：「響糖，有升斗、碗子、石榴、瓜蔞、仙人、鴛鴦等樣。」

《譜》曰：「辛，温。辟臭，醒胃，化痰。蒸露浸酒，鹽漬糖收，造點作餡，味皆香美悦口。」

○松子糖　花生糖　榧子糖　榛子糖　胡桃糖

松子去衣，用糖熬就，俟糖凝收乾。凡熬糖須用銅鍋，則色不變。製花生、榧子、榛子、胡桃諸糖并同。

《事物紺珠》：「纏糖，以茶、芝麻、砂仁、胡桃、杏仁、薄荷各爲體，以糖纏之。」《南方草木狀》：「海梧子，與中國松同，但結實絶大，形如小栗，三角，肥甘香味，亦樽俎間嘉果也。出林邑。」《酉陽雜俎》：「松言兩粒、五粒，粒當言鬛。予種五鬛松兩株，大財如碗，甲子年結實，味與新羅、南詔者不別。又有七鬛者，俗謂孔雀松，三鬛松也。」《本草》吴瑞曰：「松子有南松、北松。華陰松，形小殼薄，有斑，極香。新羅者，肉甚香美。」李時珍曰：「海松子，出遼東及雲南，其樹與中國松樹間，惟五葉一叢者，球内結子，大如巴豆而有三棱，一頭尖爾，久收亦油。」馬志曰：「中國松子不堪果食。」《物類相感志》：「凡雜色羊肉入松子，則無害。」

《萬曆仙居志》：「落花生，原生福建，近得其種植之。」《福清縣志》：「出外國，昔年無之，蔓生園中。花謝時，其中心有絲垂入地結實，故名。一房二三粒，炒食味甚香美。康熙初年，僧應元往扶桑覓種寄回。亦可壓油。今閩省産者，出興化爲第一，名黄土，味甜而粒滿。出臺灣者，爲白土，味澀而粒細少油，煎之不熟，食之令人瀉，一名土豆。」《物理小識》：「番豆，名落花生、土露子，二三月種之，一畦不過數子。行枝如蘿菜虎耳藤，横枝取土壓之，藤上開花，絲落土成實，冬後掘土取之。殻有紋，豆黄白色，炒熟甘香，似松子味。」

《本草》寇宗奭曰：「榧實，大如橄欖，殻色紫褐而脆。其中子有一重黑粗衣。其仁黄白色，嚼久漸甘美。」陶弘景曰：「彼子，一名羆子。」李時珍曰：「榧生深山中，人呼爲野杉。按《爾雅翼》曰：柀似杉而異於杉。柀有美實，而木有文采。其木似桐，而葉似杉，絶難長。木有牝牡，牡者花而牝者實。其仁可生啖，亦可焙收，以小而心實者爲佳。俗呼赤果，亦曰玉榧。」《爾雅翼》：「榧似煔，音杉。而材有文彩如柏。古謂文木，通作棐。」《物類相感志》：「榧煮素羹，味更甜美。豬脂炒榧，黑皮自脱。榧子同甘蔗食，其渣自軟。」

《説文》「亲，果實如小栗。从木，辛聲。」《春秋傳》：「女贄不過榛、栗、棗、脩。」徐曰：「今《九經》皆作榛。榛有臻至之義。」《齊民要術》：「榛有二種。一種大小枝葉皆如栗，其子形似杼子，味亦如栗。一種枝莖似木蓼，葉如牛李色，生高丈餘。其核中悉如李，生作胡桃味。其枝莖生樵爇燭，明而無煙。漁陽、遼代、上黨饒有之。」《詩·釋文》《字林》：「榛，木之字从辛木，云似梓，實如小栗。」陸璣《詩疏》：「榛，栗屬。其子似小柿子，表皮黑，味如栗。」《通志》：「榛有三四種，栗類也。似栗而小，正圓。」《爾雅翼》、《禮記》鄭玄注，言關中甚多此果。關中，秦地也，榛之从秦，蓋取此意。《本草》李時珍曰：「榛樹低小如荆，叢生。冬末開花如櫟花，成條下垂，長二三寸。二月生葉，如初生櫻桃葉，多皺文，而有細齒及尖。其實作苞，三五相粘，一苞一實。實如櫟實，下壯上鋭，生青熟褐，其殼厚而堅，其仁白而圓，大如杏仁，亦有皮尖。然多空者，故諺云十榛九空。」

《譜》曰：「松子，甘，平。潤燥補氣，充飢養液，息風耐飢，温胃通腸，辟濁下氣，香身。最益老人。果中仙品，宜肴宜餡，服食所珍。」

《譜》曰：「榧子，甘，温。潤肺，止嗽，化痰，開胃，殺蟲，滑腸消穀。可生啖，以細而殼薄者佳。多食助火，熱嗽非宜。」

《譜》曰：「榛子，甘，平。補氣，開胃，耐飢，長力，厚腸。虛人宜食。仁粗大而不油者佳。亦可磨點成腐，與杏仁腐皆爲素饌所珍。」

○橘　餅

橘餅，以橘劃開，打扁，擠去核，用冰糖熬成，香甜悦品，且能經久。

《説文》：「橘果出江南。」《玉篇》：「小曰橘，大曰柚。」孔安國《書傳》同。《南方草木狀》：「橘，白華赤實，皮馨香，有美味。自漢武帝，交趾有橘官長一人，秩二百石，主貢御橘。」《異物志》：「橘爲樹，白花而赤實，皮馨香，又有善味。江南有之，不生他所。」《元和志》：「杭州富陽縣，出橘，爲江東之最，今見進貢。」《事類合璧》：「橘樹高丈許，枝多生刺，其葉兩頭尖，緑色光面，大寸餘，長二寸許。四月著小白花，甚香。結實至冬黄熟，大者如杯，包中有瓣，瓣中有核也。」《橘譜》：「柑橘，出蘇州、台州，西出荆州，南出閩、廣、撫州，皆不如温州者爲上也。柑品有八，橘品十有四，多是接成。惟種成者，氣味尤勝。黄橘，扁小而多香霧，乃橘之上品也。朱橘，小而色赤如火。緑橘，紺碧可愛，不待霜後，色味已佳，隆冬采之，生意如新。乳橘，狀似乳柑，皮堅瓤多，味絶酸芳。塌橘，狀大而扁，外緑心紅，瓣巨多液，經春乃甘美。包橘，外薄内盈，其脈瓣隔皮可數。綿橘，微小，極軟美可愛，而不多結。沙橘，細小甘美。油橘，皮似油飾，中堅外黑，乃橘之下品也。早黄橘，秋半已丹。凍橘，八月開花，冬結春采。穿心橘，實大皮光，而心虚可穿。荔枝橘，出横陽，膚理皺密如荔子也。」《本草》李時珍曰：「今人以蜜煎橘，充果食甚佳，亦可醬葅也。」

《本草綱目拾遺》：「閩中漳泉者佳，名麥芽橘餅，圓徑四五寸，乃選大福橘蜜糖釀製而成，乾之，面上有白霜，故名。肉厚味重，爲天下第一。浙製者乃衢橘所作，圓徑不及三寸，且皮色黯黑而肉薄，味亦苦劣。出塘棲者爲蜜橘餅，味差勝，然亦不及閩中者。」

《譜》曰：「甘，平。潤肺，析醒解渴。閩産曰福橘。黄岩産皮薄色黄，曰蜜橘，俱無酸味而少核。多食生痰聚飲，風寒、咳嗽及有痰飲者，勿食。味酸者，戀膈滞肺，尤不益人。并可糖腌作脯，名曰橘餅。以其連皮造成，故甘辛而温。和中開膈，温肺散寒，治嗽化痰，醒酒消食。」

○橙　餅

製法與橘餅同。

《同壽録》製橘餅法：「擇半黄無傷損橙子，太青者性硬難酥，將小刀劃成棱，入浄水浸去酸澀水，一二天後，每日須换水，待軟取起，擠去核，再浸一二天取起。將簪脚插入每縫，觸碎内瓤，然後入鍋用清水煮之，勿令焦，約有七八分爛，取出，拌上潔白洋糖，須乘熱即拌。即日曬之，待糖吃進，再吃，再摻，再曬，令糖吃足。將乾糖再塞入橙肚内，略壓扁，入貯瓶用，亦可點湯。」

○金橘餅

用金橘打扁，加冰糖熬熟，帶鹵盛磁罐中，香美異常。甜中微帶酸意尤妙，其鹵啜之，可以沁脾。或用糖生腌亦可。

魏王《花木志》：「蜀之成都、臨邛、江源諸處，有給客橙，一名盧橘。似橘而非，若柚而香。夏冬花實常相繼，或如彈丸，或如櫻桃，通歲食之。」

《嶺表録異》：「山橘子，大如土瓜，次如彈丸，小樹緑葉，夏結冬熟，金色薄皮而味酸，偏能破氣。客廣人連枝藏之，入膾醋，尤加香美。」

《橘譜》：「金柑出江西，北人不識。景祐中始至汴都，因温成皇后嗜之，價遂貴重。藏緑豆中，可經時不變。蓋橘性熱，豆性涼也。又有山金柑，一名山金橘，俗名金豆。木高尺許，實如櫻桃，内只一核，俱可蜜漬，香味清美。」

《本草》李時珍曰：「生吴粤、江浙、川廣間，或言出營道者爲冠，而江浙者皮甘肉酸次之。其樹似橘，不甚高大。五月開白花結實，秋冬黄熟，大者徑寸，小者如指頭，形長而皮堅，肌理細瑩，生則深緑色，熟乃黄如金。其味酸甘，而芬香可愛，糖造蜜餞皆佳。」

《譜》曰：「甘，温。醒脾，下氣辟穢，化痰止渴，消食解酲。其美在皮。以黄岩所産，形大而圓，皮肉皆佳而少核者勝。一名金蛋。亦可糖腌壓餅。」

○柿餅

柿餅甜而無趣，殊不見佳，遜於金橘遠矣。

《酉陽雜俎》：「俗謂柿樹有七絶，一壽，二多陰，三無鳥巢，四無蟲蠹，五霜葉可玩，六嘉實，七落葉肥滑，可以臨書也。」夏注：今本無末五字。

《寰宇記》：「朱柿出華州豐原鄉董侯里。」《本草》寇宗奭曰：「柿有數種。著蓋柿，於蒂下別有一重。又有牛心柿，狀如牛心。蒸餅柿，狀如市賣蒸餅。華州朱柿，小而深紅。塔柿，大於諸柿。去皮挂木上，風日乾之佳，火乾者味不甚佳。其生者可以温水養，去澀味也。」李時珍曰：「柿，高樹大葉，圓而光澤，四月開小花，黄白色。結實青緑色，八九月乃熟。生柿置器中自紅者，謂之烘柿。日乾者，謂之白柿。火乾者，謂之烏柿。水浸藏者，謂之醂柿。其核形扁，狀如木鱉子仁而硬堅。其根甚固，謂之柿盤。白柿，法用大柿去皮，捻扁，日曬夜露至乾，納瓮中，待生白霜乃取出，今人謂柿餅，亦曰柿花。其霜謂柿霜。」《事類合璧》：「柿，朱果也。大者如碟，八棱稍扁。其次如拳，小或如雞子、鴨子、牛心、鹿心之狀。一種小而如折二錢者，謂之猴棗，皆以核少者爲佳。」

《譜》曰：「乾柿甘，平。潤肺澀腸，止血充飢，殺疳療痔，治反胃，已腸風。老稚咸宜，果中聖品。以北産無核者勝。惟太柔腴不堪藏久。柿餅、柿花功用相似，體堅耐久，并可充糧。」

○酸棗糕

酸棗糕，福建所出，色如棗泥，味甜而酸，兩面有薄衣，色如錫箔，上印花紋甚細。《本草別録》曰：「酸棗生河東川澤，八月采實陰乾，四十日成。」蘇恭曰：「此即樲棗也。」寇宗奭曰：「此物才及三尺，便開花結子。但科小者氣味薄，本大者氣味厚。今陝西臨潼山野所出亦好。」

○蜜　棗

蜜棗，以棗去皮，劃成瓜棱，以糖製之。

○甜酸鹹

甜酸鹹亦出福建，黑色如醬，醬中有物，大小不一。種如櫻桃、橄欖之屬，味則三者俱備，故以爲名。

○果單皮

果單皮，自西口外來，山西有之。色紫，形如香牛皮。大者數尺，折疊之如緞匹然，上有花紋極細。其味酸甜，大約以山楂爲之。

○梅　皮

梅皮切細片，糖腌之，青浦之出産也。

○小米糖

小米熬糖切方塊，食之香而糯。此則以現做者爲妙。吴門元妙觀〔一〕有之。

《本草》李時珍曰：「粟，古文作㮚。古者以粟爲黍、稷、粱、秫之總稱。在古但呼爲粱，後人乃專以粱之細者爲粟。大抵粘者爲秫，不粘者爲粟。故呼此爲籼粟，以别秫而配籼，北人謂之小米也。」又曰：「穗大而毛長粒粗者爲粱，穗小而毛短粒細者爲粟。苗俱似茅。種類凡數十。早則趕麥黄、百日糧之類，中則八月黄、老軍頭之類，晚則有雁頭青、寒露粟之類。」

《譜》曰：「功用與籼粳二米略同，而性較凉，病人食之爲宜。糯者亦名秫。」

○牛皮糖

有厚薄二種。厚者約半寸，兩面糝以芝麻，盤爲卷，堅韌異常，薄者才如紙耳。

大約以薄爲佳。凡糖色明亮者，皆以餳糖爲之。餳糖，米糖也。

《說文》：「飴，米蘗煎也。餳，飴和饊者也。饊，熬稻粻䊗也。」《楚辭》「粔籹蜜餌，有粻䊗些。」注：「粻䊗，餳也。」《釋名》：「餳，洋也，煮米消爛洋洋然也。」《廣雅》：「粻䊗飴，餩、餹，餳也。」《方言》：「凡飴謂之餳，自關而東，陳楚宋衛之通語也。」又云：「餳謂之餦餭。」注：「即乾飴也。」《急就篇》：「棗、杏、瓜、棣、饊、飴、餳。」顔注：「以蘗消米取汁而煎之，濡弱者爲飴，形怡怡然也。厚强者爲餳，餳之爲言洋也，言其洋洋然也。」《齊民要術》作蘗法：「浸小麥，芽生即散收，令乾，勿使餅。此煮白餳蘗。若煮黑蘗，即待芽生青成餅，然後以刀劚取乾之。欲令餳如琥珀色者，以大麥爲其蘗。」《本草》陶弘景曰：「方家用飴糖，乃云膠飴，皆是濕糖，如厚蜜者。」《升庵外集》：「《周官》麷蕡，《儀禮》注作逢蕡，熬麥曰麷，熬麻曰蕡。麷，今之麥芽糖。蕡，今之麻糖也。又繭糖，巢絲糖也。」《演繁露》案：「餳飴，餦餭，一物也，而小有異。餳，即今人名爲白糖者是也，以其雜米蘗爲之也。飴，即餳之融液，而可以入之食飲中者也。」趙氏宧光曰：「南方之膠餳，一曰牛皮糖，香稻粉熬成者。」桂氏馥曰：「餳，易聲者，當爲昜聲。」《六書故》：「餳，徒郎切，與唐同音。」盧氏文弨曰：「凡字从昜者，皆有兩音。《説文》从昜，偶脱中間一劃耳。」《譜》曰：「稀者爲飴，乾者爲餳，諸米皆可，惟糯米者爲勝。甘温。補中，益氣，養血。能助濕熱，助火生痰。凡中滿、吐逆、疸瘧、痞膨、便秘、牙痛、水腫、目赤等症皆忌之。」

○粽子糖

洋糖和餳熬成三角形如小粽，以五色染之，大小如棋，光潔可玩。又有純白色者，中以玫瑰、梅皮爲餡。

○圓圓糖

形如棋子，亦有五色。杭人以給小兒，小兒以爲珍品矣。

○葱管糖

形如葱管，大小不一，周圍糝以芝麻。有實心者，有鬆脆成絲而中空者，大約以空者爲佳。蘇州謂之藕絲糖。

○寸金糖

寸金糖，似葱管而小，以寸爲度，故名。

○澆切糖

以糖澆成薄片，切而方之，兩面皆芝麻，頗鬆而香。

○麻酥糖

用芝麻研末，拌糖和油酥爲之，每一塊用紙包之，有白有黑。此物徽州所出爲佳。湖州泗安亦有之，大約以油潤、麻多爲妙。若一味太甜，殊無謂也。

校勘記

〔一〕「元妙觀」，即「玄妙觀」，清避玄燁諱，作「元」，吴語「玄」「元」同音。民元後復名「玄妙觀」。

補作料單

肴饌之美，全在作料，如人有儁才，尤非學歷不可，因補作《作料單》。

筍　油

筍十斤，蒸一日一夜，穿通其節，鋪板上，如作豆腐法，上加一板壓而榨之，使汁水流出，加炒鹽一兩，便是筍油。其筍曬乾，仍可作脯。天台僧製以送人。

糟　油

糟油出太倉州，甚佳。

蝦　油以上三種從原本《小菜單》移此

買蝦子數斤，同秋油入鍋熬之，起鍋，用布瀝出秋油，乃將布包蝦子，同放罐中盛油。

○麻油

麻油有小磨、大磨之分，以小磨爲佳。質膩者殊劣。江北一帶多出麻油，價亦甚賤。北方起油鍋，多以麻油爲之。維南人僅以之澆於菜面，凡魚生、生豆腐等，以重用爲宜。

《清異録》：「羹蘁寸裁，連汁置潔器中，煉胡麻自然汁投之。」

《本草》寇宗奭曰：「胡麻炒熟，乘熱壓出油，謂之生油，但可點照。須再煎煉，乃爲熟油，始可食，不中點照，亦一異也。」胡震亨曰：「香油乃炒熟脂麻所出，食之美，且不致疾。」

《譜》曰：「甘，涼。潤燥，補液息風，解毒殺蟲，消諸瘡腫。烹調肴饌，葷素咸宜。諸油惟此可以生食，故爲日用所珍，且與諸病無忌。惟大便滑瀉者禁之。凡方書所載香油，即麻油也。久藏泄氣，則香味全失，故須隨製隨用。」

○菜油　豆油

菜油，南人通用之，起油鍋，以熟爲度。北人用豆油，肥膩殊劣。

《本草》李時珍曰：「芸薹子，亦如芥子，灰赤色，炒過榨油，黄色，燃燈甚明，食之不及麻油。近人因有油利，種者亦廣云。」又曰：「大豆有黑、白、黄、褐、青、斑數色，惟黑者可入藥，而黄、白豆炒食、作腐、造醬、笮油，盛爲時用，不可不知别其性味也。」

《譜》曰：「菜油，甘，辛，温。潤燥殺蟲，散火丹，消腫毒。熬熟可入烹庖。凡時感、痧脹、目疾、喉症、咳血、瘡瘍、痧痘、瘧疾、産後并忌之，以有微毒而能發風動疾也。豆油，甘，辛，温。潤燥，解毒，殺蟲。熬熟可入烹炮。雖穀食之精華，而肥膩已甚。盛京來者，清澈獨優，燃燈甚亮。」

○醬　油

醬油，以秋日造者爲勝，故曰秋油。其至佳者，須以小器置醬中，其自然原汁徐徐浸入，要非自製醬者不可得，市賣者無此品也。大約以味厚而鮮爲貴，北人尚白醬油，終不能及。

《本草》李時珍曰：「豆油法：用大豆三升，水煮糜，以麵二十四斤，拌罨成黄，每十斤入鹽八斤，井水四十斤，攪曬成油，收取之。」

《譜》曰：「篘油則豆醬爲宜，日曬三伏，晴則夜露。深秋第一篘者勝，名秋油，即母油。調和食味，葷素皆宜。痘痂新脱時，食之則瘢黑。嘉興造者鹹寒，以少日曬之功也，油亦質薄味淡，不耐久藏。」

○菌　油

以鮮菌或入香油，或入醬油熬均可。光福木瀆人優爲之。余向於天平之無隱庵嘗之，大妹家亦嘗製以見遺，味終不及。

○醋

醋，以米醋爲上，酒醋劣也，尤以陳者爲佳。南方以鎮江一帶出名，而天津之獨流鎮、山西之介休縣較勝焉。浙之蕭山醋亦不惡。至虞鄉之柿子醋，則真醋中之魔矣。凡用醋不可多滚，滚則醋味即走。醋以酸爲貴，甜與淡皆劣。

劉熙《釋名》：「醋，措也。能措置食毒也。」《食品須知》：「醯酸味亦曰醋。釀米糟爲之也，食品中用之，所以殺腥，内及其氣，亦所以釀菜而柔之也，以濟百味。」

《學齋佔畢》：「《九經》中無醋字，止有醯及和用酸而已，至漢方有此字。」《食經》：「作苦酒法：用烏梅以酒漬之，曝乾，擣作屑，欲食，輒投水中。作卒成苦酒法：取黍米一斗，以熱粥澆其上，二日便成酢。外國作苦酒法：用蜜一斤，水三合，正月九日熟，一銅匕調之，一杯可食三十人。」《風俗記》任廣曰：「梅醯，苦酸之用也。」《雲谷逸語》：「唐世風俗，貴桃花酸。」醋名，《記事珠》作桃花醋。元氏《掖庭記》：「醋有杏花酸、脆棗酸、潤腸酸、苦蘇。」《事物紺珠》：「紅醋，用米或糟抽成，酸香之味上品。」《事物原始》：「今用米如造酒法，上者色紅，名珠兒滴醋。」《廣韻》：「醶鹹，醋味。又釅酒，醋味厚。」《齊民要術》：「酢者，今醋也。」《本草》陶弘景曰：「醋酒爲用，無所不入，愈久愈良，亦謂之醯。以有苦味，俗呼苦酒。丹家又加餘物，謂之華池左味。」蘇恭曰：「醋有數種，有米醋，麥醋，麯醋，糠醋，糟醋，餳醋，葡萄、大棗、蘡薁等諸雜果醋，會意者亦極酸烈。」李時珍曰：「米醋，三伏時用倉米一斗，淘淨蒸飯，攤冷盦黃，曬簸，水淋淨，別以倉米二斗蒸飯，和勻入瓮，以水淹過，密封暖處，三七日成矣。糯米醋，秋社日，用糯米一斗淘蒸，用六月六日造成小麥大麯和勻，用水二斗，入瓮封釀，三七日成矣。粟米醋，用陳粟米一斗，淘浸七日，再蒸淘熟，入瓮密封，日夕攪之，七日成矣。小麥醋，用小麥水浸三日，蒸熟盦黄，入瓮水淹，七七日成矣。大麥醋，用大麥米一斗，水浸蒸飯，盦黄曬乾，水淋過，再以麥飯二斗和匀，入水封閉，三七日成矣。餳醋，用餳一斤，水三升，煎化，入白麯末二兩，瓶封曬成。」《北夢瑣言》：「一少年眼中常見一鏡，趙卿謂之曰：『來晨以魚膾奉候。』及期，延至從容，久之，少年飢甚，見臺上一甌芥醋，旋旋啜之，遂覺胸中豁然，眼花不見。卿云：『君吃魚膾太多，魚畏芥醋。故權誑而愈其疾也。』」

《譜》曰：「酸，温。開胃養肝，强筋暖骨，醒酒消食，下氣辟邪，解魚蟹鱗介諸毒。陳久而味厚氣香者良。性主收斂。風寒咳嗽、外感瘧痢、初病皆忌。《續文獻》云『獅子日食醋酪各一瓶』，故謂獅吼爲吃醋云。」

○鹽

鹽之出産甚多，細而白者爲良。河東官造鹽磚，極鮮潔，勝於燒鹽。味苦者最劣。凡贊食者必以花椒拌炒爲宜。

《禮記》「鹹鹺」，鄭注：「大鹽曰鹺鹽，味之厚也。」《越絶書》：「越人謂鹽曰餘。」《説文》：「鹽，鹹也。」《論衡》：「東海水鹹，流廣大也。西州鹽井，源泉深也。」《西溪叢話》：「予監台州，杜瀆鹽場，日以蓮子試鹽。擇蓮子重者用之，鹵浮三蓮、四蓮味重，五蓮尤重。蓮子取其浮而直。若二蓮直，或一直一横，即味差薄。若鹵更薄，即蓮沈於底，而煎鹽不成。閩中之法，以雞子、桃仁試之，鹵味重則正浮在上，鹹淡相半，則二物俱浮，與此相類。」《演繁露》：「鹽已化成鹵水者，暴烈日中數日即成方印，潔白可愛，初小漸大，或數十印累累相連。」《鼠璞》：「海鹽，煉治後成。其爲鹽也難壞。池鹽，出水即成，其爲鹽也易壞。其理一也。」《宋史・食貨志》：「鹽類有二：引池而成者曰顆鹽，《周官》所謂盬鹽也；煮海、煮井、煮鹻而成者，曰末鹽，《周官》所謂散鹽也。《周禮》鹽人注：「苦鹽，出於池，鹽爲顆，未煉治，味鹹苦。散鹽，即末鹽，出於海及井，并煮鹻而成者，皆散末也。形鹽，即印鹽，積鹵所結，形如虎也。」傳按：今河東所産鹽沱，能作花木、山水形，即形鹽之類也。《群書考索》：「青州鹽出於東海。幽冀、大同横野有鹽池，其鹽出於北海。嶺南鹽出於南海。劍南西川鹽出於井。永康軍鹽出於井。并州鹽出於池，是爲鹵池。胡中鹽出於木，又有出於石。西夏鹽，初唐鹽州五原有烏池、白池、瓦池、細項池。靈州有温泉池、兩井池、長瓦池、五泉池、紅桃池、回樂池、洪静池。會州有鹽青。京東、河北、淮南、兩浙、福建、廣南凡六路，其煮鹽之地曰亭場。民曰亭户，或謂之竈户。陝西鹽，初安邑、解縣有池，總曰兩池，北方全藉之。其爲鹽如耕種疏爲畦隴，圍塹其外，以水灌其間，俟南風起，此鹽遂熟，風一夜起水，一夜結成鹽。」《益州記》：「汶山有鹹石，先以水漬，既而煎之。越巂煮鹽先燒碳，以鹽井水潑炭，刮取鹽。」《説文》：「鹽，河東鹽池，袤五十一里，廣七里，周百十六里。」《本草圖經》：「東海、北海、南海鹽者，今滄、密、楚、秀、温、台、明、泉、福、廣、瓊、化諸州官場煮海水，作之以給民食者，又謂之澤鹽。其煮鹽之器，漢謂之牢盆，今或鼓鐵爲之，或編竹爲之，上下周以蜃灰，廣丈深尺，平底，置於竈背，謂之鹽盤。」《南越志》：「所謂鐵蔑爲鼎，和以牡蠣是也。然後於海濱掘地爲坑，上布竹木，覆以蓬茅，又積沙於其上，每潮汐種沙，鹵鹹淋於坑，水退則以火炬照之，鹵氣沖火皆滅，因取海鹵注盤中煎之，頃刻而就。」

《譜》曰：「鹹，涼。補腎，引火下行，潤燥祛風，清熱滲濕，明目殺蟲。專治脚氣。和羹腌物，民食所需。宿久鹵盡，色白而味帶甘者良。」

○醬

醬有麵醬、豆醬之分。麵醬甜，豆醬鹹，用之各有所宜也。吴中人家自製伏醬，不筦醬油厚者，味而鮮，入饌最佳。

《風俗通》：「醬成於鹽而鹹於鹽，夫物之變，有時而重。」《禮》：「醬，齊視秋時。」鄭注：「醬宜涼也。」《急就章》：「蕪荑鹽豉醯酢醬。」顔注：「醬以豆合麵爲之也。醬之爲言將也。食之者，醬猶軍之有將，取其率領進導之也。」《范子計然》：「醬出東海。上價一斤二百，中百，下三十。」《風俗通》：「雷鳴不得作醬，令人腹中雷鳴。」《清異録》：「醬，八珍主人也，反是爲惡醬，爲厨司大耗。」《釋名》：「醬者，將也。能制食物之毒，如將之平暴惡也。」

《本草》李時珍曰：「大豆醬法：用豆炒磨成粉一斗，入麵三斗，和勻切片，罨黄曬之，每十斤入鹽五斤，井水淹過，曬成收之。小豆醬法：用豆磨淨，和麵罨黄，次年再磨，每十斤入鹽五斤，以臘水淹過，曬成收之。豌豆醬法：用豆水浸，蒸軟曬乾，去皮，每一斗入小麥一斗，磨麵和切，蒸過盦黄，曬乾，每十斤入鹽五斤，水二十斤，曬成收之。麩醬法：用小麥麩蒸熟罨黄，曬乾磨碎，每十斤入鹽三斤，熟湯二十斤，曬成收之。甜麵醬：用小麥麵和劑，切片蒸熟，盦黄曬簸，每十斤入鹽三斤，熟水二十斤，曬成收之。小麥麵醬：用生麵水和，布包踏餅，罨黄曬鬆，每十斤入鹽五斤，水二十斤，曬成收之。大麥醬：以黑豆一斗炒熟，水浸半日，同煮爛，以大麥麵二十斤拌勻，篩下麵，用煮豆汁和劑，切片蒸熟，罨黄曬擣，每一斗入鹽二斤，井水八斤，曬成，黑甜而質清。又有麻滓醬：用麻枯餅擣蒸，以麵和勻，罨黄如常，用鹽水曬成，色味甘美也。」

《譜》曰：「純以白麵造者，鹹甘而平，調饌最勝。豆醬以金華、蘭溪造者佳，鹹，平。」

○酒　釀

《本草綱目》造大小麥麯法：用大麥米或小麥，連皮，井水淘淨，曬乾。六月六日磨碎，以淘麥水和作塊，楮葉包札，懸風處，七十日可用矣。造麵麯法：三伏時，用白麵五斤，緑豆五斤，以蓼汁煮爛，辣蓼末五兩，杏仁泥十兩，和踏成餅，楮葉裹懸風處，候生黄收之。造白麯法：用麵五斤，糯米粉一斗，水拌微濕，篩過踏餅，楮葉包，挂風處，五十日成矣。又米麯法：用糯米粉一斗，自然蓼汁和作圓丸，楮葉包挂風處，七七日曬收。此數種麯皆可入藥，其各地有入諸藥草及毒藥者，皆有毒，惟可造酒，不可入藥也。

《譜》曰：「甘，温。補氣養血，助運化，充痘漿。多飲亦助濕熱。冬製者耐久藏。」

○豉

豆豉一物，用處極少，炒魚片及滚豆腐，均能助鮮，單食亦可。

《説文》：「調豉配鹽幽椒也。」徐云：「椒，豆也。幽，謂配之幽暗也。」《釋名》：「豉，嗜也。五味調和，須之而成，乃可甘嗜也。」《丹鉛録》：「《説文》『配鹽幽椒也。』蓋豉本豆也，以鹽配之，閉於瓮盎中所成，故曰幽菽也。」《學齋佔畢》：「《九經》無豉字，至宋玉《九辯》『大苦鹹酸』，注：大苦，豉也。」

《史記·貨殖傳》：「鹽豉千合。」《前漢書·食貨志》：「樊少翁賣豉，號豉樊是也。」《武林舊事》：「市食有窩絲薑豉、蜜薑豉。」

《齊民要術》：「作豉法：先作暖蔭屋，坎地深三二尺。屋必以草蓋，瓦則不佳。密泥塞屋牖，無令風及蟲鼠入也。開小户，僅得容人出入。厚作蒿籬以閉户。

四月、五月爲上時，七月二十日後八月爲中時。餘月亦皆得作，然冬夏大寒大熱，極難調適。大都每四時交會之際，節氣未定，亦難得所。常以四孟月十日後作者，易成而好。大率常欲令温如人腋下爲佳。若等不調，寧傷冷，不傷熱，冷則穰覆還暖，熱則臭敗矣。

「三間屋，得作百石豆。二十石爲一聚。常作者，番次相續，恒有熱氣，春秋冬夏，皆不須穰覆。作少者，唯須冬月乃穰覆豆耳。極少者，猶須十石爲一聚。若三五石，不自暖，難得所，故須以十石爲率。」

《本草》李時珍曰：「造淡豉法：用黑大豆二三斗，六月内淘浄，水浸一宿，瀝乾蒸熟，取出攤席上，候微温，蒿覆每三日一看，候黄衣上遍，不可太過，取曬簸拌浄。以水拌，乾濕得所，以汁出指間爲准，安瓮中築實，桑葉蓋，厚三寸，密封泥，於日中曬七日。取出曝一時，又以水拌入瓮，如此七次。再蒸過，攤去火氣，瓮收築封即成矣。造鹹豉法：用大豆一斗，水浸三日，淘蒸攤罯，候上黄取出簸浄，水漉淘乾，每四斤入鹽一斤，薑絲半斤、椒橘、蘇茴、杏仁拌匀入瓮，上面水浸過一寸，以箬蓋封口，曬一月可成也。」又有豉汁法，不具録。

《譜》曰：「鹹，平。和胃，解魚腥毒，不僅爲素肴佳味也。金華造者勝。淡豉入藥，和中，治温熱諸病。」

○糟

糟以香糟爲勝，糟物絶佳，或以蒸鯽魚尤妙。吾杭又用香糟加葱花炒食者，可以下酒。酒糟味遜，然亦有相宜者。

《本草》李時珍曰：「糯、秫、黍、麥皆可蒸釀酒醋，熬煎餳飴，化成糟粕。酒糟須用臘月及清明、重陽造者，瀝乾，入少鹽收之。藏物不敗，揉物能軟，若榨乾者無味矣。醋糟用三伏造者良。」

《齊民要術》酒糟酢法：「春酒糟則釅，頤酒糟亦中用。然欲作酢者，糟常濕下。壓糟極燥者，酢味薄。作法：用石硙子辣穀令破，以水拌而蒸之。熟便下，撣去熱氣，與糟相拌，必令其均調，大率糟常居多。和訖，臥於酮瓮中，以向滿爲限，以綿幕瓮口。七日後，酢香熟，便下水，令相淹漬。經宿，酮孔子下之。夏日作者，宜冷水淋。春秋作者，宜溫臥，以穰茹瓮，湯淋之。以意消息之。」

《譜》曰：「甘，辛，溫。醒脾消食，調臟腑，除冷氣，殺魚腥毒。以杭、紹白糯米所造，不榨酒而極香者勝。拌鹽糟藏諸食物，味皆美軟。惟發風動疾。痧痘、産後、咽喉、目疾、血症、瘡瘧均忌之。」

○糖

食物用糖，各有所宜。若吴人用糖，不足爲訓也。大約濃膩之品，必得以糖收之，方有精神。亦有重用糖者，如糖蹄之類，則須重用冰糖，别有妙處。鮹魚中用糖，最煞風景。

《齊民要術》引《説文》曰：「藷，蔗也。」按《書傳》曰：「或爲芋蔗，或乾蔗，或邯賭、或甘蔗，或都蔗，所在不同。雩都縣土壤肥沃，偏宜甘蔗，味及采色，餘縣所無，一節數寸長，郡以獻御。」《異物志》曰：「甘蔗遠近皆有。交趾所産甘蔗特醇好，本末無薄厚，其味至均。圍數寸，長丈餘，頗似竹。斬而食之，既甘。榨取汁爲飴餳，名之曰『糖』，益復珍也。又煎而曝之，既凝，如冰，破如博棊，食之，入口消釋，時人謂之石蜜者也。」

《集韻》：「糖，一名蔗飴。」《異物志》：「石蜜之滋甜於浮萍，非石之類，假石之名，實出甘柘，變而凝輕。」注：「甘柘似竹，煮而曝之，則凝如石而甚輕。」《演繁露》：「張衡《七辯》『沙飴、石蜜』，即今沙糖也。唐玄奘《西域志》以西域石蜜來，詢知其法用蔗汁蒸造，大家令人製之，味皆逾其初。即中國有沙糖之始。」

《糖霜譜》：「古者惟飲蔗漿，其後煎爲蔗餳，又曝爲石蜜。唐初以蔗爲酒，而糖霜則自大曆間，有鄒和尚者，往來蜀之遂寧、傘山，始傳造法。故甘蔗所在植之，獨有福建、四川、番禺、廣漢、遂寧有冰糖。他處皆顆碎、色淺、味薄，惟白蔗綠嫩味厚，作霜最佳。西蔗次之。凡霜一瓮，其中品色亦自不同，惟疊如假山者爲上。團枝次之，瓮鑒次之，小顆塊之次之，沙脚爲下。紫色及如水晶色者爲上，深琥珀色次之，淺黄又次之，淺白爲下。又曰：蔗有四色，曰杜蔗，即竹蔗也，綠嫩薄皮，味極醇厚，專用作霜。曰西蔗，作霜色淺。曰艻蔗，亦名蠟蔗，即獲蔗也，亦可作沙糖。曰紅蔗，亦名紫蔗，即昆侖蔗也，止可生啖，不宜作糖。」

《學齋佔畢》：「按宋玉《太招》已有『柘漿』字，是取蔗汁已始於先秦也。」《前漢・郊祀歌》：「柘漿析朝酲，注謂取甘蔗汁，以爲飴也。」又孫亮取交州所獻甘蔗餳，而《二禮》注飴字，俱云煎米蘗也。一名餳。則是煎蔗爲糖，已見於漢時甚明。而《說文》及《集韻》以糖爲蔗飴。曰飴，曰餳，皆是堅凝可含之物。」《草木狀》：「諸蔗筰取其汁，曝數日成飴，入口消釋，彼人謂之石蜜。」

《譜》曰：「甘，平。潤肺和中，緩肝生液，化痰止嗽，解渴析酲，殺魚蟹腥，製豬肉毒，辟韭蒜臭，降治怡神。辛苦潛移，酸寒頓改，調元贊化，爕理功優。冰糖、糖霜均以最白者爲良。多食久食，亦有損齒生蟲之弊。痞滿嘔吐、濕熱不清，諸糖并忌。」

○蜜

蜜以色白者爲上。今之飲饌，用處極少。凡所謂蜜炙者，率以冰糖代之矣。

《太平廣記》：「百花醴，蜜也。」《仙經》：「蜜爲衆口芝。」《庶物異名疏》：「蜂房割蜜，如梅花者色白。另一處雜花者，則皆黄。若山蜜則穢蕊俱來。凡蜂取蜜，先以水濡足，無水處，即以溝穢之水，故山蜜多不佳。」《六帖》：「蜀中有竹蜜蜂，蜜芝紺色可愛。」《老學庵筆記》：「亳州檜至多，作蜜極香，而味微苦，謂之檜花蜜。」《事物紺珠》：「黄連蜜出宣州，味小苦，名苦蜜。梨花蜜出雅州，如凝脂。何首烏蜜出柘城，色大赤。」《演繁露》：「崖蜜，蜂之釀蜜在峻崖，智者用竿系木桶，度可相及，則以竿刺窠，窠破蜜注桶中，是名崖蜜也。」《爾雅冀》：「北方地燥，多在土中，故上蜜。南方地濕，多在木中，故多木蜜。」《致富奇書》：「菜花盛時，於山穴田野間，收取蜂，或編荆圃，或造木匣，兩頭板蓋泥封，下留二三小竅，使通出入。另置一小門，時時開視，掃除令净，不使他物所侵。再做方匣一二層，抽去底板，將方匣接放安置，仍以底板襯之，令蜂做蜜牌子於下。停數日，乘夜蜂伏而不動之時，用刀割取，或用細繩勒斷，仍封其巢。然後，以蜜牌子用新生布濾净，磁器盛之，濾存蜜渣，入鍋内慢火熬煎，候融化，抽出渣再熬。用錫鎰或瓦盆，先盛冷水，次傾蠟在内，渣以蠟盡爲度。」

《譜》曰：「蜜者，密也。味甘質潤，而性主固密護内，故能補中益氣，養液安神，潤肺和營，殺蟲解毒。生者涼，熟者平，以色白起沙而作梨花香者勝。煉法：以器盛置重湯中煮一日，候滴水不散爲熟蜜。或以蜜一斤，入水四兩，放砂石器内，桑柴火慢熬，揀去浮沫，至滴水成珠亦可。但經火煉，其性溫也。若果餌肴饌，漬製得宜，味皆甘美，洵神品哉。忌同葱食，痰濕内盛、脹滿嘔吐者亦忌。」

○花　椒

花椒用處最多，醉蝦、醉蟹諸腥氣之物，皆不可少。拌鹽炒細贊物尤妙，鹽餡點心亦非此不可。素菜中腌菜等品，亦宜用之。

陸璣《詩疏》：「椒似茱萸，有針刺，莖葉堅而滑澤。成臯山間有椒，謂之竹葉椒。亦如蜀椒，可著飲食，又用蒸雞、豚最佳。」《埤雅》：「椒似茱萸而小，赤色内含黑子，今謂之椒目。」《爾雅》：「椒椴醜荥。」郭云：「荥，茱萸子，聚成房貌。」《急就章》顔注：「椒，謂秦蜀椒也。椒之大實者名椴。」《六書故》：「椒實梂，六月紫赤，其子突出目，故曰椒目也。」

《本草》李時珍曰：「秦椒，花椒也。始産於秦，今處處可種，最易繁衍。其葉對生，尖而有刺，四月生細花，五月結實，生青熟紅，大於蜀椒，其目亦不及蜀椒目光黑也。」

《范子計然》云：「秦椒出隴西天水粒細者善。」

《譜》曰：「辛，温。調中下氣，除濕殺蟲，止痛行瘀，解魚腥毒。」

○胡椒

胡椒末入羊羹、魚羹、蚶羹等，最能振味助鮮，醉蝦、醉蚶、醋摟魚等，亦宜用之，人中之射雕手也。

《酉陽雜俎》：「胡椒，出摩伽陀國，呼爲昧履支。其苗蔓生，莖極柔弱，葉長寸半，有細條與葉齊，條條結子，兩兩相對。其葉晨開暮合，合則裹其子於葉中，形似漢椒，至辛辣。六月采，今作胡盤肉食用之。」

《本草》李時珍曰：「胡椒，今南番諸國及交趾、滇南、海南諸地皆有之。蔓生，附樹及作棚引之，葉如扁豆、山藥輩，正月開黄白色，結椒累累，纏藤而生，狀如梧桐，子亦無核，生青熟紅，青才更辣，四月熟，五月采，收曝乾乃皺。今遍中國，食品爲日用之物也。」

《清異録》：「侯寧《藥譜》名木叔。」

《譜》曰：「胡椒，辛熱。温中除濕，化冷積，止冷痛，去寒痰，已寒瀉，殺一切魚肉鱉蕈陰冷食毒。色白者勝。多食動火爍液，耗氣傷陰，破血墮胎，發瘡損目。故孕婦及陰虚内熱，血症痔患，或有咽喉、口齒、目疾者皆忌之。緑豆能制其毒。」

○芥　末

芥末調開，拌雞或王爪均可。惟調時頗有手法，須用紙密封碗口，倒置地上，半時許方可用，其理甚奇。

《本草》李時珍曰：「芥子大如蘇子，而色紫味辛。研末泡過，爲芥醬，以侑肉食，辛香可愛。」

《譜》曰：「白芥子研末，水調如糊，以紙密封半時，可作食料，辛熱爽胃。殺魚腥生冷之毒。多食動火，内熱者忌之。治痰在脅下及皮裏膜外者。」

○茴香　桂皮　丁香　砂仁

茴香、桂皮，凡牛、羊、鹿、兔諸物皆用之，能去腥膻，必不可少，但不可太多。用丁香則太烈，砂仁亦太香，均不甚宜。而各有痂嗜者，如吴人作肉圓，而不放砂仁末，便以爲製作不精矣。

《本草》蘇頌曰：「蘹香，北人呼爲茴香，聲相近也。」陶弘景曰：「煮臭肉，下少許即無臭氣，臭醬入末亦香，故曰茴香。」李時珍曰：「茴香宿根，深冬生苗作叢，肥莖絲葉，五六月開花，如蛇床花而色黄。結子大如麥粒，輕而有細稜，俗呼爲大茴香。今惟以寧夏出者爲第一，其他處小者，謂之小茴香。自番舶來者，實大如柏實，裂成八瓣，一瓣一核，大如豆，黄褐色，有仁，味更甜，俗呼舶茴香。」又曰：「八角茴香，廣西左右江峒中亦有之，形色與茴香迥别，但氣味同耳。北人得之，咀嚼薦酒。」《清異録》：「侯寧《藥譜》名『八月珠』。」《本草》陶弘景曰：「經云：『桂葉如柏葉，澤黑皮黄心赤。齊武帝湘州送樹植芳林苑中。』今東山有桂皮，氣粗相類，而葉華異，亦能凌冬，恐是牡桂，人多呼爲丹桂，正謂皮赤爾。北方重此，每食輒須之，蓋

《禮》所云『薑桂』，以爲芬芳也。」

《齊民要術》：「雞舌香，俗以以其似丁子，故呼爲丁子香。」《本草》馬志曰：「丁香生交廣、南番。」按：《廣州圖》上丁香，樹高丈餘，木類桂，葉似櫟葉，花圓細黄色，凌冬不凋。其子出枝蕊上，如釘，長三四分，紫色，其中有粗大如山茱萸者，俗呼爲母丁香。二月、八月采子及根，一云盛冬生花，子至次年春采之。」《清異録》：「侯寧《藥譜》名『瘦香嬌』。又名『支解黄』。」

附録

夏之盛，字松如，錢塘諸生，幼喪父母，刻苦自勵，工詩文。每燕集，分曹賦詩，酒未半而詩已成，與汪遠孫結東軒吟社。其《留餘堂詩集》中《新安紀程》百首爲避夷亂而作，胡敬謂其襟懷灑落，絶無惶怖語，可徵詩德。莊仲芳撰傳。子鳳翔，字子儀，官江蘇同知，濡染家學，詩畫皆有聲於時。鳳翔精疇人術。自有傳。孫曾傳，字薪卿，早慧能詩，語棄凡近，又游燕秦晉楚，吐音高亮，託興幽奇，出入於蕭選，成就於杜陵。少豪飲，連不得志，益放於酒，以幽憂死。譚獻撰詩序。

民國《杭州府志》卷一百四十六

夏曾傳，字笏牀，號薪卿，鳳翔子，錢塘人，江蘇候補通判，著《在茲堂詩》。吳慶坻曰：薪卿，濡染家學，少即工詩，長隨子儀司馬入秦，又還晉陽，車塵馬足中吟諷不輟，南北試不得意，筮仕吳門，方心淡面，弗諧俗好，益頹然自放於酒，偶還里門，入鐵華吟社，未幾，殁于吴中，所著尚有《駢文》《水經注指掌》《音學緒餘》《文選擷腴》諸書。

《兩浙輶軒續録》卷四十九

戴鑒，字新圓，戴熙孫女，適夏曾傳，有《椒花館遺稿》。

單士厘《清閨秀正始再續集》

譚復堂引夏薪卿爲小友

錢塘夏薪卿，名曾傳，爲子儀農曹之子，紫笙中書之侄，從宦於京。適譚復堂大令在都，時以詩就質，大令以其製題結調有成人風，引之爲小友。

《清稗類鈔·師友類》卷六十五

夏薪卿自放於酒

錢塘夏薪卿通守曾傳，筮仕吴門，以放心淡面，弗諧俗好，益頹然自放於酒。偶還里門，入鐵花吟社。未幾，殁於吴中。生平善飲，吴興金彦翹亦大户，多蓄酒器，有犀角鼎，極精妙。嘗會飲，薪卿已醉，彦翹謂之曰：「能再盡三鼎，即以鼎贈君。」遂引滿者三，懷之以歸，因自號「醉犀生」。

《清稗類鈔·飲食類》卷九十二

定夏薪卿詩。薪卿，名曾傳，子儀司馬子，子笙光禄從子，亡友陳雲欽弟子也。早慧能詩，趨向甚正，語棄凡近。十年來，隨宦燕秦楚蜀，山川兵火推助其文，後起之秀可畏。

撰夏薪卿《在兹堂诗叙》，所感既深，其言痛絶。持示吴子修，曰「泓峥萧瑟」，要亦无愧其言。

審定夏曾傳《在兹堂詩》六卷畢。薪卿逸才天賦，少學韻語，寓意即工。予以咸豐六年客京師，薪卿父子儀農曹、世父紫笙皆在官。又延吾友陳雲欽爲之師。過從談藝，亡間晨夕。薪卿舞象之年，以詩見質，製題結調，有成人風，引爲小友。别七八年，故里遘亂，亂定，歸，薪卿問關西安歸娶，已有詩數百篇。予爲秀水學官，有書規之。已而，薪卿棄諸生，官吴下，仕既連蹇，縱飲疏放，家又中落。比予罷公車，作令皖中，而薪卿遽卒。在吴治《水經注》，亦未卒業。今年，吴子修以予歸里，出薪卿遺稿，丐爲刪正，著録三百餘篇，引辭高亮，差有合於作者。回憶當年裙屐之游，雲欽死兵，紫笙客死，子儀亦偃蹇需次府同知前没。薪卿名家俠少，才性過人，一官落拓，沈湎以終，垂老故人何忍聞其忼慨之歌哉！爲序一首，所感既深，其言絶痛。以示子修，乃曰泓峥蕭瑟，要亦亡愧其言。子修，薪卿中表也。

《復堂日記》

與夏薪卿書

薪卿世兄足下：自來秀州，冷齋晝揜，發視詩稿，縱心其間，名章迥句，往往見珤，後來之秀，且誦且憙。抑僕聞之：詩者，持也，持之有故，言之成理，先民有言，厚積薄發。足下冠年踰五，命筆斐然，四卷之書，已踰百什。僕始以爲足下十年侍宦，燕秦滇蜀，征衣飄摇，何止萬里；又於其間骨肉多故，出入燧火，創夷在目，齒位雖未也，要當哀樂過人，深湛之思，不廢述作，語言緐多，都關情性，紬簡既竟，蕪詞累氣，即又不逮。夫干霄之木，根入九泉；盈尺之綺，不以麻續。昔吾邑有先正，其言明且清，六義遐矣，漢氏以來，樂府古詩不盡可通，言外之旨，恍忽有物。六朝三唐，凡其嬗微皆非苟作。且文章小道，人自小之，著作之林，請循其本，忠孝廉節之士，夙無文譽，偶一發唱，足動鬼神，陳編具在，曷一致思？若夫讀書，匪惟剡藻，天地民物，視乎推爇，百家諸子，各有專門，性質所近，善建不拔，稽古説詩，曰不得已，豈必雅頌皆由窮愁？不得已者，學問既成，身世所值，洞見本末，觸緒起興，稱心而言傳之，其人乃不得已也。兹事體大，犅引其端，所望足下杜门發篋，植心經史之區，托體比興之域，至應世科舉，互得證明，殊不相妨，無待摒絶。張融有言，「不阡不陌，不文不句」，又曰「丈夫當删詩書，定禮樂，何至寄人籬下」，狂狷之言，亦云「縣解明月之珠，干將之劍」，要不能多多，亦不貴。又士生今日，文事難倍古人，古者塗徑未闢，清新俊逸，殊轍同歸。鍾生品詩，源流各異，唐初名家，各立門户，雖脈絡可邇，而枝葉歧出，元白李温，盧仝馬異，成名而去，任人褒彈。今則不然，每樹一義，皆非獨創，若論深造，後不如前，百川學海，或者潢潦，自非特立以問學爲之根，以變化爲其用，殊呻窈吟，百響一寂，夫何爲哉！僕學道不堅，結習未盡，竊於此涂自比老馬，足下今日正僕初次入京師之可畏也。足下宿昔芰耆故，敢貢其區區，并世賢達接踵步武，吾喙三尺，幸深祕之。伏承上侍，曼福。獻頓首。

藝　文　叢　刊

第　一　輯

001	王右軍年譜 顏魯公年譜	〔清〕魯一同 等
002	茶經（外四種）	〔唐〕陸　羽 等
003	東坡題跋	〔宋〕蘇　軾
004	山谷題跋	〔宋〕黄庭堅
005	南宋雜事詩上	〔清〕厲　鶚 等
006	南宋雜事詩下	〔清〕厲　鶚 等
007	南宋院畫録	〔清〕厲　鶚
008	香譜（外一種）	〔宋〕洪　芻 等
009	洞天清録（外二種）	〔宋〕趙希鵠 等
010	長物志	〔明〕文震亨
011	畫禪室隨筆	〔明〕董其昌
012	花傭月令（外一種）	〔明〕徐石麒 等
013	飲流齋説瓷（外一種）	許之衡 等
014	丁敬集	〔清〕丁　敬
015	費丹旭集	〔清〕費丹旭
016	查士標集	〔清〕查士標
017	隨園食單補證上	〔清〕袁　枚 夏曾傳
018	隨園食單補證下	〔清〕袁　枚 夏曾傳
019	猫苑　猫乘	〔清〕黄　漢 等
020	竹人録（外一種）	〔清〕金元鈺 等
021	鞠部叢談校補	羅惇曧 李宣倜 樊增祥
022	春覺齋論畫（外一種）	林　紓